Orbi
Academy

출발의 습관은 수능날까지 계속됩니다.
형식적인 상담이나
관리하고 있다는 모습만 보이거나
학습에 전혀 도움이 되지 않는
보여주기식의 모든 것을 배척합니다.

쓸모없는 강좌와 할 수 없는 계획을 강요하거나
무모한 혹은 무리한 스케줄로
1년의 출발을 무의미하게 하지 않습니다.
형식은 모방해도 내용은 모방할 수 없습니다.

개인의 능력을 극대화 시킬 모든 계획이 오르비학원에 있습니다.

기출의 파급효과

과탐 영역

지구과학 I 상

smart is sexy
Orbi.kr

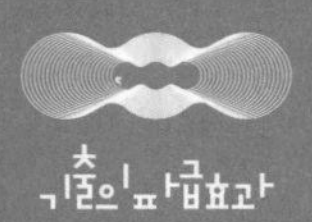

지구과학 I (상)

기출의 파급효과

지구과학 I (상)

저자의 말

지구과학1은 과목 특성상 주어진 자료에 맞게 자신이 알고 있는 개념을 확장하여 풀어나가야 하는 과목입니다. 대부분의 학생은 개념에 대한 정확한 이해가 없는 상태에서 기출 문제를 조금만 변형시킨 문제가 나오게 된다면 손쉽게 틀려버립니다. 또한, 매년 많은 학생의 유입으로 지구과학1의 난이도는 상향 평준화가 되어가고 있습니다. 이러한 상황에서 문제를 해결하기 위해서는 정확한 기출 분석을 진행해야 합니다.

지구과학1은 모든 개념을 알고 있다고 해서 만점을 받을 수 있는 과목이 아닙니다. 여러 자료 분석을 통해 자신이 알고 있는 개념을 자료에 맞게 재해석할 수 있는 능력을 가져야 합니다.

다음을 통해 [기출의 파급효과 지구과학1]에 담긴 내용을 설명해드리도록 하겠습니다.

[기출의 파급효과 지구과학1]은 **'기출 문제로 알아보는 유형별 정리'**와 **'+시야 넓히기'**를 통해 지금까지 풀어왔던 문제들에 담긴 숨은 의미를 제시합니다. 또한, 흔히 킬러 파트라 불리는 유형들에 대한 문제 해결 방법을 제시해두었습니다. 흔히 함정 문제라 하는 유형들도 **'추가로 물어볼 수 있는 선지'**와 **'교과서로 알아보는 OX 정리'**를 통해 학습하여 새로운 유형을 대비할 수 있습니다. 또한, 각 Theme에 대한 내용을 모두 다루면 **'유제'**를 통해 복습할 수 있도록 구성했습니다.

현재 **1등급 ~ 만점**을 받는 학습자라면 이미 스스로 기출 분석은 완료하고 N회독을 진행하신 분들이실 겁니다. 킬러 파트 및 신유형 대비를 위해서 유형별 정리를 참고하고 N제와 모의고사를 풀면서 헷갈리는 유형들을 함께 정리한다면 훌륭한 참고서가 될 것이라 생각합니다.

2등급 ~ 3등급을 받는 학습자라면 자신이 이해하지 못하는 개념이 있거나 자료 해석에 대한 약점이 존재할 것입니다. 킬러/준킬러에 대한 개념 이해 및 유형별 정리를 통해 자신이 가진 약점을 극복할 수 있기를 바랍니다. 또한, 추가로 물어볼 수 있는 선지를 통해 항상 선지를 의심하는 마음을 가질 수 있기를 바랍니다.

4등급 이하의 학습자라면 개념 이해를 우선적으로 진행해야 합니다. 그 후 Theme 별로 한 유형씩 이해할 수 있도록 진행해야 합니다. 기출 문제 분석을 통해 유형별 정리를 진행한다면 성적 향상에 반드시 도움이 되리라고 생각합니다.

[기출의 파급효과 지구과학1]은 지구과학1을 선택했다면 가져야 할 수험생의 마음과 문제를 해결할 수 있는 방향을 제시합니다. 유형별 정리를 통해 "평가원이 어떤 마음으로 이러한 문제를 제시했나?"라는 생각을 가지며 문제를 해결할 수 있어야 합니다. 자신이 출제자가 되었다는 마음가짐으로 공부를 할 수 있기를 바랍니다.

파급의 기출효과

cafe.naver.com/spreadeffect
파급의 기출효과 NAVER 카페

기출의 파급효과 시리즈는 기출 분석서입니다. 기출의 파급효과 시리즈는 국어, 수학, 영어, 물리학 1, 화학 1, 생명과학 1, 지구과학 1, 사회・문화가 예정되어 있습니다.

준킬러 이상 기출에서 얻어갈 수 있는 '꼭 필요한 도구와 태도'를 정리합니다.

'꼭 필요한 도구와 태도' 체화를 위해 관련도가 높은 준킬러 이상 기출을 바로바로 보여주며 체화 속도를 높입니다. 단 시간 내에 점수를 극대화할 수 있도록 교재가 설계되었습니다.

학습하시다 질문이 생기신다면 '파급의 기출효과' 카페에서 질문을 할 수 있습니다.

교재 인증을 하시면 질문 게시판을 이용하실 수 있습니다.

기출의 파급효과 팀 소속 오르비 저자분들이 올리시는 학습자료를 받아보실 수 있습니다.
위 저자 분들의 컨텐츠 질문 답변도 교재 인증 시 가능합니다.

더 궁금하시다면 https://cafe.naver.com/spreadeffect/15에서 확인하시면 됩니다.

모킹버드

mockingbird.co.kr
수능 대비 온라인 문제은행

모킹버드는 수능 대비에 초점을 맞춘 문제은행 서비스입니다. AI 문항 추천 알고리즘을 통해 이용자의 학습에 최적화된 맞춤형 모의고사를 제공하여 효율적인 수능 성적향상을 목표로 합니다. **수학, 과탐을 서비스 중입니다.**

문항 제작과 검수에 기출의 파급효과 팀뿐만 아니라 지인선 님을 포함한 시대/강대/메가 컨텐츠 팀에서 근무하였고 여러 문항 공모전에서 수상한 이력이 있는 여러 문항 제작자들이 함께 하였습니다.
웹 개발과 알고리즘 개발에는 서울대 컴공, 카이스트 전산학부 출신 개발자들이 참여하였습니다.

모킹버드를 통해 싸고 맛좋은 실모를 온라인으로 뽑아 풀어보고,
AI 문항 추천 알고리즘 기술의 도움을 받아 학습 효율을 극대화해보세요.
가입만 해도 기출은 무제한 무료 이용 가능하고, 자작 실모 1회도 무료로 제공됩니다.

Theme

01

지권의 변동

Chapter

01 판 구조론의 정립 과정

판 구조론 - 대륙 이동설

1. 대륙 이동설의 등장 배경

베게너는 여러 대륙이 모여 하나로 합쳐진 초대륙 '판게아'가 있었을 것이라고 주장하며 약 2억 년 전부터 판게아가 분리되어 현재와 같은 대륙 분포가 되었다는 대륙 이동설을 주장했다.

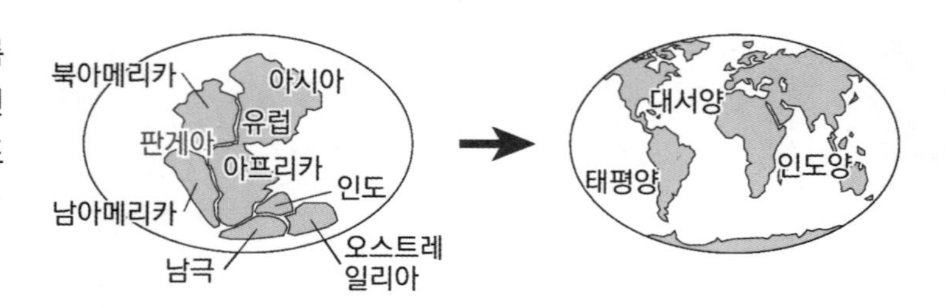

2. 베게너가 주장한 대륙 이동설의 증거

베게너는 다음 네 가지의 증거를 제시하며 과거에는 대륙이 모여 있었음을 주장했다.

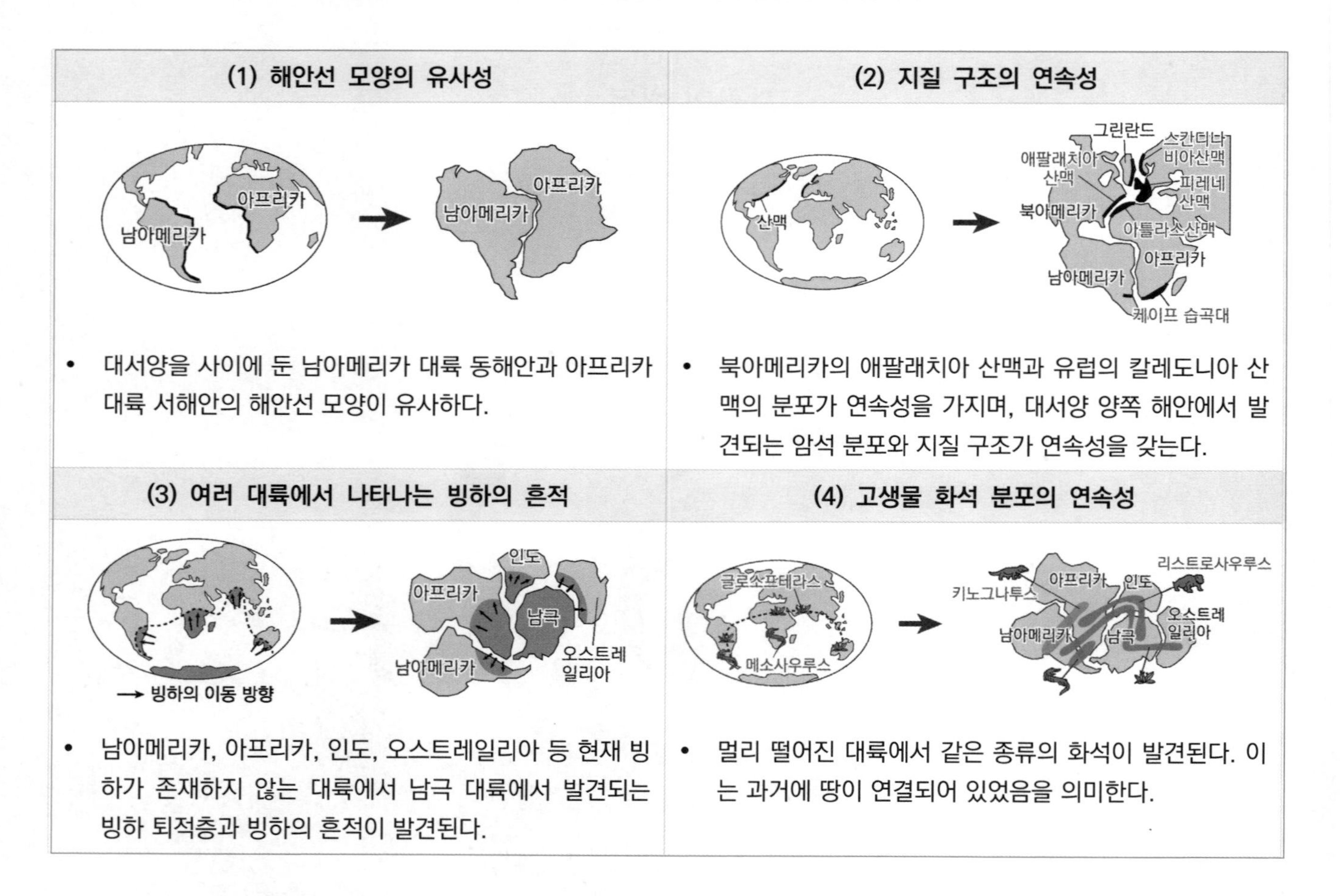

(1) 해안선 모양의 유사성	(2) 지질 구조의 연속성
• 대서양을 사이에 둔 남아메리카 대륙 동해안과 아프리카 대륙 서해안의 해안선 모양이 유사하다.	• 북아메리카의 애팔래치아 산맥과 유럽의 칼레도니아 산맥의 분포가 연속성을 가지며, 대서양 양쪽 해안에서 발견되는 암석 분포와 지질 구조가 연속성을 갖는다.
(3) 여러 대륙에서 나타나는 빙하의 흔적	**(4) 고생물 화석 분포의 연속성**
• 남아메리카, 아프리카, 인도, 오스트레일리아 등 현재 빙하가 존재하지 않는 대륙에서 남극 대륙에서 발견되는 빙하 퇴적층과 빙하의 흔적이 발견된다.	• 멀리 떨어진 대륙에서 같은 종류의 화석이 발견된다. 이는 과거에 땅이 연결되어 있었음을 의미한다.

3. 대륙 이동설의 한계

베게너는 대륙 이동설에서 **대륙 이동의 원동력을 제대로 설명하지 못했다는 한계**가 있었다. 따라서 대륙 이동설은 당시 많은 과학자에게 받아들여지지 않았다.

판 구조론 - 맨틀 대류설

1. 맨틀 대류설

홈스는 맨틀 내의 방사성 원소의 붕괴열과 지구 중심부의 열에 의하여 맨틀이 대류 현상을 일으킨다고 생각했다. 또한, 맨틀 위에 놓인 대륙은 맨틀 대류로 인하여 움직인다고 주장했다.

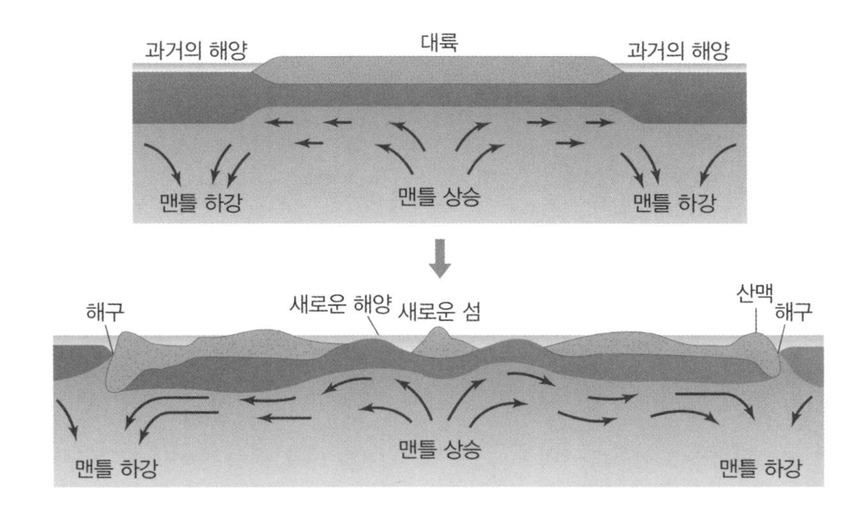

맨틀 대류의 상승부에서는 대륙 지각이 분리되면서 새로운 해양이 생성되고 마그마 활동으로 새로운 해양 지각이 형성되며, 맨틀 대류의 하강부에서는 지각이 부딪힘에 따라 침강 지대(습곡 산맥과 해구)를 만든다고 주장했다.

2. 맨틀 대류설의 한계

홈스는 베게너와 다르게 대륙 이동의 원동력을 설명하였으나 과학 기술의 부족으로 인해 맨틀 대류가 일어나는 정확한 관측 증거를 제시하지 못하였다.

판 구조론 - 해저 확장설

1. 과학 기술의 발전

2차 세계 대전 이후 과학 기술의 발전으로 해저 지형에 대한 정밀한 탐사가 가능해졌다.

- **음향 측심법** : 수면에서 발사한 음파가 해저면에 반사되어 되돌아오는 데 걸린 시간을 측정하여 수심을 알아내는 방법이다.
  (시간을 절반으로 나누는 이유는 음파를 발사하고 돌아오는 시간을 고려했기 때문이다.)

$$\text{수심}(d)=\frac{1}{2}t\times v$$

(t : 음파의 왕복 시간, v : 음파의 속도)

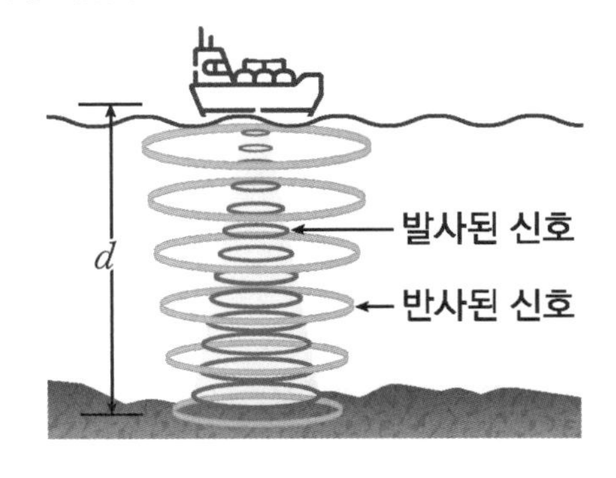

2. 해저 확장설의 증거

헤스와 디츠는 음향 측심법으로 알아낸 해저 지형의 특징을 설명하기 위해 해저 확장설을 제안하였다.
해양저 확장설은 맨틀 대류의 상승부인 **해령**에서 **새로운 해양 지각이 생성**되고 해령을 중심으로 **확장**되며, **해구**에서는 오래된 **해양 지각이 맨틀 속으로 섭입하여 소멸한다는 이론**이다.

다음의 세 가지 증거를 제시하며 해양이 확장된다는 것을 주장했다.

(1) 해양 지각의 나이와 해저 퇴적물의 두께

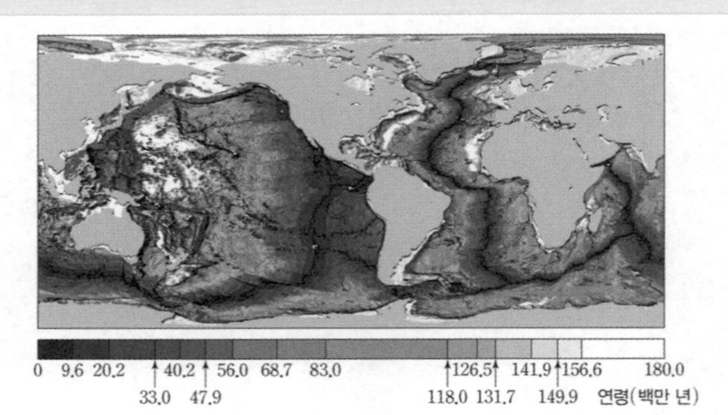

- 맨틀 대류의 상승부인 해령에서 멀어질수록
  → **해양 지각의 연령이 증가한다.**
  → **심해 퇴적물의 두께가 증가한다.**

(2) 섭입대(베니오프대)의 발견

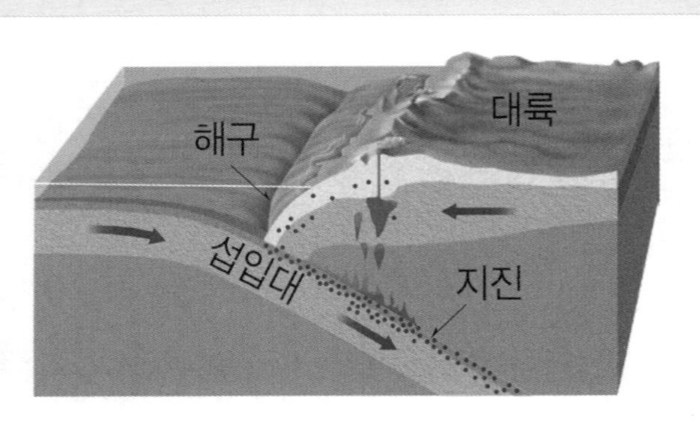

- 맨틀 대류의 하강부인 해구 근처에서 해양 지각이 섭입됨에 따라 섭입대가 형성된다.
- 이때 섭입대를 따라 지진이 발생하며, **대륙 쪽으로 갈수록 진원의 깊이가 깊어진다는 것**을 밝혀냈다.

(3) 고지자기 줄무늬의 대칭적 분포

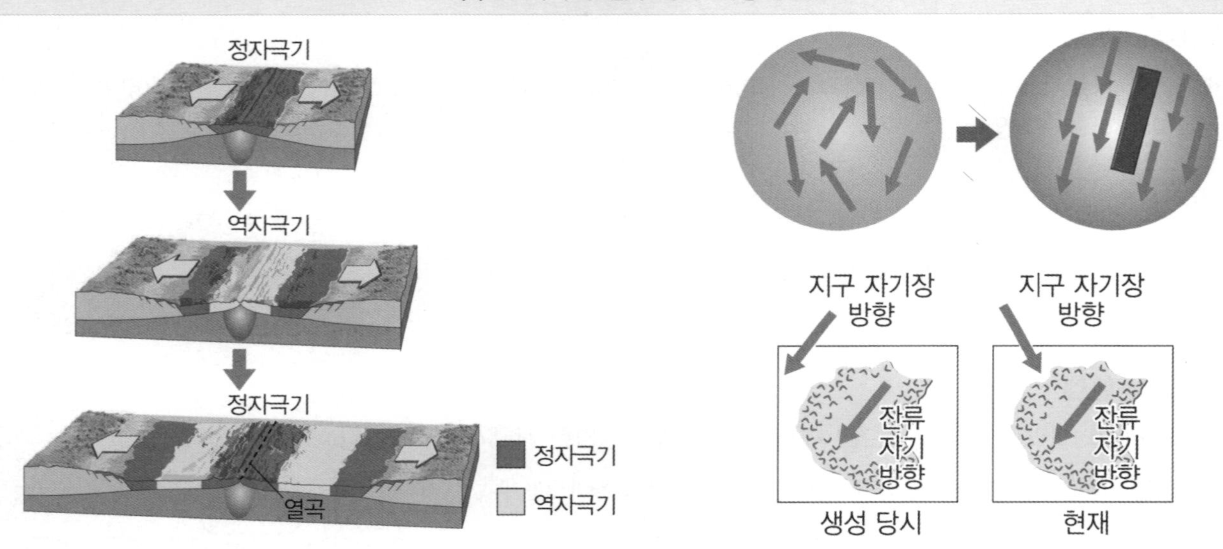

- 해양 지각에 기록된 **고지자기 줄무늬가 해령을 축으로 대칭적으로 나타난다.**
- **고지자기** : 마그마 속 들어있는 자성 광물의 배열이 지구의 자기장에 의해 일정한 방향으로 배열되는 것.
  마그마가 식기 전에는 각기 다른 방향으로 배열되어있으나, 마그마가 식은 후에는 절대 변하지 않는다.
  지구 자기장은 지질 시대 동안 역전되어 왔으므로 고지자기의 방향 또한 계속해서 변해왔다.
- 현재 자기장을 정자극기, 현재와 반대의 자기장을 역자극기라고 한다.
  (이와 관련된 내용은 Theme 01-4 고지자기와 대륙 분포를 참고하자.)

▎판 구조론 - 판 구조론의 정립

1. 변환 단층의 발견

변환 단층이란, 해령과 해령 사이에 존재하며 해양 지각의 상대적인 이동 방향이 다른 구간을 말한다.

- 윌슨은 해령의 열곡과 열곡이 어긋난 구간에서 천발 지진이 활발하게 발생하는 것을 발견하고, 이 구간을 **변환 단층**이라고 하였다.
- 이 변환 단층의 발견으로 판 구조론이 정립되었다.

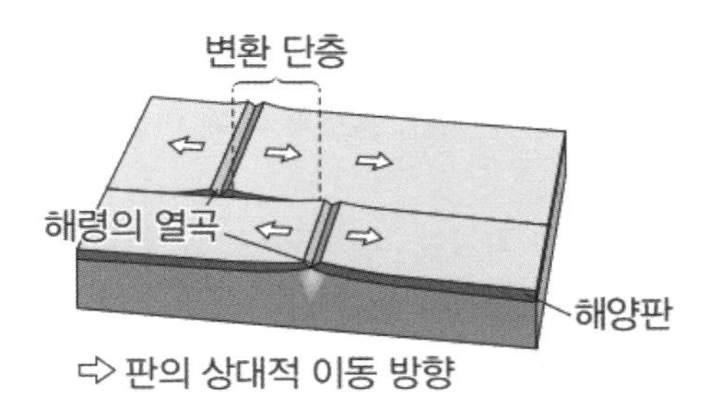

2. 판 구조론의 정립 과정

① 판 구조론은 대륙 이동설, 맨틀 대류설, 해저 확장설을 모두 포함한 개념이다.

② 판 구조론 : 지구 표면은 크고 작은 여러 개의 판으로 구성되어 있으며, 이들의 상대적인 운동에 의해 화산 활동, 지진, 마그마의 생성, 지각 변동 등의 여러 가지 지질 현상이 일어난다는 이론이다.

③ 판 이동의 원동력 : 맨틀 대류

구분	설명
암석권	지각과 맨틀의 최상부를 합친 두께 약 100km의 단단한 부분이다. 암석권은 여러 조각으로 나누어져 있고, 각 조각을 판이라고 부른다. • 대륙판 : 지각의 대부분이 대륙 지각인 판 • 해양판 : 지각의 대부분이 해양 지각인 판
연약권	암석권 아래의 깊이 약 100km~400km인 부분이다. 맨틀 물질이 부분 용융되어 있어 맨틀 대류가 일어나 연약권 위에 놓인 판이 움직인다.

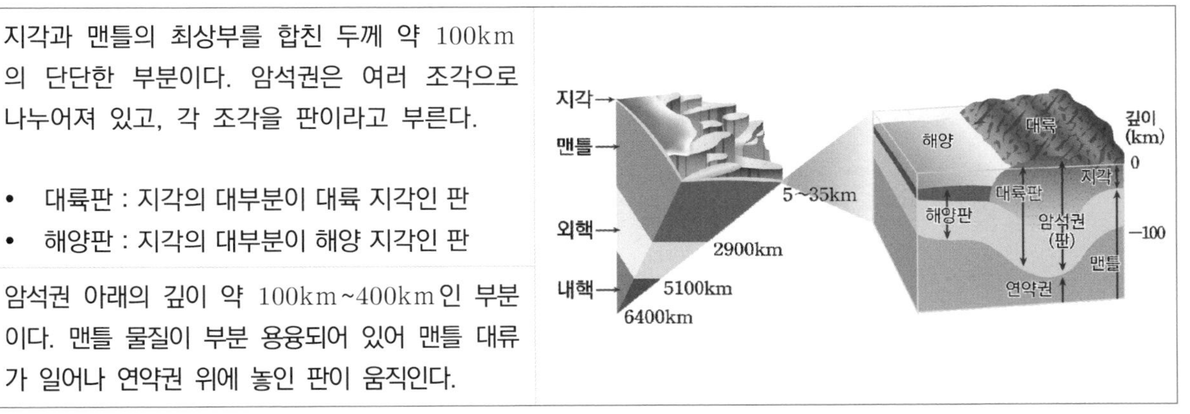

▲ 지구는 여러 개의 크고 작은 판으로 이루어져 있다.

+ 시야 넓히기 : 판 구조론의 정립 순서와 과정 정리

1. 대륙 이동설 : **베게너**가 **해안선 모양의 유사성, 지질 구조의 연속성, 빙하의 흔적. 화석 분포의 연속성**을 증거로 판게아 이후 대륙이 이동하여 현재와 같은 대륙 분포를 이루었다고 주장했다.
   그러나 **대륙 이동의 원동력을 설명하지 못했다**.

2. 맨틀 대류설 : **홈스**가 **대륙 이동의 원동력을 맨틀 대류**라고 주장하며 대륙 이동설을 뒷받침했다.

3. 해저 확장설 : 헤스와 디츠가 **해양 지각의 나이와 퇴적물의 두께, 섭입대의 발견, 고지자기 줄무늬의 대칭**을 증거로 **해령에서 형성된 해양 지각이 해구에서 소멸한다고 주장**했다.

4. 판 구조론 : 변환 단층의 발견으로 판 구조론이 정립되었다. 지구의 표면은 여러 개의 판으로 이루어졌으며 **판과 판의 상호 작용**으로 **판 경계에서 지각 변동이 발생한다는 이론**이다.

Theme 01 - 1 판 구조론의 정립 과정

2023학년도 6월 모의평가 지Ⅰ 1번

다음은 초대륙의 형성과 분리 과정 중 일부에 대하여 학생 A, B, C가 나눈 대화를 나타낸 것이다.

제시한 내용이 옳은 학생만을 있는 대로 고른 것은?

① A ② B ③ A, C ④ B, C ⑤ A, B, C

추가로 물어볼 수 있는 선지
1. 베게너는 초대륙 로디니아를 근거로 하여 대륙 이동설을 주장하였다. (O , X)
2. 대륙이 분리되는 과정에서 변환 단층이 형성될 수 있다. (O , X)
3. 맨틀 대류의 상승에 의해 해저의 전체 면적은 계속해서 확장된다. (O , X)

정답 : 1. (X), 2. (O), 3. (X)

01 2023학년도 6월 모의평가 지Ⅰ 1번

KEY POINT #초대륙, #열곡대

문항의 발문 해석하기

과거에 존재했던 초대륙을 떠올리며 대륙이 합쳐지는 과정과 분리되는 과정을 이미지화해서 머릿속으로 떠올려야 한다.

문항의 자료 해석하기

1. 초대륙은 여러 대륙이 모여 형성된 하나의 거대한 대륙이며, 그림 속 칠판에서 대륙이 분리되고 해저가 확장하는 과정이 나타나 있다.
2. 학생들 모두 판 구조론의 정립 과정 중 나타난 이론에 대해서 토론하고 있다. 따라서 대륙 이동설, 맨틀 대류설, 해양저 확장설, 판 구조론이 등장한 순서와 개념에 대해서 떠올려야 한다.

선지 판단하기

학생 A 판게아는 초대륙에 해당해. (O)

과거에 존재했던 초대륙은 판게아를 비롯해 로디니아, 발바라, 우르 등이 있었다.

학생 B 열곡대는 ㉠ 중에 형성될 수 있어. (O)

열곡대는 대륙이 분리되며 형성되는 판의 경계로, 천발 지진과 화산 활동이 나타난다.

학생 C 해령을 축으로 해저 지자기 줄무늬가 대칭적으로 분포하는 것은 ㉡의 증거야. (O)

고지자기는 지질 시대 동안 암석에 기록된 자기장으로 해령을 축으로 대칭적으로 나타난다.

기출문항에서 가져가야 할 부분

1. 판 구조론 정립 과정의 순서 암기하기
2. 대륙이 이동하고 분리되는 과정 머릿속으로 떠올리기
3. 해령을 축으로 해양판에서 고지자기 줄무늬의 대칭적 분포 이해하기

기출 문제로 알아보는 유형별 정리

1 판 구조론의 정립 과정

① 대륙 이동설의 증거 2022년 4월 학력평가 1번

그림은 베게너가 제시한 대륙 이동의 증거 중 일부를 나타낸 것이다.

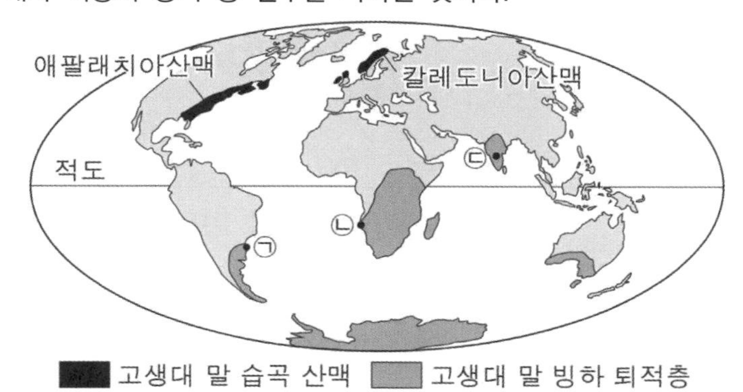

ㄷ. ㉢ 지점은 고생대 말에 남반구에 위치하였다. (O)

- ㉢ 지점은 **고생대 말 빙하의 흔적**이 나타나고 있다. 따라서 고생대 말에 **남반구에 위치**하였다.
- **㉢ 지점은 인도 대륙**이라는 것을 자료를 통해 알아야 한다. 남극 대륙 주변에 있던 인도 대륙은 점점 북상하다 **신생대 초 유라시아 대륙과 충돌하여 히말라야산맥을 만들었다.**
- 고생대 말 빙하 퇴적층의 흔적은 **베게너**가 주장한 대륙 이동설의 증거 중 하나이다. 이외의 증거로는 **해안선 모양의 유사성, 지질 구조의 연속성, 고생물 화석 분포의 연속성**이 있다.
- 베게너의 대륙 이동설은 발표 당시 **큰 지지를 얻지 못하였는데,** 이는 **대륙 이동의 원동력을 설명하지 못했기 때문**이다.

② 맨틀 대류설 2021학년도 수능 1번

다음은 판 구조론이 정립되는 과정에서 등장한 두 이론에 대하여 학생 A, B, C가 나눈 대화를 나타낸 것이다.

이론	내용
㉠	고생대 말에 판게아가 존재하였고, 약 2억 년 전에 분리되기 시작하여 현재와 같은 대륙 분포가 되었다.
㉡	맨틀이 대류하는 과정에서 대륙이 이동할 수 있다.

학생 B : ㉡에 의하면 맨틀 대류가 상승하는 곳에 해구가 형성돼. (X)

- ㉡은 대륙이 움직이는 원동력을 맨틀 대류라고 설명한 맨틀 대류설이다. 맨틀 대류설에 의하면 맨틀 대류의 상승부에는 해령이 형성된다.
- 홈스의 맨틀 대류설은 베게너가 설명하지 못했던 대륙 이동의 원동력을 설명했다.
  맨틀 상부와 하부의 온도 차이로 맨틀이 대류하여 맨틀 상승부에서는 **해령**이, **맨틀 하강부**에서는 **해구**가 형성된다는 것을 알아야 한다.

③ 해양저 확장설의 증거 지II 2019년 4월 학력평가 12번

표는 판 구조론이 정립되는 과정에서 제시된 이론과 대표적인 증거를 나타낸 것이다.

이론	(가) 해양저 확장설
증거	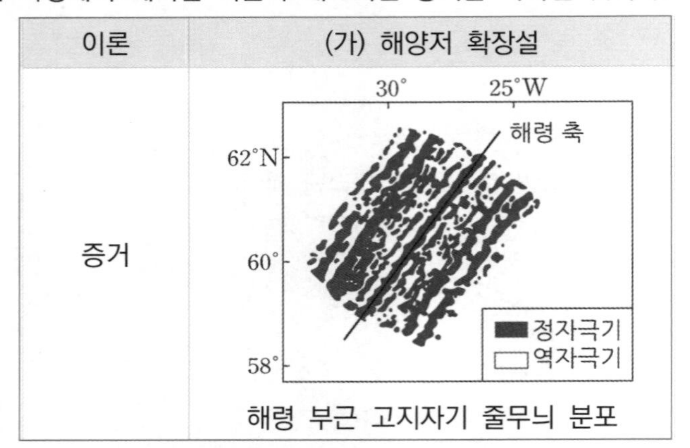 해령 부근 고지자기 줄무늬 분포

ㄱ. 고지자기 줄무늬는 해령 축에 대해 대체로 대칭적으로 분포한다. (O)

- 해령의 양옆으로 새로운 해양 지각이 형성된다. 해양 지각이 형성되는 과정에서 암석에 고지자기가 남게 되는데, 지질 시대 동안 지구는 위 자료처럼 **정자극기와 역자극기가 반복되어 나타났다**. 이를 고지자기 줄무늬가 나타난다고 한다. 따라서 고지자기 줄무늬는 해령 축에 대해 대체로 대칭적으로 분포한다.
- 고지자기에 대한 정의와 정자극기, 역자극기에 대해서 정확하게 이해할 수 있어야 한다.
  이는 Theme 01 - 4 고지자기와 대륙 분포와 연결하여 생각하도록 하자.
- 해양저 확장설의 증거는 고지자기 줄무늬의 대칭 이외에도 **해양 지각의 나이와 두께, 섭입대의 발견**이 있다.

2 초대륙 형성

① 지질 시대의 초대륙 2021년 3월 학력평가 3번

그림 (가), (나), (다)는 서로 다른 세 시기의 대륙 분포를 나타낸 것이다.

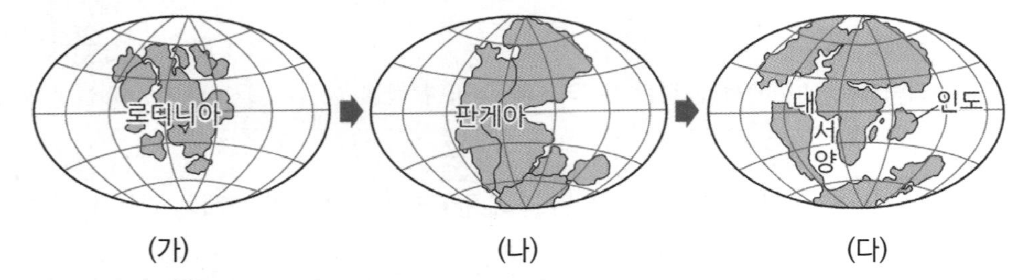

(가) (나) (다)

ㄱ. (가)의 초대륙은 고생대 말에 형성되었다. (X)

- (가)는 약 **12억 년 전 존재했던 초대륙 로디니아**다. 고생대는 약 5억 4천만 년 전 ~ 약 2억 5천만 년 전이므로 로디니아는 고생대 말에 형성되지 않았다.
- 고생대 말에 형성된 초대륙은 (나) 자료의 판게아이다. 또한 **판게아**에서 **북반구에 있는 대륙을 로라시아, 남반구에 있는 대륙을 곤드와나**라 한다. 판게아의 형태를 알아두자.
- (다) 자료에서 **판게아가 분리**되면서 **인도 대륙**이 남극 대륙에서 떨어져 나와 점점 **북상**하는 것을 함께 알아두자.

3 음향 측심법

① 해구부터 찾자. 2020년 3월 학력평가 1번

다음은 음향 측심 자료를 이용하여 해저 지형을 알아보기 위한 탐구 과정이다.

[탐구 과정]

표는 A와 B 해역에서 직선 구간을 따라 일정한 간격으로 음향 측심을 한 자료이다. A와 B 해역에는 각각 해령과 해구 중 하나가 존재한다.

A 해역	탐사 지점	A_1	A_2	A_3	A_4	A_5	A_6
	음파 왕복 시간(초)	5.5	5.2	4.8	4.2	4.7	5.1
B 해역	탐사 지점	B_1	B_2	B_3	B_4	B_5	B_6
	음파 왕복 시간(초)	5.6	9.4	6.2	5.9	5.7	5.6

(가) A와 B 해역의 음향 측심 자료를 바탕으로 각 지점의 수심을 구한다.

(나) 가로축은 탐사 지점, 세로축은 수심으로 그래프를 작성한다.

ㄷ. 판의 경계에서 해양 지각의 평균 연령은 A 해역이 B 해역보다 많다. (X)

- B 해역에는 음파의 왕복 시간이 9.4초 걸리는 지역이 있다. 따라서 8초 이상 걸렸기 때문에 수심이 6000m 이상이고 반드시 해구가 존재한다.
  따라서 A에는 해령이 존재하므로 상대적으로 해양 지각의 연령이 적고, B는 해구가 존재하므로 해양 지각의 연령이 많다.
- **음파의 왕복 시간이 8초**면 $\frac{1}{2} \times 1500\text{m}/\text{초} \times 8\text{초} = 6000\text{m}$이므로 **수심 6000m**다.
  해구는 수심이 6000m가 넘는 곳에 존재하므로 계산을 하지 않아도 B 지역에 해구가 있는 것을 알 수 있다.
- 이처럼 음향 측심법을 이용해 해구와 해령을 구분해야 하는 문제는 반드시 해구부터 찾도록 하자.

추가로 물어볼 수 있는 선지 해설

1. 베게너는 고생대 말 존재했던 판게아를 근거로 하여 대륙 이동설을 주장하였다.
   ⇒ 로디니아는 약 12억 년 전 존재했던 초대륙이다.
2. 대륙이 분리되는 과정에서 판의 확장 속도 차이로 변환 단층이 형성될 수 있다.
3. 맨틀 대류의 상승에 의해 해양판이 만들어진다. 하지만 해구에서 해양판은 섭입되어 소멸하기 때문에 계속해서 해저가 확장되지 않는다.

Chapter

02 판 경계와 지구 내부의 운동

판 경계와 지구 내부의 운동 - 맨틀 대류

1. 판을 이동시키는 힘

홈스의 맨틀 대류설에 의해 지구의 지진 활동과 화산 활동은 판과 판끼리의 충돌로 인해 발생한다는 것을 앞서 배웠다. 이때 **맨틀의 대류**는 전체 맨틀 중 **상부 맨틀에서 일어난다**. 지구 내부로 들어갈수록 지구의 온도는 증가한다. 이때 맨틀은 고체 상태이지만 온도가 높으므로 유동성이 있다. (말랑말랑한 젤리 상태라고 생각하면 좋다.) 이러한 상태의 맨틀은 매우 느리게 대류가 일어난다.

맨틀 대류가 상승하는 해령에서는 새로운 해양 지각이 만들어지고 맨틀 대류를 따라 양옆으로 확장한다. 그러나 계속 확장만 하는 것은 아니다. 오래된 해양 지각은 맨틀 대류의 하강부인 해구에서 섭입되어 소멸한다.
판의 움직임은 맨틀 대류의 영향을 가장 크게 받는다. 하지만 맨틀 대류를 제외한 힘도 판의 움직임에 영향을 주는데 그 힘은 다음과 같다.

① 섭입하는 판이 잡아당기는 힘 : 섭입대는 기울어져 있어서 중력의 영향을 받는다. 기울어진 면을 따라서 미끄러져 내려가는 힘이 발생한다. 따라서 섭입대가 존재하는 판은 그렇지 않은 판보다 대체로 이동 속도가 빠르다.
② 해령에서 판을 밀어내는 힘 : 해령은 높게 솟아오른 해저산맥이다. 따라서 중력에 의해서 판은 미끄러지면서 이동하게 된다. (①의 의한 힘보다는 영향력이 작다.)

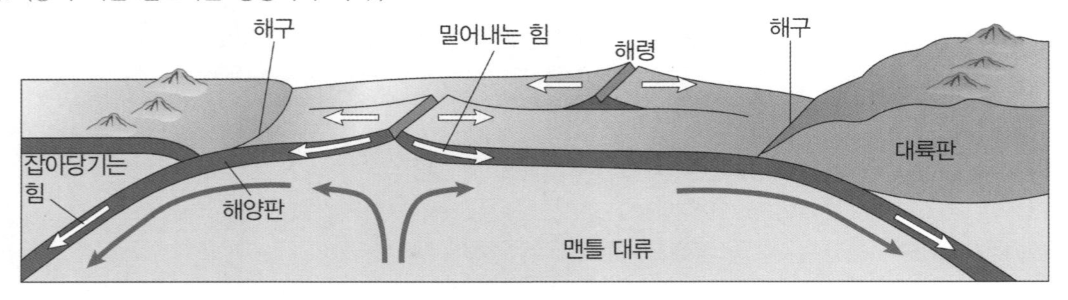

+ 시야 넓히기 : 맨틀 대류 모형

맨틀 대류 모형은 상부 맨틀에서만 대류가 일어나는 (가) 모형과 맨틀 전체에서 대류가 일어나는 (나) 모형으로 나누어진다. 두 모형 모두 해령에서 해저가 확장되고 섭입대에서 판이 소멸하는 것을 설명할 수 있다.

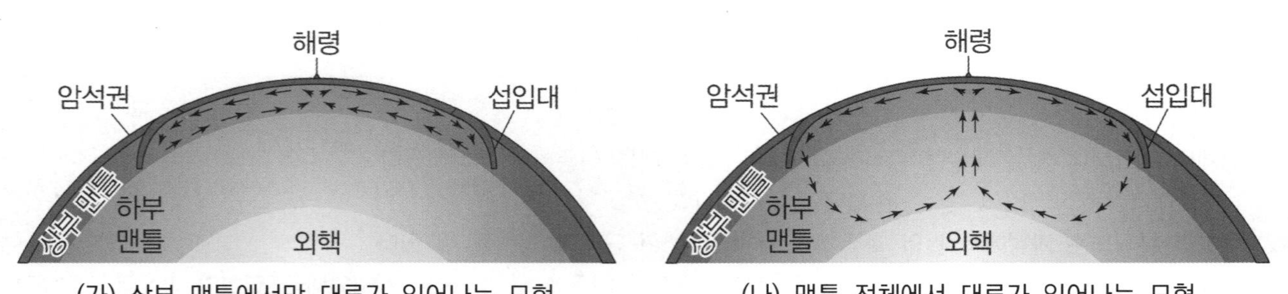

(가) 상부 맨틀에서만 대류가 일어나는 모형 (나) 맨틀 전체에서 대류가 일어나는 모형

판 경계와 지구 내부의 운동 - 판 경계

판과 판이 만나는 판의 경계에서는 각 판이 이동하는 방향과 속력에 따라서 나타나는 판 경계의 종류가 달라진다.
판의 경계는 발산형 경계, 수렴형 경계, 발산형 경계로 나눌 수 있다. 다음을 통해 알아보자.

1. 발산형 경계

발산형 경계란 **맨틀 대류가 상승하는 부분**에 나타나며 지각이 **양옆으로 확장하며 새로운 지각이 만들어지는 경계**다.
발산형 경계는 해양판과 해양판이 멀어지는 경우, 대륙판과 대륙판이 멀어지는 경우로 나눌 수 있다.

(1) 해양판 - 해양판 발산형 경계

- 해양판이 갈라지면서 해저산맥인 **해령**이 발달한다.
- 고온의 맨틀 물질이 상승하며 V자 모양의 열곡을 만들고 열곡의 가운데에서 마그마가 분출하여 **새로운 해양 지각이 생성**된다.
- 생성된 해양 지각은 해령을 기준으로 양옆으로 이동하여 확장하며 천발 지진을 일으킨다.

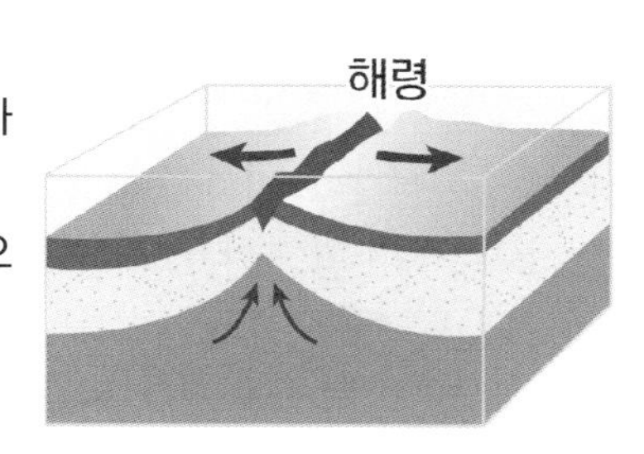

(2) 대륙판 - 대륙판 발산형 경계

- 대륙판이 갈라지면서 **열곡대**가 발달한다.
- 고온의 맨틀 물질이 상승하여 V자 모양의 열곡을 만들고 열곡의 가운데에서 마그마가 분출하여 **새로운 해양 지각이 생성**된다.
- 생성된 대륙 지각은 열곡대를 기준으로 양옆으로 이동하여 확장하며 천발 지진을 일으킨다.

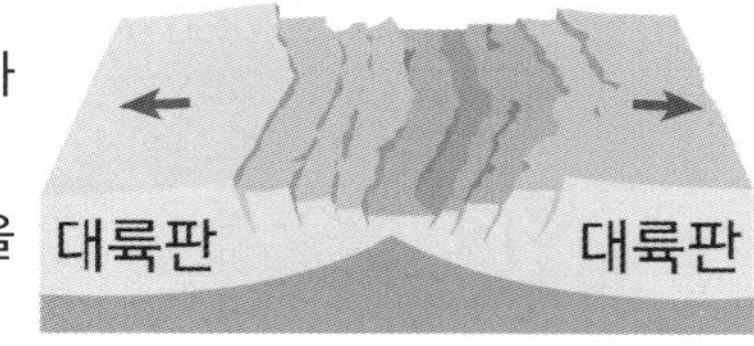

2. 수렴형 경계

수렴형 경계란 **맨틀 대류가 하강하는 부분**에 나타나며 **지각이 부딪히며 오래된 지각이 소멸하는 경계**다. 수렴형 경계는 해양판과 해양판이 부딪히는 경우, 해양판과 대륙판이 부딪히는 경우, 대륙판과 대륙판이 멀어지는 경우로 나눌 수 있다.

(1) 대륙판 - 대륙판 충돌형 경계

- 대륙판끼리 서로 부딪치면서 지층이 휘어져 **습곡 산맥**이 만들어진다.
- 두 대륙이 충돌할 때 마그마는 생성되지만 화산 활동은 일어나지 않는다.
  마찰에 의해 마그마는 생성되지만 화산 폭발이 일어날 만큼 많이 생성되지 않기 때문이다.
- 섭입형 경계와는 다르게 **섭입대가 만들어지지 않는다.** (밀도 차이가 크지 않기 때문)

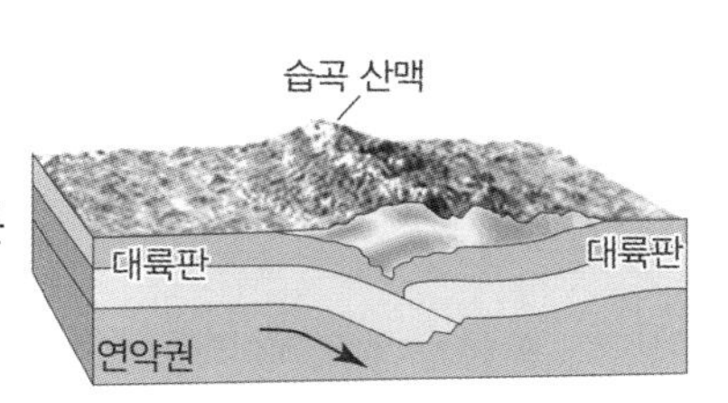

(2) 해양판 - 대륙판, 해양판 - 해양판 섭입형 경계

- 밀도가 큰 해양판이 밀도가 작은 판 아래로 섭입하여 **해구**와 **섭입대**가 만들어진다. 밀도가 작은 판은 위로 솟아올라 **습곡 산맥**을 만든다.
- 섭입대 부근에서 마그마가 생성되고 생성된 마그마는 지표로 분출하여 **호상 열도**를 만들고 섭입대를 따라 **천발 지진 ~ 심발 지진**까지 일어난다.

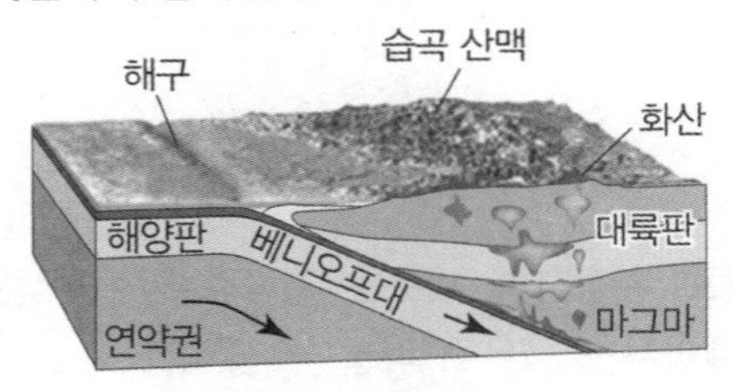

▲ 해양판 - 대륙판 경계

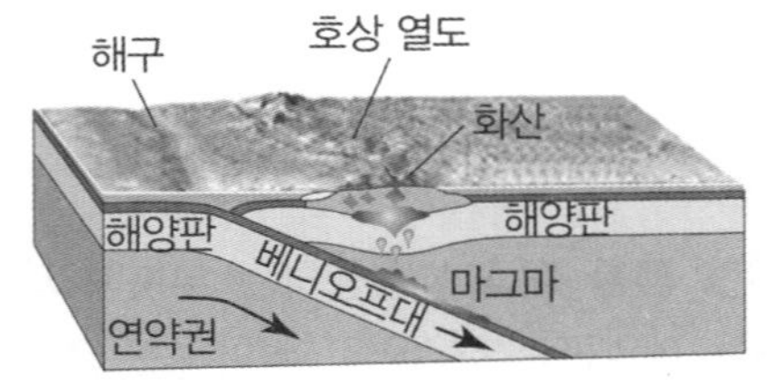

▲ 해양판 - 해양판 경계

3. 보존형 경계

보존형 경계란 판과 판이 어긋나면서 생성되는 경계이며 판의 생성이나 소멸이 발생하지 않는다.
일반적으로 보존형 경계는 해령과 해령 사이에서 자주 나타난다.

- 대륙판 - 대륙판, 해양판 - 해양판 보존형 경계
- 판과 판이 서로 스쳐 지나가며 **변환 단층**이 만들어진다.
- 두 판이 스쳐 지나가며 발생하는 마찰로 인해 **천발 지진**이 발생한다.
  그러나 화산 활동은 일어나지 않는다.

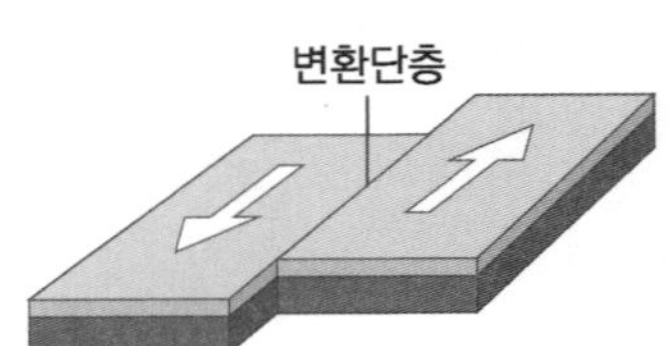

4. 판 경계 총정리

판의 경계	경계부의 판	발달하는 지형	활발한 지각 변동	특징
발산형 경계	해양판 - 해양판	해령, 열곡	화산 활동, 천발 지진	지각 및 판의 생성
	대륙판 - 대륙판	열곡대		
수렴형 경계	대륙판 - 대륙판	습곡 산맥	천발 지진 ~ 중발 지진	판의 충돌
	해양판 - 대륙판	해구, 습곡 산맥, 호상 열도	화산 활동, 천발 지진 ~ 심발 지진	지각 및 판의 소멸
	해양판 - 해양판	해구, 호상 열도		
보존형 경계	해양판 - 해양판 대륙판 - 대륙판	변환 단층	천발 지진	판의 생성 및 소멸 X

5. 지진의 종류

지진의 종류는 깊이에 따라 총 3가지가 존재하며 천발 지진, 중발 지진, 심발 지진이다.

- **천발 지진** : 진원 깊이 0km~70km에서 발생하는 지진.
- **중발 지진** : 진원 깊이 70km~300km에서 발생하는 지진.
  (교과서마다 내용이 다른데 100km에서부터 중발 지진이라고 판단하는 교과서도 존재한다.)
- **심발 지진** : 진원 깊이 300km~ 에서 발생하는 지진.

판 경계와 지구 내부의 운동 - 플룸 구조론

1. 지구 표면의 화산 및 지진 활동

판 구조론에 따르면 화산 활동과 지진 활동 등의 지각 변동은 판 경계에서만 설명할 수 있었다. 그러나 **판 내부에도 지각 변동은 발생**하므로 이를 보완할 수 있는 수정된 이론이 필요했다. 그때 등장한 것이 플룸 구조론이다.

2. 플룸 구조론

플룸이란 맨틀 물질이 대규모로 상승 및 하강하는 에너지의 흐름을 이야기한다. 이는 차가운 플룸과 뜨거운 플룸으로 구분된다. 플룸의 운동은 맨틀의 전 영역에서 일어난다.

① **차가운 플룸** : 수렴형 경계에서 섭입된 판**이 상부 맨틀과 하부 맨틀 경계에 쌓여 있다가 어느 한순간 맨틀과 외핵의 경계로 내려앉으면서 생성**된다. 주변 맨틀 물질보다 온도가 낮으므로 차가운 플룸이라 불린다.

② **뜨거운 플룸** : 차가운 플룸이 맨틀과 외핵의 경계 쪽으로 내려앉으면 그 영향으로 인해 다른 부분의 맨틀과 외핵의 경계에서 **뜨거운 맨틀 물질이 상승**하면서 만들어진다. 주변 맨틀 물질보다 온도가 높으므로 뜨거운 플룸이라 불린다.

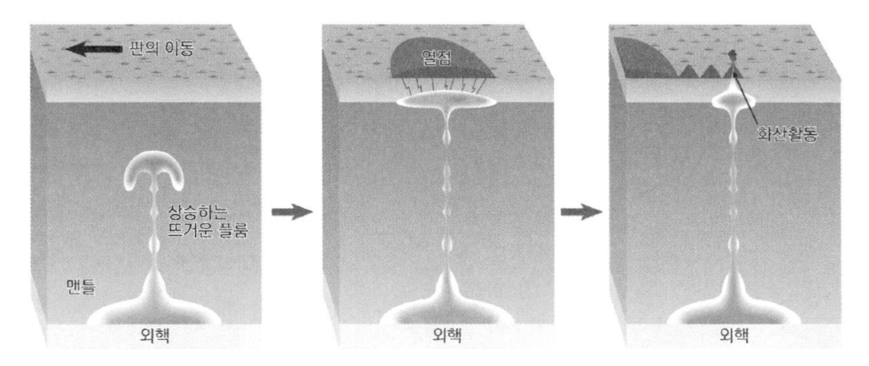

플룸의 존재는 지진파 단층 영상으로 알아낼 수 있다. **지진파의 속도는 주변 맨틀 물질에 비해** 온도가 높은 뜨거운 플룸에서 속도가 느려지고 온도가 낮은 차가운 플룸에서는 속도가 빨라진다.

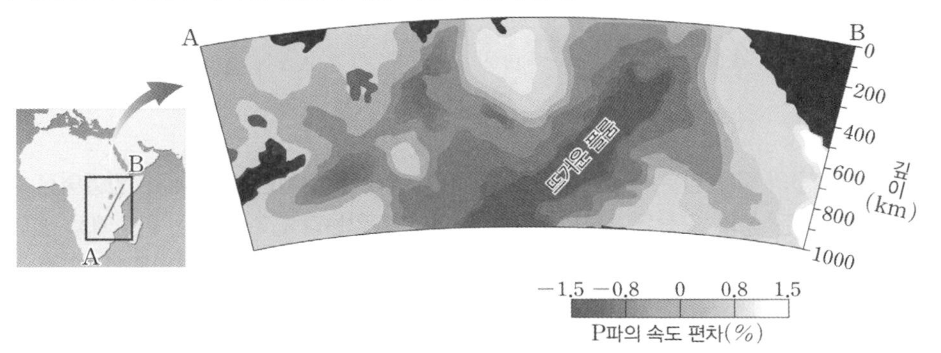

▲ 동아프리카 열곡대에 있는 뜨거운 플룸

(1) 열점

열점이란 **뜨거운 플룸이 상승하여 화산 활동을 일으키기 전 머무르는 마그마 방**을 의미한다. 열점은 지각 아래에 존재하며 맨틀과 외핵의 경계에서부터 상승하며 올라오는 것이므로 맨틀의 대류로 판이 이동하더라도 **열점의 위치는 변하지 않는다.** 고정된 열점에서는 마그마가 분출하여 새로운 화산섬을 만들 수 있다. **열점에서 발생하는 지각 변동이 바로 판 내부에서 일어나는 지각 변동이다.**

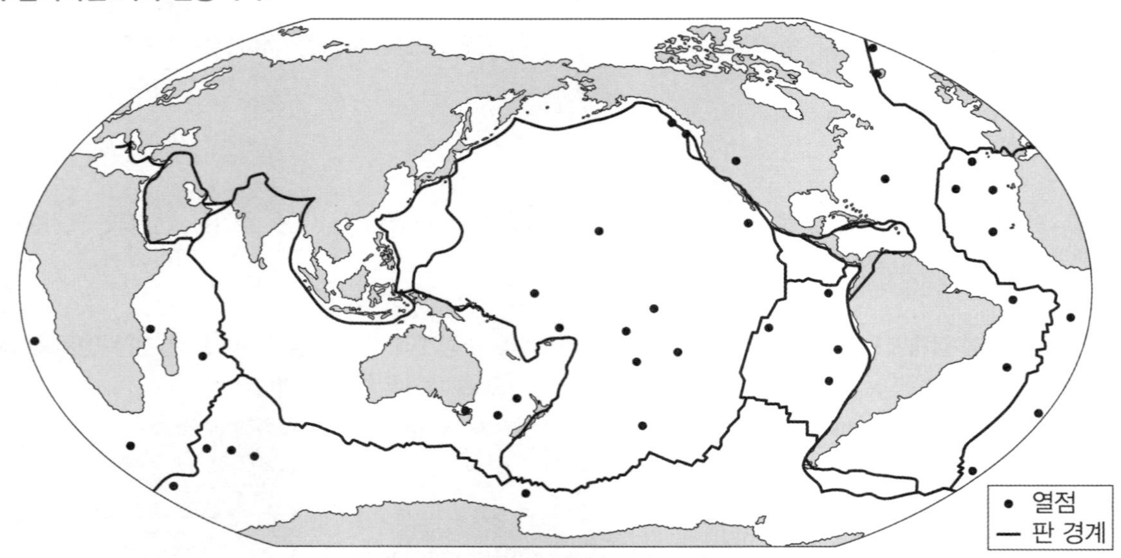

▲ 전 세계에 존재하는 판의 경계와 열점의 분포

(2) 하와이 열도의 생성

하와이는 열점에서의 화산 활동으로 생성된 대표적인 화산섬이다. 태평양판 한가운데 있는 하와이 열도의 생성 과정에 대해서 알아보자.

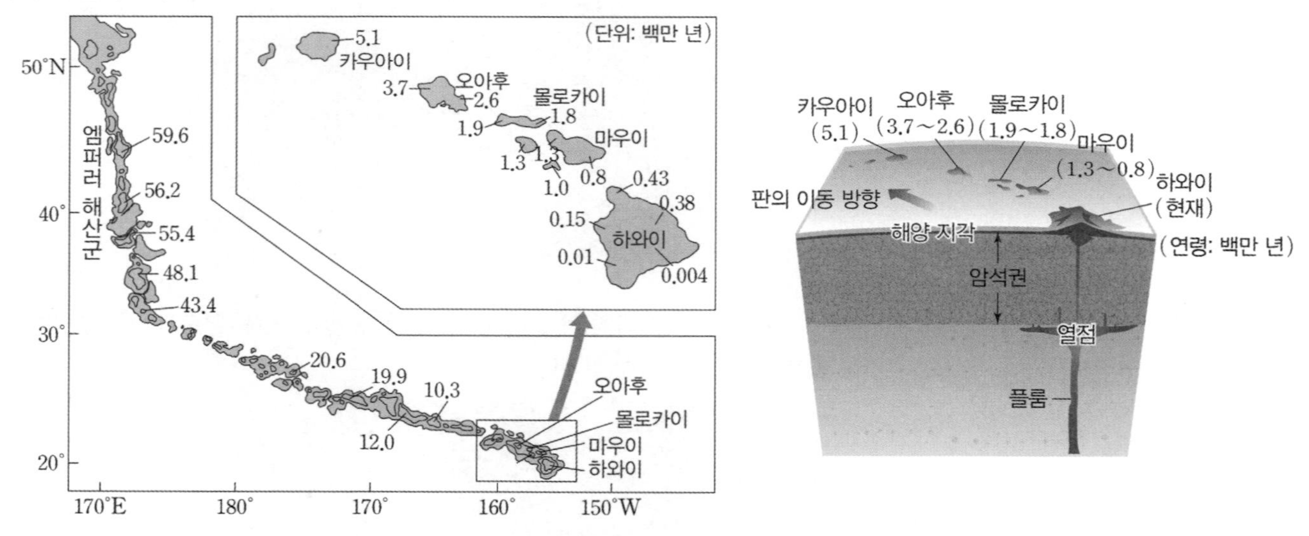

하와이 열도와 엠퍼러 해산군의 화산섬은 모두 현재 **하와이섬 아래에 위치한 열점에서 만들어진 것**이다. **하와이섬의 킬라우에아 화산을 제외한 모든 섬의 화산은 화산 활동이 일어나지 않는다.** 그 이유는 열점에서 벗어났기 때문이다.
즉, **열점에서 멀어질수록 화산섬의 나이는 많아지는 것**이다. 엠퍼러 해산군과 하와이 열도의 모양이 다른데 약 43.4백만 년 전 태평양판의 이동 방향이 북북서 방향에서 서북서 방향으로 바뀐 것으로 해석할 수 있다.
현재 태평양판의 이동 방향은 서북서쪽이라 해석할 수 있으며 하와이섬 다음에 생길 섬은 하와이섬의 남동쪽 방향에 생길 것으로 예측할 수 있다.

+ 시야 넓히기 : 열점에서 형성된 화산섬의 이동

다음은 T_1 → T_2 → T_3로 시간이 흐를 때 열점에서 형성되는 화산섬의 이동을 나타낸 그림이다.

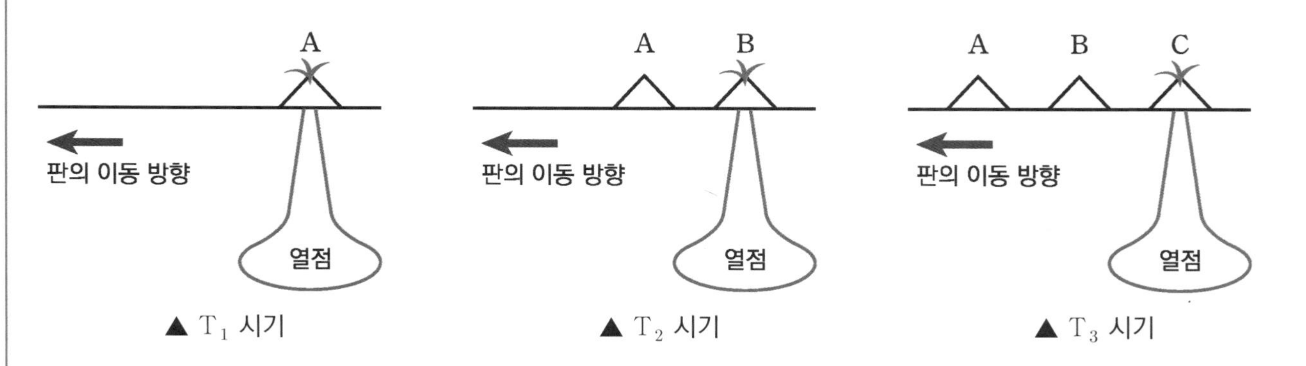

▲ T_1 시기 ▲ T_2 시기 ▲ T_3 시기

- T_1 시기에 열점에서 화산섬 A가 형성되었다.
- 이후 시간이 흘러 T_2 시기에 본래 A가 있던 자리에 화산섬 B가 형성되었다. A는 판의 이동을 따라 왼쪽으로 이동했지만 열점은 이동하지 않았다.
- T_3 시기에는 B가 있던 자리에 화산섬 C가 형성되었다. 마찬가지로 A와 B는 판의 이동을 따라 왼쪽으로 이동했다.
- 이처럼 **판의 이동 방향대로 화산섬이 배열된다**는 것을 알아두자. 또한, 화산섬의 배열을 통해 판의 이동 방향을 유추할 수 있다.

3. 판 구조론과 플룸 구조론

판 구조론과 플룸 구조론은 서로를 보완해주는 이론이다. 일반적으로 판이 해저산맥에서 생성되어 섭입대에서 소멸하기 전까지는 판 구조론으로 설명하고 그 이후의 단계는 플룸 구조론으로 설명한다.

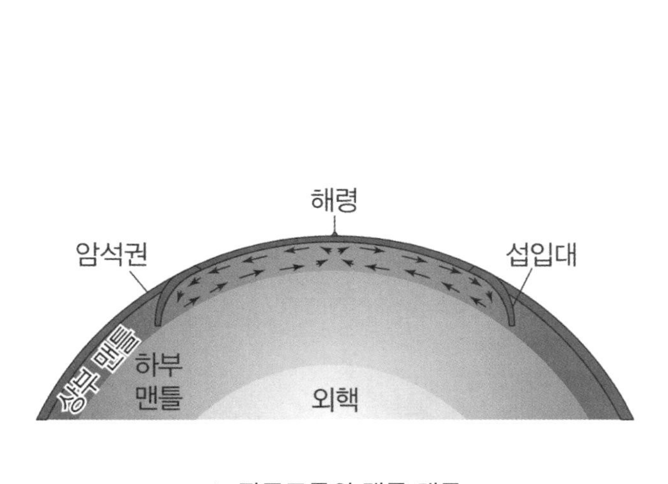

▲ 판구조론의 맨틀 대류

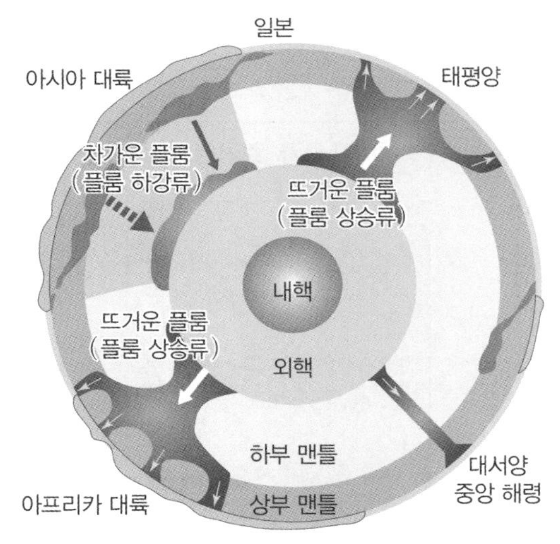

▲ 플룸 구조론

4. 전 세계의 주요 판 경계 및 열점

수능에 자주 나오는 판 경계와 열점이다. 반드시 암기하자.

① 동아프리카 열곡대 : 대륙과 대륙이 갈라지는 발산형 경계다. 열점이 존재한다.
② 동태평양 해령 : 해양판과 해양판이 갈라지는 발산형 경계다.
③ 대서양 중앙 해령 : 해양판과 해양판이 갈라지는 발산형 경계다.
④ 아이슬란드 열곡대 : 대륙과 대륙이 갈라지는 발산형 경계다. 열점이 존재한다.
⑤ 안데스산맥, 페루 해구 : 해양판과 대륙판이 부딪히는 수렴형(섭입형) 경계다.
⑥ 히말라야산맥 : 대륙과 대륙이 부딪히는 수렴형(충돌형) 경계다.
⑦ 마리아나 해구 : 해양판과 해양판이 부딪히는 수렴형(섭입형) 경계다.
⑧ 일본 해구 : 해양판과 대륙판이 부딪히는 수렴형(섭입형) 경계다.
⑨ 알류산 열도 : 해양판과 대륙판이 부딪히는 수렴형(섭입형) 경계다.
⑩ 샌 안드레아스 변환 단층 : 판과 판이 서로 스쳐 지나가는 보존형 경계다.
⑪ 하와이 열도 : 뜨거운 플룸이 상승하는 열점이며 판 경계가 아니다.

+ 시야 넓히기 : 동아프리카 열곡대와 아이슬란드 열곡대의 열점

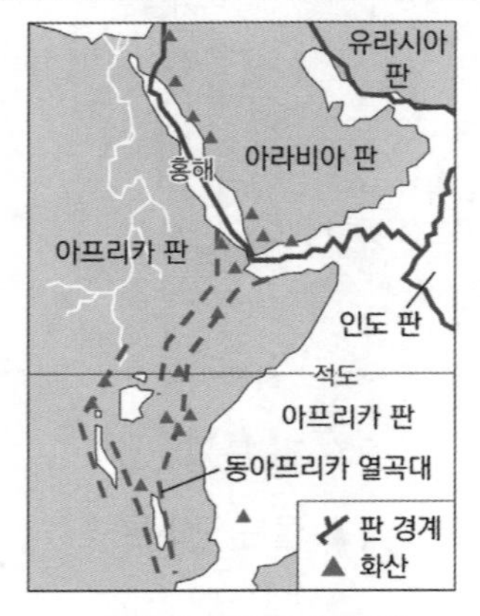

▲ 동아프리카 열곡대

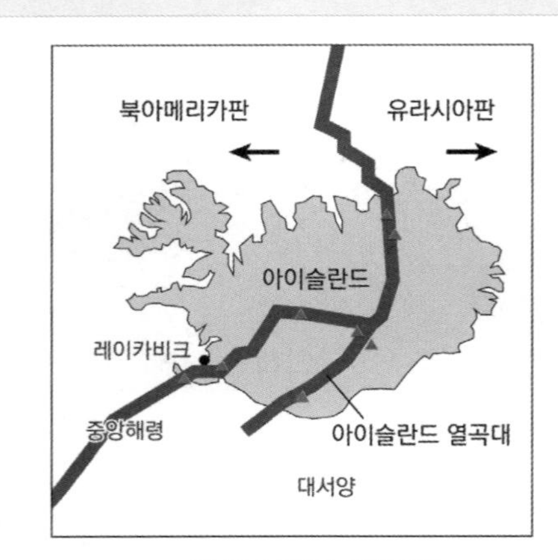

▲ 아이슬란드 열곡대

- 동아프리카 열곡대와 아이슬란드 열곡대는 맨틀 대류의 상승으로 인해 판과 판이 멀어져서 형성되는 **발산형 경계**이다. 두 지역은 **판 경계임과 동시**에 뜨거운 플룸이 상승하여 만들어진 열점이 존재한다.

2017학년도 6월 모의평가 지Ⅰ 11번

그림 (가)와 (나)는 판의 경계 부근에서 발생한 지진의 진앙 분포를 나타낸 것이다.

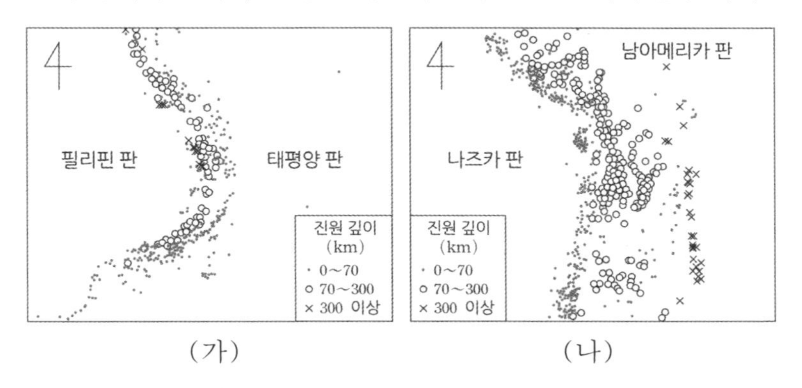

(가) (나)

<보 기>

ㄱ. (가)와 (나)에는 모두 해구가 발달한다.
ㄴ. 인접한 두 판의 밀도 차는 (나)가 (가)보다 크다.
ㄷ. (가)에서 진앙의 수는 태평양 판이 필리핀 판보다 많다.

① ㄱ ② ㄷ ③ ㄱ, ㄴ ④ ㄴ, ㄷ ⑤ ㄱ, ㄴ, ㄷ

추가로 물어볼 수 있는 선지
1. 나즈카 판의 밀도가 남아메리카 판의 밀도보다 크다. (O , X)
2. (가)와 (나)에서 인접한 두 판 사이에서는 판이 생성되고 있다. (O , X)
3. 섭입대에서 침강하는 판은 판을 섭입대 쪽으로 잡아당긴다. (O , X)

정답 : 1. (O), 2. (X), 3. (O)

01 2017학년도 6월 모의평가 지Ⅰ 11번

KEY POINT #진앙 분포, #밀도 차, #해구

문항의 발문 해석하기

판 경계에서 일어나는 지진의 종류를 떠올려야 한다.

문항의 자료 해석하기

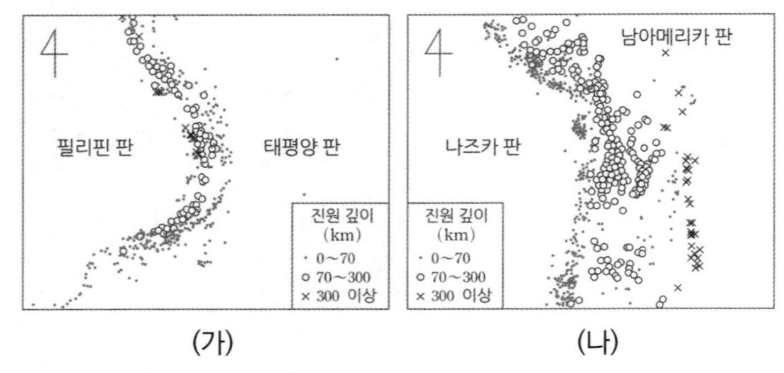

(가) (나)

1. (가) 자료와 (나) 자료 모두 300km 이상의 심발 지진이 일어나고 있다. 이는 두 자료 모두 섭입대가 존재함을 의미한다. 따라서 두 판 경계 모두 수렴형 경계임을 알 수 있다.
2. (가) 자료에서 진원의 깊이가 필리핀 판 쪽으로 갈수록 깊어지므로 태평양 판이 필리핀 판 아래로 섭입하고 있음을 알 수 있다.
3. (나) 자료에서 진원의 깊이가 남아메리카 판 쪽으로 갈수록 깊어지므로 나즈카 판이 남아메리카 판 아래로 섭입하고 있음을 알 수 있다.

선지 판단하기

ㄱ 선지 (가)와 (나)에는 모두 해구가 발달한다. (O)

(가)와 (나)는 모두 섭입대가 존재하므로 해구가 발달한다.

ㄴ 선지 인접한 두 판의 밀도 차는 (나)가 (가)보다 크다. (O)

(가) 자료에서 필리핀 판과 태평양 판은 모두 해양판이므로 밀도 차이가 크지 않다. 그러나 (나) 자료에서 나즈카 판은 해양판, 남아메리카 판은 대륙판이므로 (나)의 밀도 차가 더 크다.

ㄷ 선지 (가)에서 진앙의 수는 태평양 판이 필리핀 판보다 많다. (X)

(가)에서 태평양 판이 필리핀 판 아래로 섭입하고 있다. 이때, 진앙이란 진원으로부터 수직선을 그어 지표면과 맞닿는 지점을 의미하므로 진앙은 필리핀 판 부근에서 더 많이 발생한다.

기출문항에서 가져가야 할 부분

1. 심발 지진이 형성된 곳은 반드시 섭입대가 있음을 이해하기
2. 판의 밀도 차이에 의한 섭입대 형성 이해하기
3. 진원과 진앙의 차이점 암기하기

▎기출 문제로 알아보는 유형별 정리

[판 경계]

1 판 경계

① 발산형 경계 2019년 7월 학력평가 8번

그림은 판의 경계와 이동 방향을 나타낸 것이다.

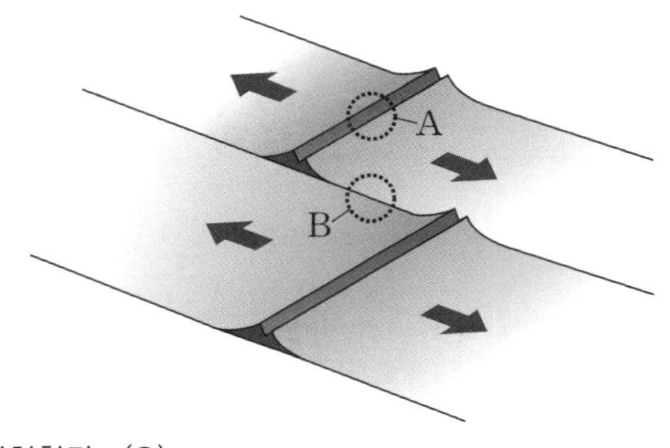

ㄱ. A는 맨틀 대류의 상승부에 위치한다. (O)

- A는 서로 다른 판이 멀어지고 있는 발산형 경계이다. 따라서 A는 맨틀 대류의 상승부에 위치한다.
- **해양판과 해양판의 발산형 경계**에는 **해령**이 형성되고, **대륙판과 대륙판의 발산형 경계에는 열곡대**가 형성된다.
- 발산형 경계는 맨틀 대류의 상승부에 위치하며 판이 생성된다.

② 보존형 경계 2016년 3월 학력평가 8번

그림은 판의 경계와 이동 방향을 나타낸 것이다.

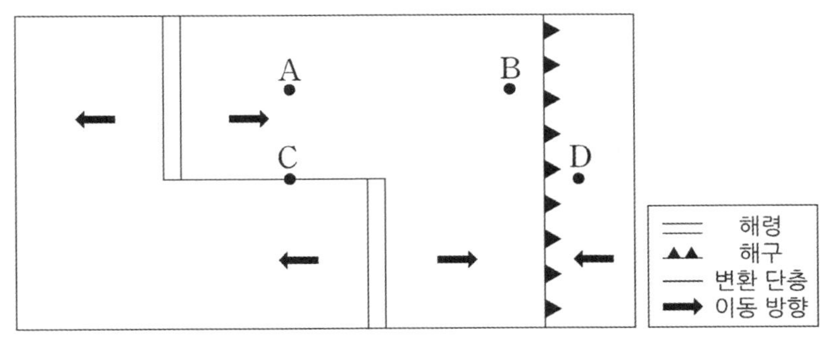

ㄴ. C에서는 화산 활동이 활발하다. (X)

- C의 위아래에 있는 **판은 서로 다른 방향으로 이동**하고 있다. C는 판이 생성되거나 소멸하지 않는 **보존형 경계**이다. 따라서 C는 보존형 경계이므로 **화산 활동이 일어나지 않는다**.
- 보존형 경계는 판과 판이 스쳐 지나가는 경계이므로 해령과 해령 사이 또는 열곡대와 열곡대 사이에 형성된다는 것을 반드시 알아두자.

③ 수렴형 경계 지II 2015학년도 수능 6번

그림은 우리나라 주변의 주요 판 경계를 나타낸 것이다. A, B, C 지역의 공통점으로 옳은 것만을 있는 대로 고른 것은?

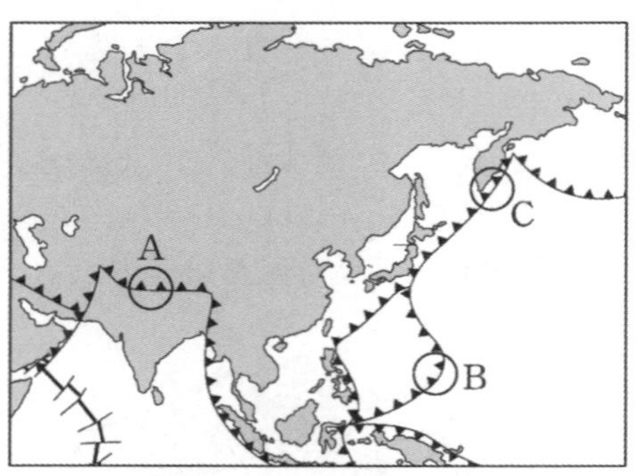

ㄷ. 수렴형 경계이다. (O)

- A, B, C는 모두 수렴형 경계에 위치한다.
- 위 자료의 판 경계에서 나타나 있는 기호는 수렴형 경계를 나타내는 기호라는 것을 알아두자. 또한, A는 인도 대륙과 유라시아 대륙이 충돌하여 형성된 **히말라야산맥**, B는 태평양 판이 필리핀 판 아래로 섭입하여 만들어진 **마리아나 해구**이다.
- A는 대륙판과 대륙판이 충돌한 **충돌형 경계**이므로 천발 지진과 **중발 지진**이 일어나고 **화산 활동은 일어나지 않는다**.
- B는 해양판과 해양판이 충돌한 **섭입형 경계**이므로 천발 지진 ~ **심발 지진**까지 일어나며 **화산 활동이 일어난다**.

 # 2 판 경계에서의 진원의 깊이 분포

① 천발 지진만 있어? 그러면 발산형 or 보존형 경계 2019학년도 6월 모의평가 14번

그림은 어느 지역의 판의 경계와 진앙 분포를 나타낸 것이다.

ㄷ. 판의 경계 ㉠을 따라 수렴형 경계가 발달한다. (X)

- A는 아프리카 판과 인도-오스트레일리아 판의 경계이다. 판 경계에서는 천발 지진만 일어나고 있다. 따라서 수렴형 경계가 발달하지 않았다. 수렴형 경계는 중발 지진과 심발 지진이 함께 일어나야 한다.
- 판 경계에서 **천발 지진만 일어나면 발산형 경계** 또는 **보존형 경계**라고 생각하자.

② 심발 지진 = 수렴형 경계 지Ⅱ 2019년 4월 학력평가 14번

그림은 두 해양판 A, B의 경계와 화산 분포를 최근 20년간 발생한 규모 5.0 이상인 지진의 진앙 분포와 함께 나타낸 것이다.

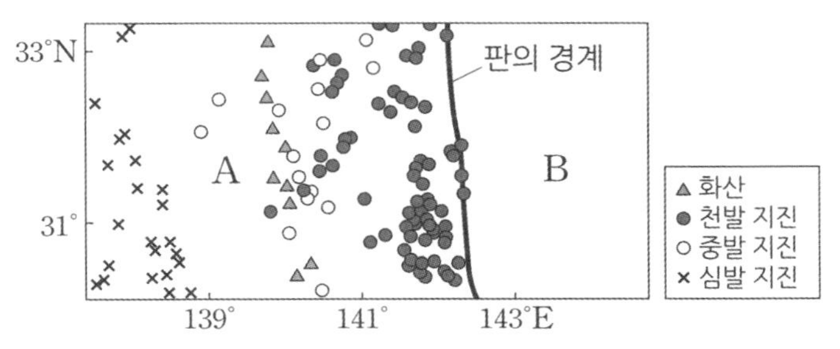

ㄷ. 판의 밀도는 B보다 A가 크다. (X)

- 자료에서 심발 지진이 일어나고 있으므로 섭입대가 존재한다. 따라서 **수렴형 경계**이다.
  이때, 심발 지진은 A에서 활발하게 발생하고 있다. 즉, B가 A 아래로 수렴하여 섭입대를 형성하고 있다는 것이다.
  이때, **밀도가 큰 판이 섭입**하므로 밀도는 B가 A보다 크다.
- 위 자료처럼 심발 지진이 일어나면 반드시 섭입대가 존재하며, 섭입대는 수백km 깊이까지 형성되므로 깊은 심발 지진이 발생하는 것이다.
- 위 자료처럼 **어떤 판이 섭입하는 판인지 찾기 위해서는 심발 지진이 어느 쪽에서 일어나고 있는지를 살펴보자**.
  또한, 밀도가 작은 판 쪽으로 섭입대가 형성되는 것을 이해하자.

3 판 경계와 지각의 연령 분포

① 판의 이동 방향은 나이가 적은 곳에서 많은 곳으로 2021학년도 9월 모의평가 8번

그림은 해양 지각의 연령 분포를 나타낸 것이다.

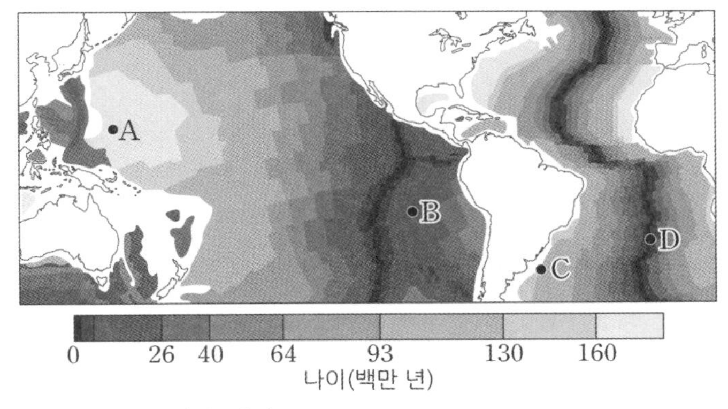

ㄱ. 해저 퇴적물의 두께는 A가 B보다 두껍다. (O)

- **해저 퇴적물의 두께는 지각의 나이와 비례한다**. A가 B보다 나이가 많으므로 퇴적물의 두께는 A가 더 두껍다.
- A와 B 사이에 **나이가 0년인 곳에 해령이 존재**할 것이다. 이 해령은 **동태평양 해령**이며 A와 B는 이곳에서부터 이동해 왔을 것이다. 이처럼 해양 지각의 나이를 보고 판의 이동 방향까지 알 수 있도록 하자.
- A와 B에 해당하는 판은 각각 태평양 판, 나즈카 판인 것을 알아두자.

4 판 경계와 판의 이동 속도

① 발산형 경계에서의 판의 이동 속도 지Ⅱ 2017년 7월 학력평가 5번

그림은 아라비아 반도 주변 지역 판의 경계와 이동 속도를 화살표로 나타낸 것이다.

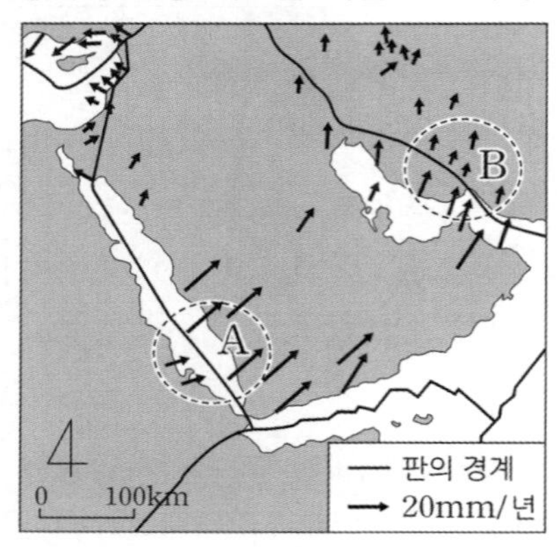

ㄱ. A에는 발산형 경계가 나타난다. (O)

- A에서 두 판은 같은 **방향으로 이동**하고 있다. 이때 **앞에 있는 판이 더 빠르게 이동**하므로 두 판은 벌어진다. 따라서 **발산형 경계**가 나타난다.
- 이처럼 같은 방향으로 이동하고 있는 두 판 경계에서는 누가 더 빠른지 살펴보자.

② 수렴형 경계에서의 판의 이동 속도 지Ⅱ 2018년 7월 학력평가 8번

그림은 세 대륙판의 판 경계와 이동 속도를 나타낸 모식도이다.

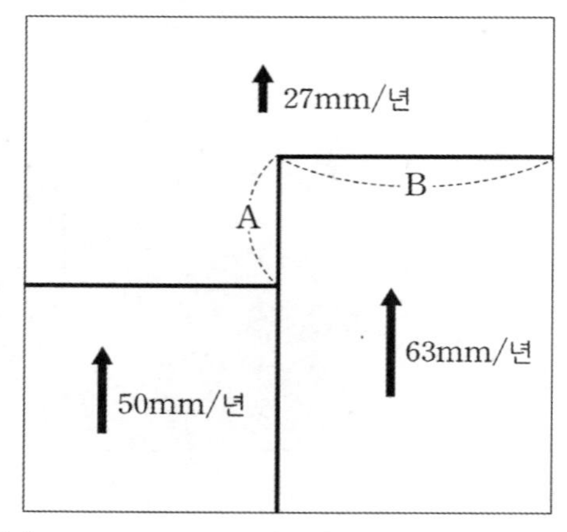

ㄴ. B에서는 화산 활동이 활발하다. (X)

- B 근처의 두 판은 **같은 방향으로 이동**하고 있다. 이때 **뒤에 있는 판이 더 빠르게 이동**하므로 두 판은 부딪힌다. 따라서 **수렴형 경계**가 나타난다.
  그림에 나타난 판은 모두 **대륙판이므로 B에서는 충돌형 경계**가 나타난다. 충돌형 경계에서는 **화산 활동이 발생하지 않는다**.
- 이처럼 각 판 경계의 특징을 떠올리며 문제에 적용할 수 있도록 하자.

5 수렴형 경계에서의 판 경계

① 진원의 깊이를 보고 판 경계를 찾자. 2021년 10월 학력평가 5번

그림은 어느 판 경계 부근에서 진원의 평균 깊이를 점선으로 나타낸 것이다. A와 B 지점 중 한 곳은 대륙판에, 다른 한 곳은 해양판에 위치한다.

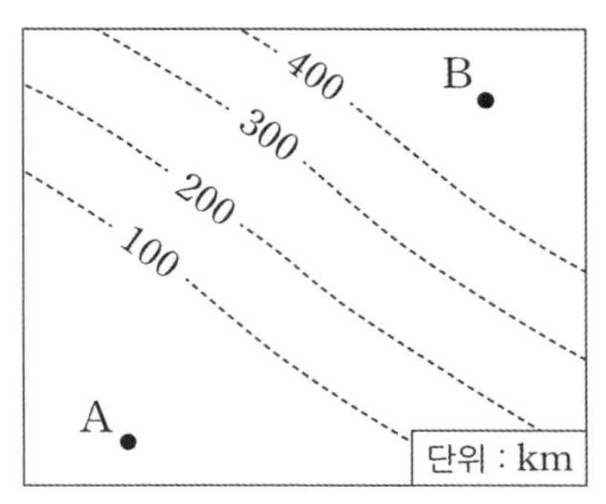

ㄱ. 판의 경계는 A보다 B에 가깝다. (X)

- 진원의 깊이로 보아 **판은 A에서 B 쪽으로 섭입**하고 있다. 따라서 판 경계는 A에 가깝게 위치해 있다.
- 이처럼 진원의 깊이를 보고 어느 방향으로 섭입하고 있는지 찾을 수 있어야 한다.
  또한, '**판 경계**'는 섭입대가 **형성되기 시작하는 곳인 '해구**'인 것을 알아두자. 해구는 A에 가깝게 위치할 것이다.

 # 6 해령의 이동

① 해령도 이동한다. 지II 2020학년도 6월 모의평가 20번

그림은 동서 방향으로 이동하는 두 해양판의 경계와 이동 속도를 나타낸 것이다. 고지자기 줄무늬가 해령을 축으로 대칭일 때, 이에 대한 설명으로 옳은 것만을 있는 대로 고른 것은?

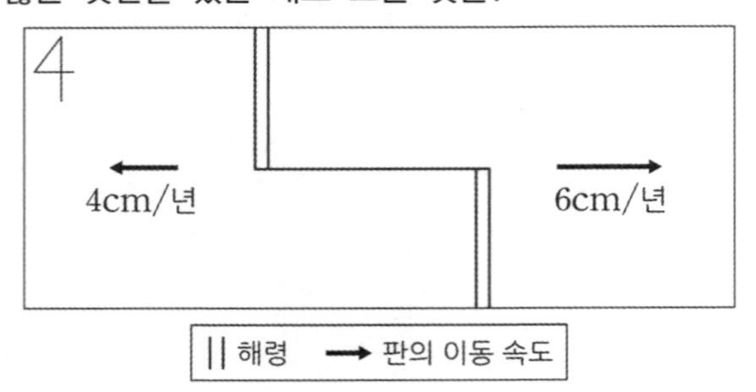

ㄷ. 해령은 1년에 2cm씩 동쪽으로 이동한다. (X)

- 고지자기 줄무늬가 해령을 축으로 대칭이므로 양쪽으로 생성되는 지각의 넓이가 같다. 따라서 **각 판은 양쪽으로 5cm/년 씩 이동할 것**이다. 이때, **해령이 동쪽으로 1년에 1cm씩 움직이고 있기 때문에** 판 경계의 이동 속도가 동쪽으로 6cm/년, 서쪽으로 4cm/년 의 형태를 보이는 것이다.
- 이처럼 발산형 경계에서 맨틀 대류를 따라 움직이는 판의 이동 이외에도 해령의 이동이 추가될 수 있음을 알아두자.
- '**고지자기 줄무늬가 해령을 축으로 대칭일 때**'라는 조건은 각 판이 **해령을 기준으로 정확히 대칭**이라는 것도 함께 알아두자.

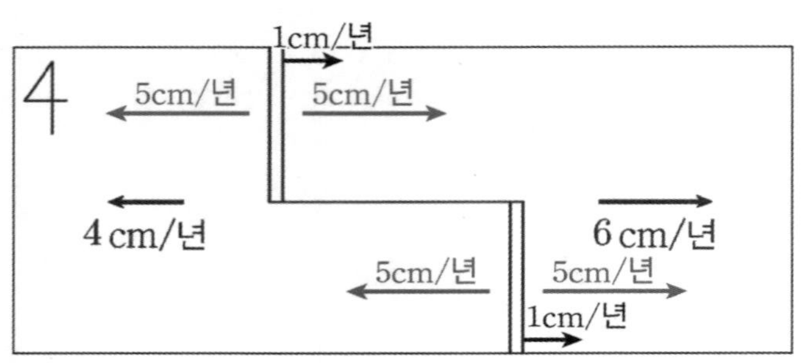

추가로 물어볼 수 있는 선지 해설

1. 나즈카 판은 해양판이고 남아메리카 판은 대륙판이므로 나즈카 판의 밀도가 더 크다.
   ⇒ 자료를 보고도 해석할 수 있어야 하는데, 심발 지진이 남아메리카 판 부근에서 일어나므로 나즈카 판이 남아메리카 판 아래로 섭입하고 있다고 볼 수 있다.
2. (가)와 (나)는 모두 심발 지진이 발생하므로 섭입대가 존재한다. 따라서 수렴형 경계이므로 맨틀 대류의 하강 부근이다. 즉 판의 소멸이 일어나고 있다.
3. 판이 움직이는 원인은 맨틀 대류 외에도 섭입하는 판이 잡아당기는 힘이 존재한다.
   ⇒ 어느 판에 섭입대가 존재한다면 그 판의 이동 속도는 섭입대가 존재하지 않는 판보다 빠르다.

2023학년도 9월 모의평가 지Ⅰ 2번

그림은 상부 맨틀에서만 대류가 일어나는 모형을 나타낸 것이다.

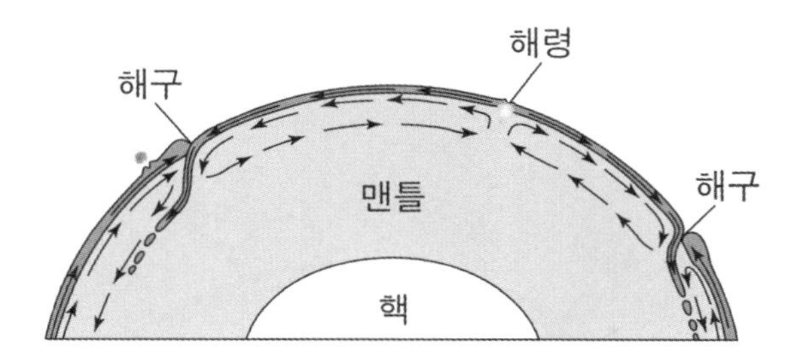

이 모형에 대한 설명으로 옳은 것만을 <보기>에서 있는 대로 고른 것은?

<보 기>

ㄱ. 판을 이동시키는 힘의 원동력을 설명할 수 있다.
ㄴ. 해양 지각의 평균 연령이 대륙 지각의 평균 연령보다 적은 이유를 설명할 수 있다.
ㄷ. 뜨거운 플룸이 핵과 맨틀의 경계 부근에서 생성되어 상승하는 것을 설명할 수 있다.

① ㄱ ② ㄴ ③ ㄷ ④ ㄱ, ㄴ ⑤ ㄱ, ㄷ

추가로 물어볼 수 있는 선지

1. 맨틀의 대류는 방사성 원소가 붕괴하여 생성된 열과 맨틀 상부와 하부의 온도 차이에 의해 일어난다. (O , X)
2. 해령에서 멀어질수록 해저 퇴적물의 두께는 두꺼워진다. (O , X)
3. 차가운 플룸은 주로 맨틀과 외핵의 경계부에서 형성된다. (O , X)

정답 : 1. (O), 2. (O), 3. (X)

02 2023학년도 9월 모의평가 지Ⅰ 2번

KEY POINT #상부 맨틀, #플룸, #판

문항의 발문 해석하기

상부 맨틀의 운동을 떠올릴 수 있어야 한다. 맨틀의 상승부와 하강부를 보고 판 경계를 파악할 준비를 하자.

문항의 자료 해석하기

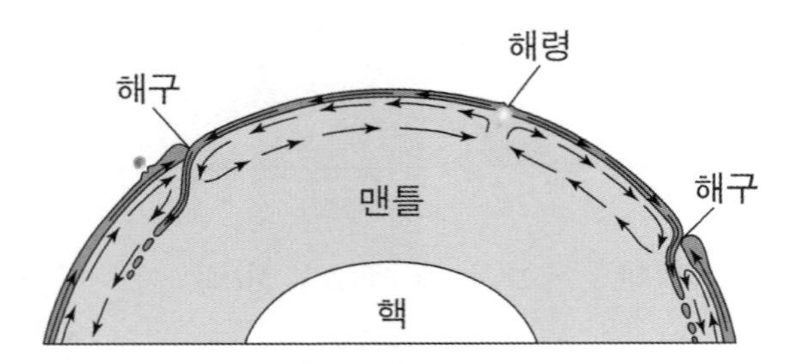

맨틀 상승부에서는 해령이, 맨틀 하강부에서는 해구가 형성되어 있다. 또한, 맨틀 대류 위에 놓인 판이 움직이고 있는 모습이 나타나 있다.

선지 판단하기

ㄱ 선지 판을 이동시키는 힘의 원동력을 설명할 수 있다. (O)

맨틀 대류로 인해 그 위에 놓인 판이 움직이므로 판 이동의 원동력을 설명할 수 있다.

ㄴ 선지 해양 지각의 평균 연령이 대륙 지각의 평균 연령보다 적은 이유를 설명할 수 있다. (O)

해령에서 해양 지각이 형성되고 해구에서 해양 지각은 소멸하므로 해양 지각의 평균 연령은 더 낮은 것이다.

ㄷ 선지 뜨거운 플룸이 핵과 맨틀의 경계 부근에서 생성되어 상승하는 것을 설명할 수 있다. (X)

자료는 상부 맨틀의 운동만을 나타낸 그림이므로 맨틀 전반에 걸쳐 일어나는 플룸의 운동은 설명할 수 없다. 따라서 뜨거운 플룸의 생성 또한 설명할 수 없다.

기출문항에서 가져가야 할 부분

1. 상부 맨틀의 운동은 판 구조론을, 플룸의 형성은 플룸 구조론으로 설명할 수 있음을 암기하기
2. 판이 움직이는 원동력 이해하기
3. 해양 지각의 형성과 소멸 이해하기

기출 문제로 알아보는 유형별 정리

[상부 맨틀의 운동과 플룸 구조론]

1 플룸의 운동

① 차가운 플룸과 뜨거운 플룸의 모식도 2023학년도 수능 2번

그림은 플룸 구조론을 나타낸 모식도이다. A와 B는 각각 차가운 플룸과 뜨거운 플룸 중 하나이고, ㉠은 화산섬이다.

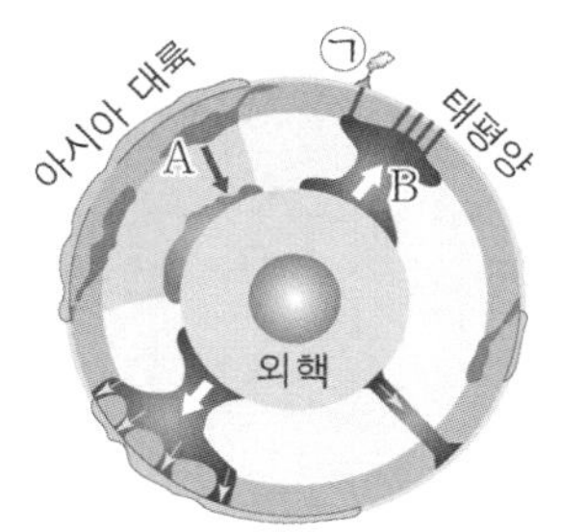

ㄱ. A는 섭입한 해양판에 의해 형성된다. (O)

- A는 지구 내부로 향하고 있는 차가운 플룸이다. **차가운 플룸**은 **수렴형 경계에서 섭입한 해양판**이 하부 맨틀 경계에 쌓여 있다가 한순간에 맨틀과 외핵의 경계로 내려앉으면서 형성된다.
- 차가운 플룸의 형성은 섭입대에서 일어남을 알아두자. 또한, 아시아 대륙 아래에는 거대한 플룸 하강류가 존재하는데 이는 아시아 대륙 주변에 있는 수렴형 경계에 의해 나타난다.
- B에서는 **맨틀과 외핵 경계부에서 상승하는 뜨거운 플룸**의 모습이 나타나 있다. 뜨거운 플룸에 의해 ㉠에는 **열점이 형성**되었다.

2 열점과 판의 이동

① 판의 이동에 의한 열점에서의 화산섬 2022학년도 6월 모의평가 6번

그림은 화산 활동으로 형성된 하와이와 그 주변 해산들의 분포를 절대 연령과 함께 나타낸 것이다. B 지점에서 판의 이동 방향은 ㉠과 ㉡ 중 하나이다.

ㄷ. B 지점에서 판의 이동 방향은 ㉠이다. (O)

- 위 자료에서 태평양 판에 형성된 **화산섬은 모두 B 지점의 열점에서 형성**되었다. 열점에서 형성된 화산섬은 판의 이동 방향대로 배열되므로 **현재 판의 이동 방향은** ㉠이다.
- 이처럼 화산섬의 나이를 보고 어디에 열점이 존재하는지 알 수 있어야 한다. 또한, 나이가 적은 섬에서 나이가 많은 섬 쪽으로 판이 이동함을 알 수 있어야 한다.
- **화산섬의 배열을 보면 4700만 년인 섬에서 방향이 바뀌는데, 8100만 년 ~ 4700만 년 전에는 판의 이동 방향이 ㉡ 방향이었음을 의미**한다.

3 판 경계와 플룸

① 동아프리카 열곡대와 열점 2022학년도 9월 모의평가 8번

그림 (가)와 (나)는 남아메리카와 아프리카 주변에서 발생한 지진의 진앙 분포를 나타낸 것이다.

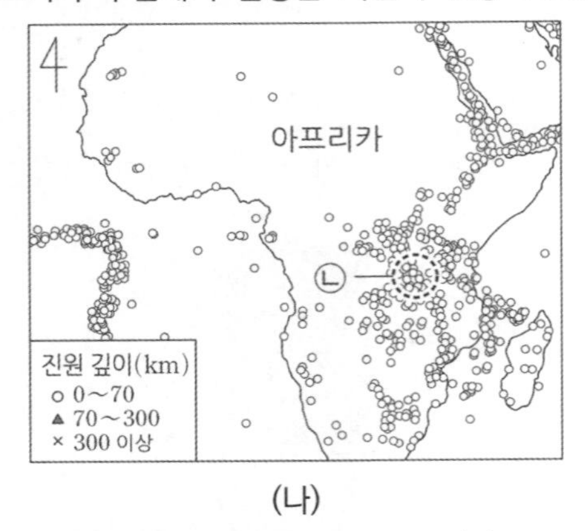

(나)

ㄴ. ㉡의 하부에는 외핵과 맨틀의 경계부에서 상승하는 플룸이 있다. (O)

- ㉡은 천발 지진이 발생하고 있는 동아프리카 열곡대 부근이다. 동아프리카 열곡대는 맨틀의 상승부면서 뜨거운 플룸이 상승해 만들어진 열점이 분포해 있다.
- 동아프리카 열곡대의 위치와 **동아프리카 열곡대 하부에는 열점이 존재**한다는 것을 함께 기억하자.

② 아이슬란드 열곡대와 열점 지II 2019년 7월 학력평가 6번

그림은 아이슬란드가 형성되는 과정을 나타낸 것이다.

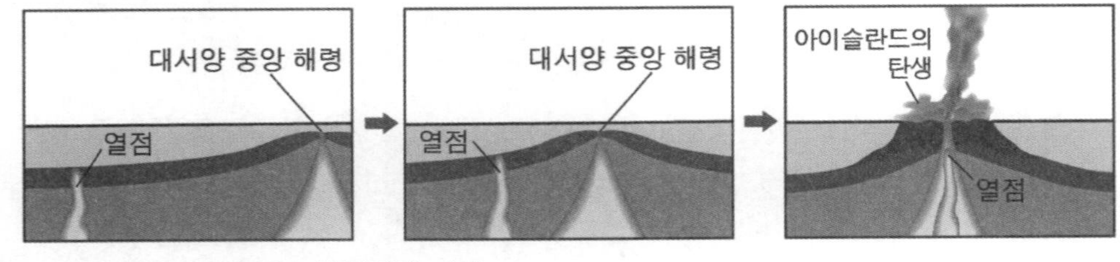

ㄷ. 대서양 중앙 해령 하부와 열점이 합쳐졌다. (O)

- 위 자료에서 알 수 있는 것처럼 대서양 중앙 해령 하부와 열점이 합쳐졌다.
- 위 자료처럼 **아이슬란드 열곡대 하부**에는 동아프리카 열곡대처럼 **열점이 존재**한다. 함께 알아두자.

 # 4 지진파 속도 분포와 플룸

① 뜨거운 플룸의 지진파 속도 2022년 4월 학력평가 2번

그림 (가)는 어느 열점으로부터 생성된 해산의 배열을 연령과 함께 선으로 나타낸 것이고, (나)는 X-X′ 구간의 지진파 단층 촬영 영상을 나타낸 것이다.

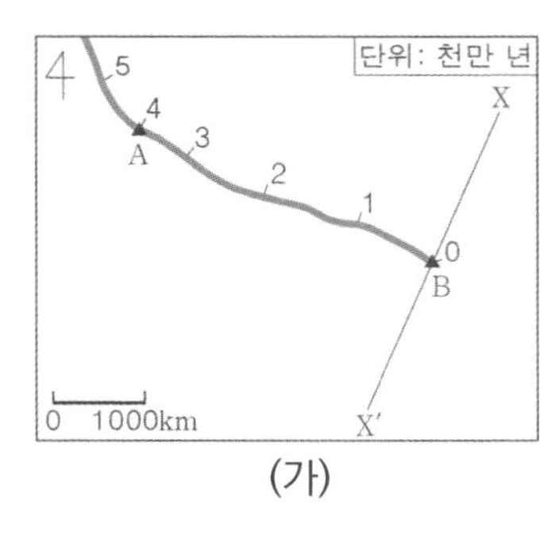

(가)

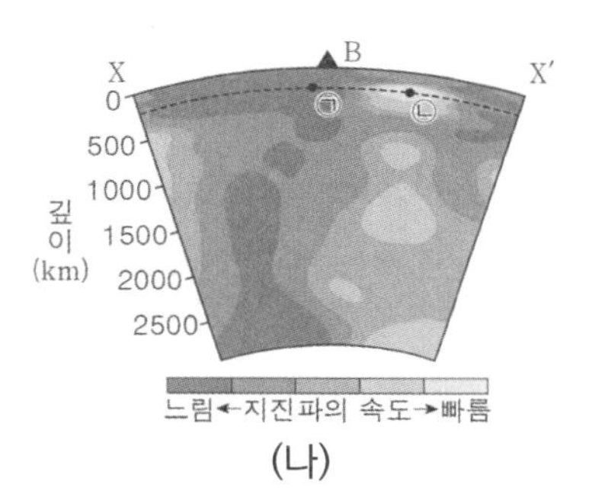

(나)

ㄷ. 해산 B는 뜨거운 플룸에 의해 생성되었다. (O)

- (나) 자료에서 지진파의 속도가 나타나 있다. **지진파의 속도가 느릴수록 온도가 높아진다**. B 하부는 지진파의 속도가 느리므로 주변보다 온도가 높다는 것을 알 수 있다. 또한 B는 열점에 의해 생성된 해산이 나타나므로 **뜨거운 플룸이 존재한다고 할 수 있다**.
- 이처럼 지진파와 온도 사이의 관계를 알 수 있어야 한다. 또한, (나) 자료를 보고 뜨거운 플룸이 상승하고 있다는 것을 직관적으로 파악할 수 있도록 하자.

② 차가운 플룸의 지진파 속도 2021학년도 9월 모의평가 9번

그림은 해양판이 섭입하면서 마그마가 생성되는 어느 해구 지역의 지진파 단층 촬영 영상을 나타낸 것이다.

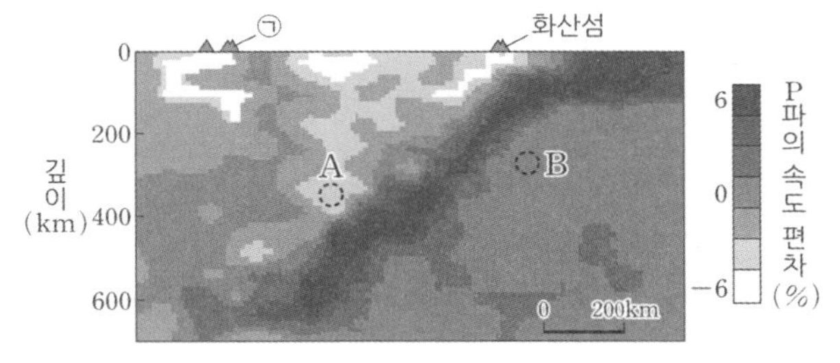

ㄷ. B 지점은 맨틀 대류의 하강부이다. (O)

- 위 자료에서 지진파의 속도가 빠른 곳이 길게 형성되어 있다. 이는 섭입대의 형태와 유사하며, **지진파의 속도가 빠르다는 것은 주변보다 온도가 낮다는 의미이므로 섭입대가 나타나 있음을 알아야 한다**.
  따라서 B 지점은 해양 지각이 섭입되어 나타나는 부분이므로 맨틀 대류의 하강부라고 할 수 있다.
- 섭입대에서의 지진파 단층 촬영 영상은 위 자료와 같이 나타난다는 것을 알아두자.

4 열점과 호상 열도

① 열점과 호상 열도의 구분 2023년 3월 학력평가 15번

그림은 판 경계가 존재하는 어느 지역의 화산섬과 활화산의 분포를 나타낸 것이다. 이 지역에는 하나의 열점이 분포한다.

ㄱ. 이 지역에는 해구가 존재한다. (O)

- A는 화산섬이 여러 개지만 활화산은 하나이다. 따라서 해당 활화산에는 열점이 존재한다고 할 수 있다.
  B는 화산섬마다 활화산이 존재한다. 또한, **화산섬들의 형태가 넓은 호 모양으로 구성**되어있다. 따라서 B는 호상 열도라는 것을 알 수 있다.
  호상 열도가 존재하므로 이 지역에는 해구가 존재한다는 것을 알 수 있다.
- 위 자료처럼 호상 열도는 열점과는 다르게 넓은 호 모양의 화산섬 전체에 활화산이 퍼져있는 형태라는 것을 암기하자.

추가로 물어볼 수 있는 선지 해설

1. 맨틀의 대류는 방사성 원소의 붕괴열과 맨틀 상부와 하부의 온도 차이로 인해 형성된다.
2. 해령에서 멀어질수록 나이가 증가하기 때문에 해저 퇴적물이 쌓일 시간이 늘어나 퇴적물의 두께는 두꺼워질 것이다.
3. 차가운 플룸은 맨틀 대류의 하강부인 섭입대에서 하강하는 물질이 쌓여 있다가 형성된다.

memo

Chapter

03 마그마의 생성과 성질

❙ 마그마의 생성과 성질 - 변동대에서의 마그마 생성

1. 마그마의 종류

우리는 앞서 판 경계와 열점에서 지각이나 맨틀 물질이 부분 용융되어서 마그마가 생성된다는 것을 알았다. 생성되는 마그마는 **주변의 차가운 암석에 의해서 식어가며 단단한 고체가 된다**. 이때 마그마가 식어서 만들어지는 암석을 화성암이라 한다. 마그마는 구성 광물의 화학 조성(SiO_2 함량)에 따라 현무암질 마그마, 안산암질 마그마, 유문암질 마그마로 세분화할 수 있다. 다음을 통해 마그마의 성질에 대해서 알아보자.

종류	현무암질 마그마	안산암질 마그마	유문암질 마그마
SiO_2 함량	52% 이하	52% ~ 63%	63% 이상
온도	높다	⟷	낮다
점성	작다	⟷	높다
분출 반응	조용히 분출	⟷	격렬하게 분출
화산체의 경사	완만하다	⟷	급하다

2. 마그마의 생성 조건

지구 표면에서 내부로 갈수록 온도는 계속해서 높아진다. 그러나 깊이가 깊어지는 만큼 **지구 내부의 압력 또한 함께 증가**하기 때문에 압력의 영향을 받는 암석의 용융점(녹는점) 또한 함께 상승한다. 따라서 일반적인 조건의 지구 내부에서는 마그마가 생성될 수 없다. 하지만 지구 내부에서 **특정한 조건**을 만족한다면 내부의 온도가 녹는점보다 높아지므로 암석이 녹아 마그마가 생성될 수 있다. 다음 조건을 보며 마그마가 생성되는 원리를 알아보자.

① 온도 증가 : A → A′와 같이 깊이는 그대로이면서 **온도만 상승할 때**는 대륙 지각의 물질이 용융되어 마그마가 생성된다.

② 압력 감소 : B → B′와 같이 **맨틀 물질이 상승할 때**는 온도는 그대로이면서 압력은 감소하므로 용융점이 낮아져 마그마가 생성된다.

③ 물의 첨가 : C → C′**는 맨틀 물질에 물이 첨가되는 경우**로, 물이 포함되지 않은 맨틀에서 물이 포함된 맨틀의 용융 곡선이 되면 맨틀의 용융점이 낮아져 마그마가 생성될 수 있다.

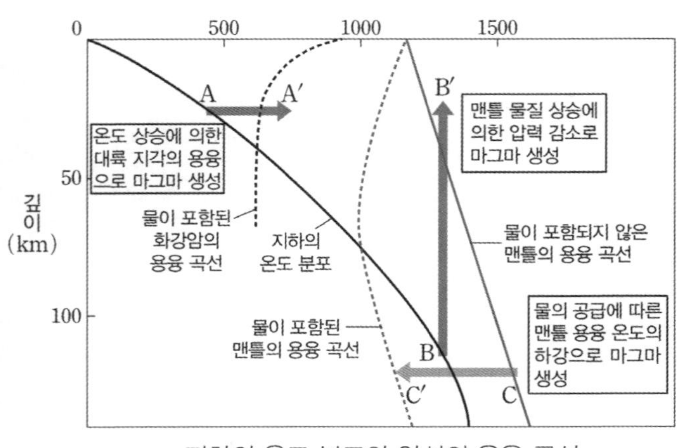

지하의 온도 분포와 암석의 용융 곡선

3. 마그마의 생성 장소 및 과정

앞서 배운 판의 경계와 열점 등에서 마그마가 생성되는 원리에 대해서 알아보자.

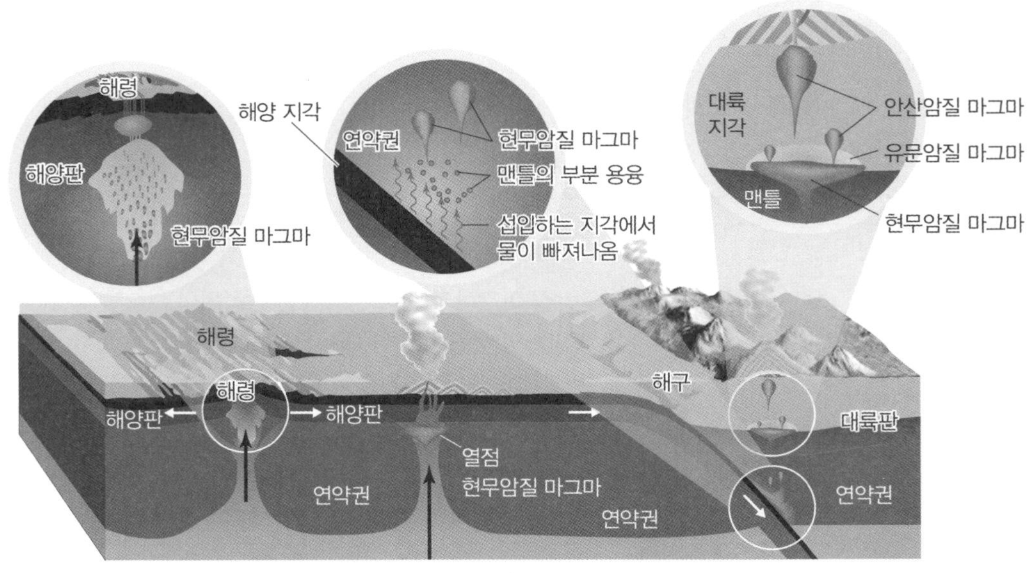

마그마의 생성 장소

(1) 해령에서 마그마가 생성되는 과정

해령은 맨틀 대류가 상승하는 부분이다. 맨틀 물질 또한 함께 상승하며 깊이가 감소하므로 암석의 압력이 감소한다.
따라서 압력 감소로 **인해 암석의 용융점이 낮아져 해령의 하부에서는** 주로 현무암질 마그마가 생성되며 해령에서는 현무암질 마그마가 분출된다.

(2) 열점에서 마그마가 생성되는 과정

열점은 뜨거운 플룸이 상승하는 부분이다. 맨틀 물질 또한 함께 상승하며 깊이가 감소하므로 암석의 압력이 감소한다.
따라서 압력 감소로 **인해 암석의 용융점이 낮아져 열점의 하부에서는** 주로 현무암질 마그마가 생성되며 열점에서는 현무암질 마그마가 분출된다.

(3) 섭입대에서 마그마가 생성되는 과정

섭입대에서는 여러 가지 과정에 의해서 마그마가 생성된다. 우선 해양판이 섭입하여 온도와 압력이 증가하면 함수 광물에 포함된 물이 주변으로 빠져나온다. 물이 주변 연약권의 용융점을 낮춰 현무암질 마그마가 생성**된다**. 현무암질 마그마의 영향으로 대륙 지각의 하부가 달궈져 온도 상승**으로 인해** 유문암질 마그마가 생성된다.
마그마가 분출할 때는 현무암질 마그마와 유문암질 마그마의 영향으로 혼합된 안산암질 마그마**가 분출한다**.

마그마의 생성과 성질 - 화성암의 분류와 지형

1. 화성암의 분류

화성암은 화학 조성과 조직에 따라서 구분할 수 있다.

(1) 화학 조성(SiO_2 함량)에 따른 화성암의 분류

종류	SiO_2함량	특징
염기성암	52% 이하	• 현무암질 마그마가 식어 만들어진 암석이다. • 유색 광물의 함량이 많아 어두운 색을 띤다. • 철, 마그네슘 등 금속 광물을 많이 포함하여 고철질암이라고 한다.
중성암	52% ~ 63%	• 안산암질 마그마가 식어 만들어진 암석이다.
산성암	63% 이상	• 유문암질 마그마가 굳어 만들어진 암석이다. • 무색 광물의 함량이 많아 밝은 색을 띤다.

(2) 조직에 따른 화성암의 분류

① 화산암 : 마그마가 지표로 분출하여 빨리 냉각되어 **조직의 크기가 작은** 세립질인 암석

② 심성암 : 마그마가 지하 깊은 곳에서 천천히 냉각되어 **조직의 크기가 큰** 조립질인 암석

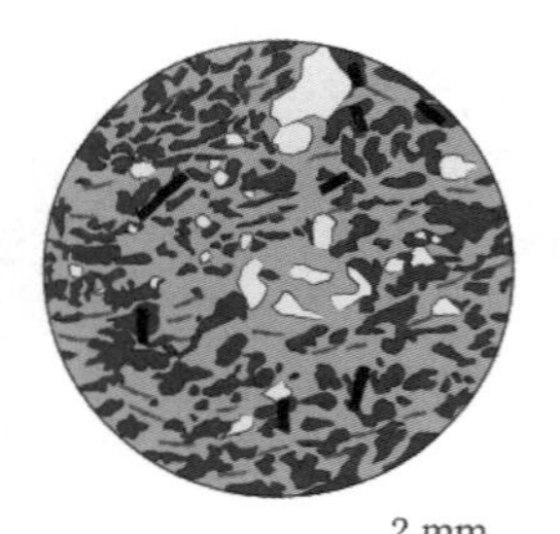

▲ 세립질 암석

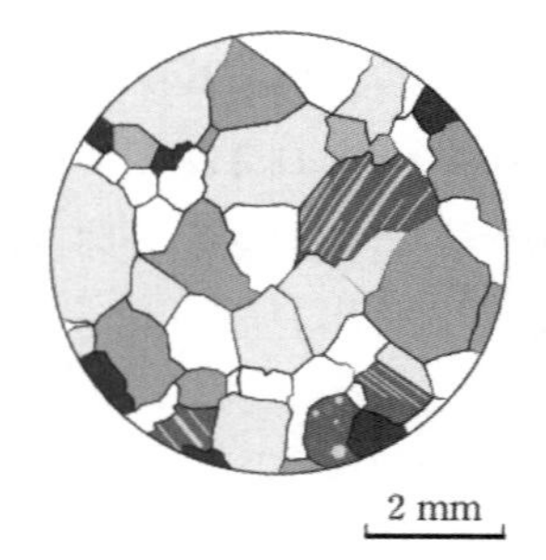

▲ 조립질 암석

SiO_2 함량		◀── 52% ── 63% ──▶		
분류		염기성암 (고철질암)	중성암	산성암
		어두운 색	◀ (색) ▶	밝은 색
		높다 (금속 광물이 많기 때문)	◀ (밀도) ▶	낮다.
화산암	세립질	현무암	안산암	유문암
심성암	조립질	반려암	섬록암	화강암

2. 한반도의 화성암 지형

한반도의 화성암은 주로 중생대에 형성된 화강암이 분포하고 있으며 신생대에 형성된 현무암으로 이루어진 지형 또한 존재한다. 다음을 통해 알아보자.

(1) 화산암 지형

백두산, 제주도, 울릉도, 독도, 한탄강 등이 한반도의 현무암 지형이다. 제주도, 울릉도, 독도는 화산섬이다.

(2) 심성암 지형

한반도 화성암 지형의 대부분은 심성암 지형이며, 북한산과 설악산은 대표적인 심성암 지형이다.

+ 시야 넓히기 : 한반도의 주요 화성암 지형

- 화산암 지형 : 대부분 신생대의 현무암질 마그마로 이루어졌으며 현무암 지형이 대부분이다.
- 심성암 지형 : 우리나라의 심성암 지형은 중생대의 유문암질 마그마가 지층에 관입하여 형성된 화강암으로 이루어졌다.

▲ 제주도의 현무암

▲ 북한산의 화강암

Theme 01 - 3 마그마의 생성과 성질

2023학년도 6월 모의평가 지Ⅰ 13번

그림은 (가)는 깊이에 따른 지하 온도 분포와 암석의 용융 곡선 ㉠, ㉡, ㉢을, (나)는 마그마가 생성되는 지역 A, B를 나타낸 것이다.

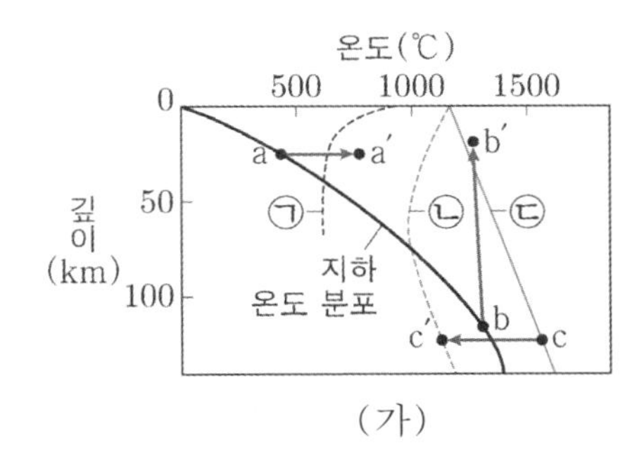

(가)

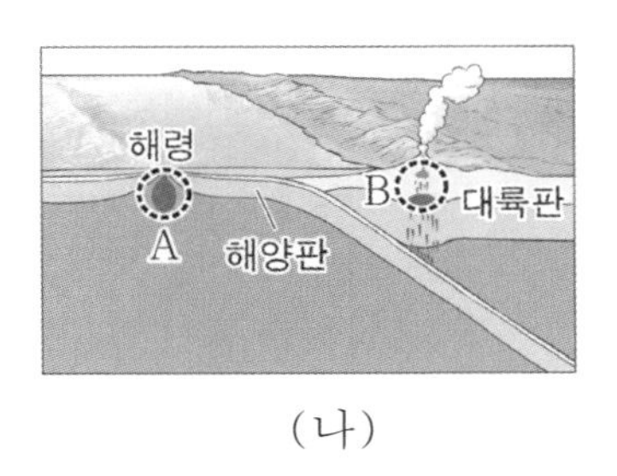

(나)

이에 대한 설명으로 옳은 것만을 <보기>에서 있는 대로 고른 것은?

<보 기>

ㄱ. 물이 포함되지 않은 암석의 용융 곡선은 ㉢이다.
ㄴ. B에서는 섬록암이 형성될 수 있다.
ㄷ. A에서는 주로 b → b′과정에 의해 마그마가 생성된다.

① ㄱ ② ㄴ ③ ㄷ ④ ㄱ, ㄴ ⑤ ㄱ, ㄴ, ㄷ

추가로 물어볼 수 있는 선지

1. 섭입대에서 c → c′ 과정에 의해 마그마가 생성된다. (O , X)
2. 화강암이 현무암보다 생성될 때의 용융 온도가 높다. (O , X)
3. 해령에서 생성된 암석은 주로 세립질이다. (O , X)

정답 : 1. (O), 2. (X), 3. (O)

01 2023학년도 6월 모의평가 지Ⅰ 13번

KEY POINT #용융 곡선, #섬록암, #압력 감소

문항의 발문 해석하기

지하의 온도 분포 및 암석의 용융 곡선 그래프와 마그마의 생성 조건에 따른 형성 장소를 기억할 수 있어야 한다.

문항의 자료 해석하기

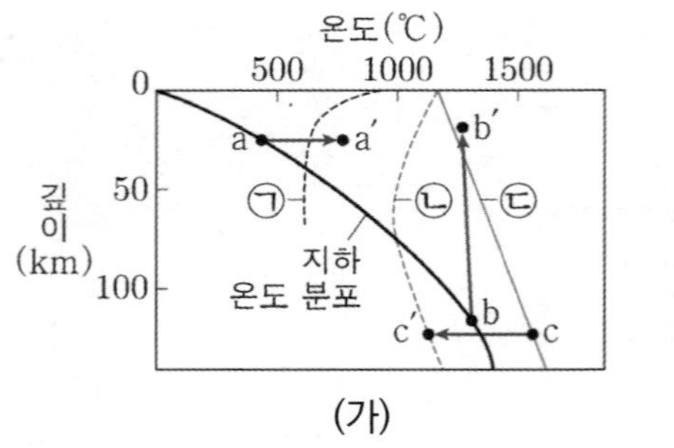

(가)

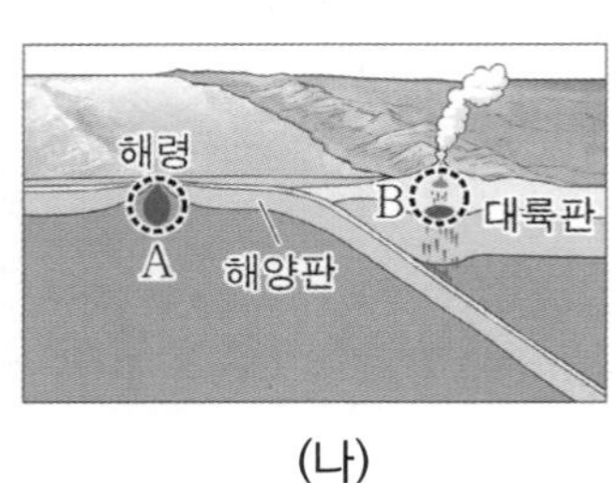

(나)

1. (가) 자료는 암석의 용융 곡선 그래프를 나타내고 있다. 깊이가 깊어질수록 온도는 증가하고 있다. $a \rightarrow a'$은 온도 상승에 의한 마그마 형성, $b \rightarrow b'$은 압력 감소에 의한 마그마 형성, $c \rightarrow c'$은 물의 첨가에 의한 마그마 형성이다. ㉠은 물이 포함된 화강암의 용융 곡선, ㉡은 물이 첨가된 맨틀의 용융 곡선, ㉢은 물이 첨가되지 않은 맨틀의 용융 곡선이다.
2. (나) 자료에서 해양판이 대륙판 아래로 섭입하는 모습이 나타나 있다. A는 해령이므로 압력 감소에 의한 현무암질 마그마가, B는 섭입대에서 형성된 마그마가 나타나 있다.

TIP.

(가)와 같이 지하의 온도와 암석의 용융 곡선 그래프는 미리 암기해두는 편이 좋다. 각각에 해당하는 용어를 암기할 수 있도록 하자.

선지 판단하기

ㄱ 선지 물이 포함되지 않은 암석의 용융 곡선은 ㉢이다. (O)

㉢은 물이 포함되지 않은 맨틀의 용융 곡선이다. 그래프에 나와 있는 물리량을 암기할 수 있도록 하자.

ㄴ 선지 B에서는 섬록암이 형성될 수 있다. (O)

B에서는 섭입대에서 형성된 현무암질 마그마와 유문암질 마그마가 섞여 분출하고 있다. 따라서 두 마그마의 성질이 섞인 안산암질 마그마가 주로 분출하므로 깊은 곳에서 서서히 냉각되면 섬록암이 형성될 수 있다.

ㄷ 선지 A에서는 주로 $b \rightarrow b'$과정에 의해 마그마가 생성된다. (O)

A는 해령이다. 해령에서는 압력 감소로 인해 마그마가 형성되므로 $b \rightarrow b'$과정에 마그마가 의해 형성된다.

기출문항에서 가져가야 할 부분

1. 암석의 용융 곡선 그래프 암기하기
2. 판 경계와 열점에서 형성되는 마그마의 생성 과정 이해하기
3. 깊이와 용융점 사이의 관계 파악하기

▌기출 문제로 알아보는 유형별 정리

[마그마의 생성 과정]

1 마그마의 생성 조건

① 물의 첨가　　2020년 10월 학력평가 6번

그림 (가)는 지하의 온도 분포와 암석의 용융 곡선을, (나)는 어느 판 경계 주변의 단면을 나타낸 것이다.

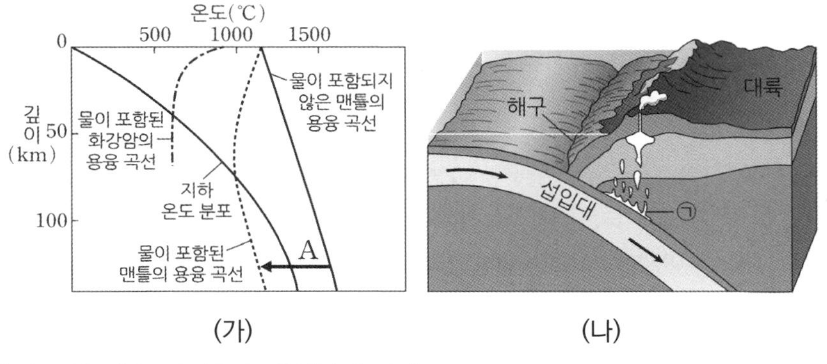

(가)　　(나)

ㄴ. ㉠의 마그마는 (가)의 A와 같은 과정으로 생성된다. (O)

- ㉠ 근처는 해양판이 대륙판 아래로 섭입하여 섭입대가 형성되어 있다. 이때 섭입대에 존재하는 **함수 광물에서 물이 빠져나와 맨틀의 용융점을 낮춘다**. 원래는 지하의 온도가 용융점보다 낮아서 마그마가 녹지 못했지만, 물이 첨가됨으로써 용융점이 낮아져 지하의 온도가 용융점보다 더 높아졌으므로 마그마가 형성된다.
- 이처럼 **섭입대**에서는 물이 포함된 함수 광물에서 물이 빠져나와 맨틀의 용융점을 낮춰 **현무암질 마그마를 형성**한다.

② 온도 상승　　2022학년도 9월 모의평가 13번

그림은 대륙과 해양의 지하 온도 분포를 나타낸 것이고, ㉠, ㉡, ㉢은 암석의 용융 곡선이다.

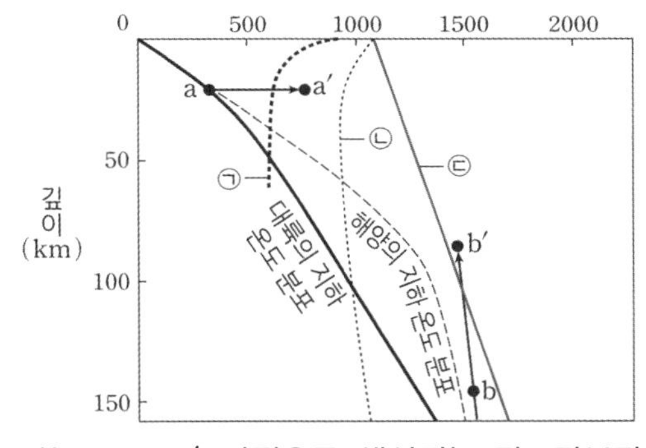

ㄱ. $a \rightarrow a'$ 과정으로 생성되는 마그마는 $b \rightarrow b'$ 과정으로 생성되는 마그마보다 SiO_2 함량이 많다. (O)

- $a \rightarrow a'$ 과정은 깊이는 그대로이고 암석의 온도만 상승한 경우이다. $b \rightarrow b'$ 과정은 암석의 온도는 거의 변하지 않고 깊이가 얕아져 압력이 감소한 경우이다.
  온도 상승에 의해서 형성되는 마그마는 SiO_2 **함량이 높은 유문암질 마그마**이고, 깊이가 얕아져 압력 감소에 의해서 형성되는 마그마는 SiO_2 **함량이 낮은 현무암질 마그마**이다.
- 온도 상승에 의한 마그마 형성은 섭입대에서 물의 첨가에 의해 현무암질 마그마가 생성된 후 **주변의 온도가 높아져 유문암질 마그마가 형성**되는 것임을 이해할 수 있어야 한다.

③ 압력 감소 2022년 7월 학력평가 5번

그림 (가)는 마그마가 분출되는 지역 A, B, C를, (나)는 깊이에 따른 지하의 온도 분포와 암석의 용융 곡선을 마그마 생성 과정과 함께 나타낸 것이다.

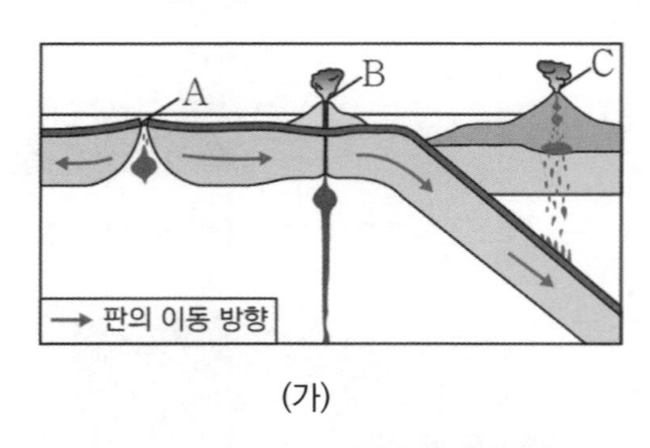

(가)

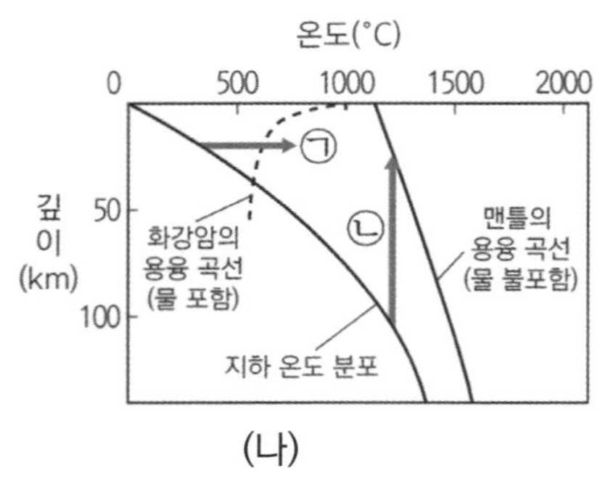

(나)

ㄱ. A에서는 ㉠ 과정으로 형성된 마그마가 분출된다. (X)

- A는 두 판이 서로 다른 방향으로 이동하고 있는 발산형 경계의 해령이다. 해령에서는 맨틀 물질의 상승에 의해 **압력이 감소**하여 **암석의 용융점이 낮아져 마그마가 형성**된다. 따라서 ㉡ 과정에 의해 형성된 마그마가 분출한다.
- 이처럼 지하 깊은 곳의 물질이 지표면 근처로 올라오면 압력이 감소하여 맨틀 물질의 용융으로 **현무암질 마그마가 형성**된다. 이 과정으로 마그마가 형성되는 지역은 대표적으로 **해령**과 **열점**이 있다.

2 암석의 용웅 곡선 그래프 해석

① 맨틀의 용융 곡선 2021년 10월 학력평가 11번

그림은 깊이에 따른 지하의 온도 분포와 맨틀의 용융 곡선 X, Y를 나타낸 것이다. X, Y는 각각 물이 포함된 맨틀의 용융 곡선과 물이 포함되지 않은 맨틀의 용융 곡선 중 하나이고, ㉠, ㉡은 마그마의 생성 과정이다.

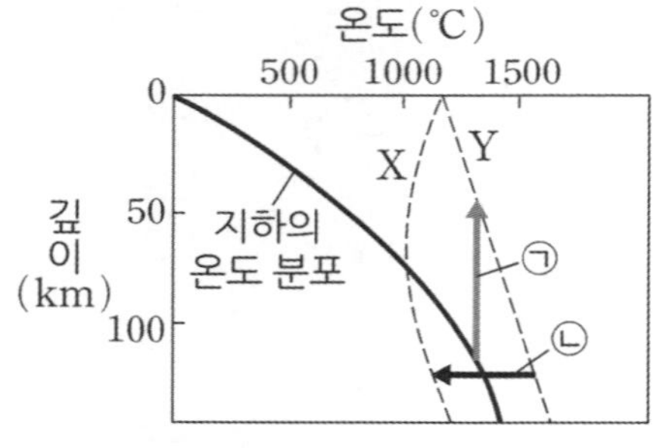

ㄱ. X는 물이 포함된 맨틀의 용융 곡선이다. (O)

- X는 **깊이가 깊어져도 오히려 용융점의 온도가 낮아지고 있다**. 따라서 **물이 포함된 맨틀의 용융 곡선**이다.
- **일반적으로 물이 포함되지 않은 맨틀은 깊이가 깊어짐에 따라 용융점 또한 높아진다**. 따라서 **물이 포함되지 않은 용융 곡선**은 Y에 해당한다. 이처럼 그래프를 보고 물이 용융점에 영향을 미친 그래프인지 아닌지를 판단할 수 있어야 한다.
- 또한, **맨틀 용융에 의해 형성되는 마그마는 현무암질 마그마**라는 것을 알아두자. 맨틀이 녹아 형성되는 지역은 **해령과 열점의 압력 감소**가 일어나는 지역, **섭입대에서 물의 첨가**가 일어나는 지역이 있다.

② 물이 포함된 화강암의 용융 곡선 2021학년도 6월 모의평가 6번

그림 (가)는 지하 온도 분포와 암석의 용융 곡선 ㉠, ㉡, ㉢을, (나)는 마그마가 분출되는 지역 A와 B를 나타낸 것이다.

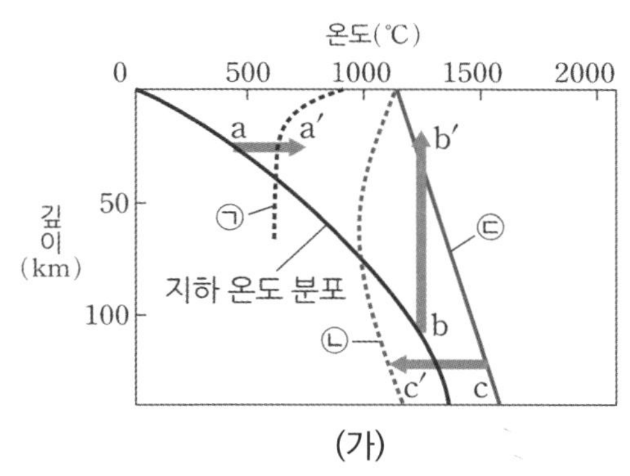

(가)

ㄱ. (가)에서 물이 포함된 암석의 용융 곡선은 ㉠과 ㉡이다. (O)

- ㉠과 ㉡은 **깊이가 깊어지면서 오히려 용융점의 온도가 낮아지고 있다**. 따라서 둘 다 **물이 포함된 암석의 용융 곡선**이다.
- ㉠은 물이 포함된 화강암의 용융 곡선이다. 이때, a → a′ 과정에 의해 온도 상승이 일어나면 마그마가 형성될 수 있는데 **다른 과정에 비해 형성될 때의 온도가 낮은 것을 알아두자**.

추가로 물어볼 수 있는 선지 해설

1. 섭입대에서는 물의 첨가로 인한 용융점 하강과 온도 상승에 의해서 마그마가 형성되므로 c→c′에 의해 마그마가 형성된다.
2. 화강암은 유문암질 마그마, 현무암은 현무암질 마그마가 식어 만들어진다. 이때 현무암질 마그마의 온도가 더 높다.
3. 해령에서 형성되는 화성암은 빠르게 식어서 만들어지므로 해령 부근에서는 주로 세립질의 암석이 형성된다.

memo

Theme 01 - 3 마그마의 생성과 성질

지II 2016학년도 수능 5번

그림은 화성암의 분류 기준에 암석 A, B의 상대적인 위치를 나타낸 것이다.

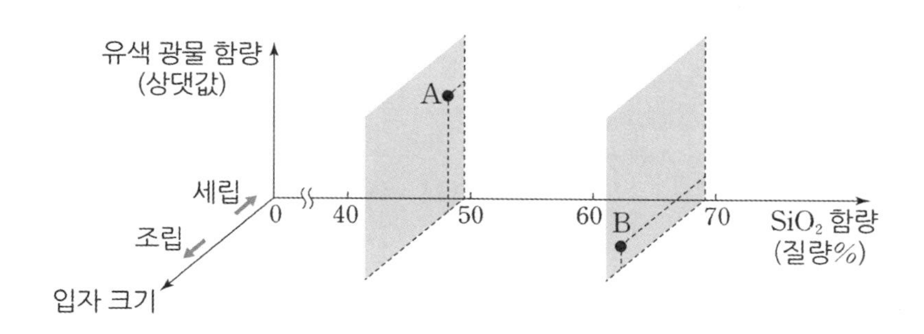

A와 B에 해당하는 화성암으로 가장 적절한 것은?

	A	B
①	현무암	반려암
②	현무암	화강암
③	화강암	반려암
④	화강암	유문암
⑤	화강암	현무암

추가로 물어볼 수 있는 선지

1. 현무암보다 화강암의 밀도가 더 크다. (O , X)
2. 산성암이 염기성암보다 마그마 상태였을 때 점성이 크다. (O , X)
3. 현무암이 섬록암보다 입자의 크기가 작다. (O , X)

정답 : 1. (X), 2. (O), 3. (O)

02 지II 2016학년도 수능 5번

KEY POINT #화성암, #유색 광물, #SiO_2 함량

문항의 발문 해석하기

SiO_2 함량, 입자의 크기, 암석의 색 등의 화성암 분류 기준을 떠올려야 한다.

문항의 자료 해석하기

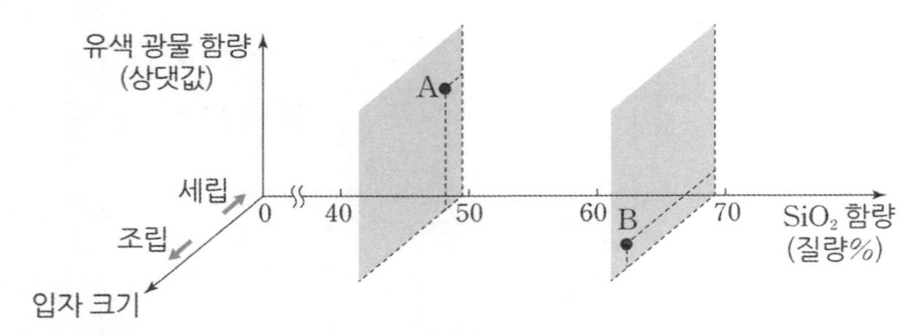

1. A는 SiO_2 함량이 52%보다 낮으며 입자의 크기가 세립질에 가깝다. 따라서 A는 현무암이다.
   B는 SiO_2 함량이 63%보다 높으며 입자의 크기가 조립질에 가깝다. 따라서 B는 화강암이다.
2. 이처럼 화성암을 구분할 수 있는 여러 물리량을 조건으로 제시해준다면 그에 해당하는 화성암을 찾을 수 있어야 한다.

기출문항에서 가져가야 할 부분

1. 화성암과 관련된 물리량을 보고 어떤 종류의 화성암인지 찾기
2. 유색 광물의 함량이 높을수록 색깔이 어두움 암기하기

기출 문제로 알아보는 유형별 정리

[화성암의 구분]

1 화성암의 구분

① 화성암의 색깔을 보고 구분하기 2022학년도 수능 9번

그림 (가)는 깊이에 따른 지하의 온도 분포와 암석의 용융 곡선을 나타낸 것이고, (나)는 반려암과 화강암을 A와 B로 순서 없이 나타낸 것이다. A와 B는 각각 (가)의 ㉠ 과정과 ㉡ 과정으로 생성된 마그마가 굳어진 암석 중 하나이다.

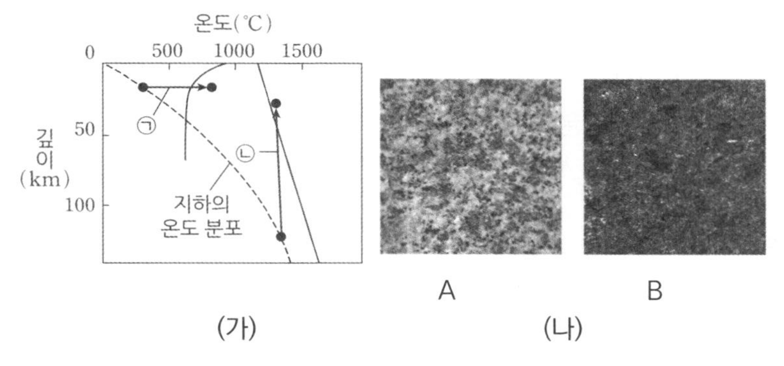

(가) (나)

ㄷ. SiO_2 함량(%)은 A가 B보다 높다. (O)

- A는 밝은 색이므로 유문암질 마그마가 굳어 만들어진 화강암이고, B는 어두운 색이므로 현무암질 마그마가 굳어 만들어진 반려암이다. 따라서 SiO_2 함량은 A가 더 높다.
- 이처럼 **현무암질 마그마는 유색 광물의 함량이 많아 어두운 색**을 나타내고, **유문암질 마그마는 무색 광물의 함량이 많아 밝은 색**을 나타낸다는 것을 알아두자.

② 광물 입자의 크기 2020년 3월 학력평가 4번

그림 (가)는 지하의 온도 분포와 암석의 용융 곡선을, (나)와 (다)는 설악산 울산바위와 제주도 용두암의 모습을 나타낸 것이다.

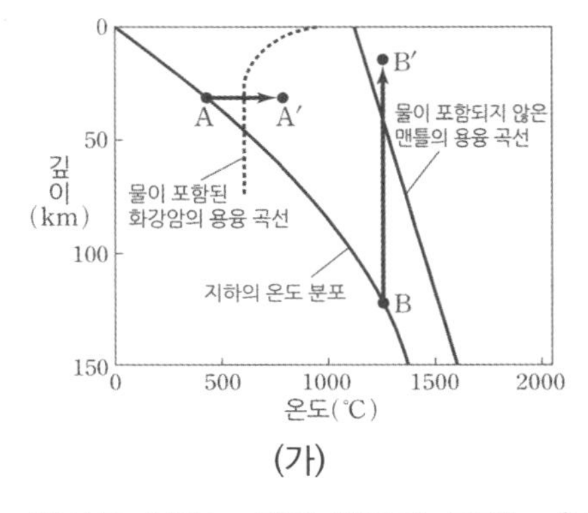

(가)

(나) 설악산 울산바위

(다) 제주도 용두암

ㄷ. 암석을 이루는 광물 입자의 크기는 (나)가 (다)보다 크다. (O)

- (나)의 설악산 울산 바위는 중생대 화강암으로 이루어졌고, (다)의 제주도 용두암은 신생대 현무암으로 이루어졌다. 따라서 광물 입자의 크기는 마그마가 천천히 식어 만들어진 심성암인 화강암이 더 크다.
- 광물 입자의 크기는 화산암, 심성암을 구분해야 한다. **화산암은 지표 근처에서 빠르게 식어 광물 입자의 크기가 작은 세립질 암석**이고, **심성암은 지하 깊은 곳에서 천천히 식어 광물 입자의 크기가 큰 조립질 암석**이다.

③ 암석의 냉각 시간 　　　　　지II 2016년 7월 학력평가 18번

그림은 화강암과 유문암의 특성에 따른 물리량의 차이를 나타낸 것이다.

ㄴ. 암석의 생성 깊이는 유문암이 화강암보다 깊다. (X)

- 화강암은 심성암의 한 종류이고, 유문암은 화산암의 한 종류이다. 둘 중 마그마의 냉각 시간이 짧은 것은 지표 근처에서 빠르게 식은 유문암이고, 마그마의 냉각 시간이 긴 것은 지하 깊은 곳에서 천천히 식은 화강암이다. 따라서 암석의 생성 깊이는 화강암이 더 깊다.
- **빠르게 식었다는 것은 냉각 시간이 짧았다는 것**을 말한다. **천천히 식었다는 것은 냉각 시간이 길었다는 것**을 말한다. 각각에 해당하는 화성암을 비교할 수 있도록 하자.

④ 조암 광물의 부피비 　　　　　지II 2016년 4월 학력평가 10번

그림은 화성암의 종류와 이를 구성하는 조암 광물의 부피비를 나타낸 것이다.

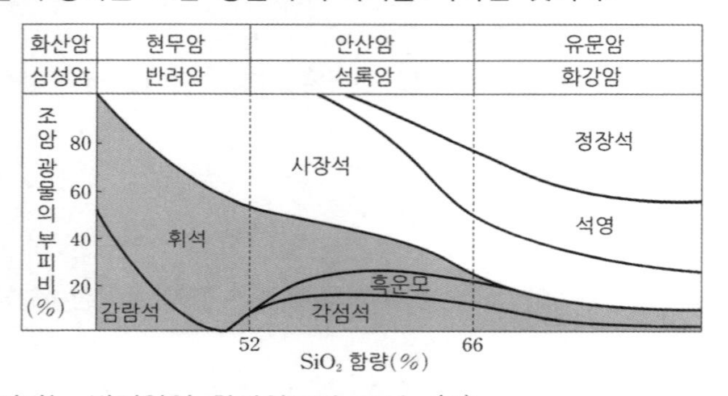

ㄴ. 유색 광물이 차지하는 부피비는 반려암이 화강암보다 크다. (O)

- 유색 광물의 부피비는 SiO_2 함량이 낮은 현무암질 마그마일수록 높다. 따라서 반려암이 화강암보다 유색 광물의 비율이 크다.
- 위 자료의 '조암 광물'이란 암석을 구성하는 주요 광물에 대해서 말하는 것이다. 이때 감람석, 휘석, 흑운모, 각섬석 등은 유색 광물이고, 나머지는 무색 광물이다.
- 조암 광물의 유색, 무색 여부를 파악할 수 있어야 한다. **단, 반드시 암기할 필요는 없다**.

추가로 물어볼 수 있는 선지 해설

1. 현무암은 염기성암, 화강암은 산성암이다. 이때 염기성암은 고철질 광물이 많이 포함되어 있어 고철질암이라고도 부르는데, 고철질 광물이 많아 밀도가 더 높다.
2. 산성암은 유문암질 마그마, 염기성암은 현무암질 마그마가 식어 만들어진 암석이다. 이때 마그마의 점성은 유문암질 마그마가 더 크다.
3. 현무암은 화산암이므로 세립질, 섬록암은 심성암이므로 조립질에 해당한다. 따라서 입자의 크기는 조립질인 섬록암이 더 크다.

memo

Chapter

04 고지자기와 대륙 분포

고지자기와 대륙 분포 - 고지자기

1. 지구 자기장

지구는 거대한 막대자석과 같은 성질을 가진다. 따라서 지구는 막대자석의 형태와 유사하게 자기장이 형성되는데 지구가 가진 고유의 자기장을 지구 자기장이라 한다. 현재 지구 자기장은 남극에서 나와서 북극으로 들어간다. 나침반과 같이 자성을 띤 물체는 **지구 자기장 방향으로 배열**되며, 나침반의 N극은 자북극을 향한다.

(1) 복각

① **지구 자기장과 수평면이 이루는 각**을 **복각**이라 한다. 자기장이 지표면으로 들어가는 지점은 양(+)의 값을, 지표면 밖으로 나오는 지점은 음(-)의 값을 가진다.

② 복각이 $0°$ 인 지역을 자기 적도, $+90°$ 인 지점을 자북극, $-90°$ 인 지점을 자남극이라고 한다. **정자극기에** 북반구의 복각은 양(+)의 값, 남반구의 복각은 음(-)의 값을 가진다.

③ 저위도에서 고위도로 갈수록 수평면과 이루는 각도가 커져 복각의 크기는 커진다. 이때, '**복각의 크기**'는 측정한 **복각의 절댓값**을 말하는 것이다.

(2) 지자기 북극(자북극)과 지리상 북극

① 지구의 자기장은 모두 지자기 북극을 향하는데 이는 우리가 흔히 알고 있는 지리상 북극과 다른 지점이다.

② **지리상 북극은 지구의 자전축이 북반구 지표면과 맞닿는 지점**을 의미하고 **지자기 북극**은 **지구 자기장과 수평면이 $+90°$ 로 맞닿는 지점**을 의미한다.

③ 아래 그림을 보면 알 수 있듯이 자석과 같은 자성 광물은 자북극을 바라보고 있는 것을 확인할 수 있다.

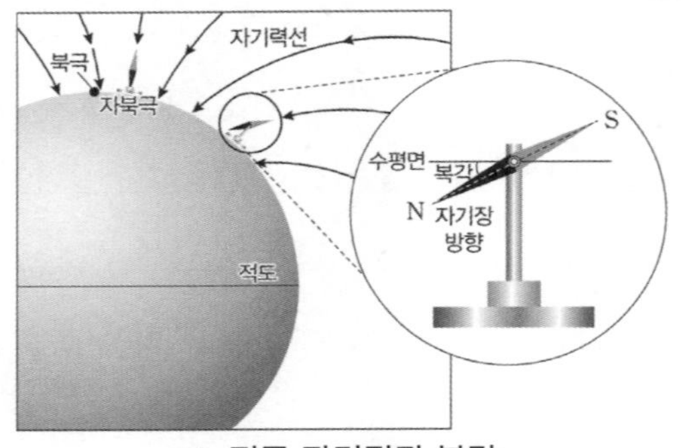

▲ 지구 자기장과 복각

▲ 지자기 북극과 지리상 북극의 위치

+ 시야 넓히기 : 복각과 위도 사이의 관계

- 오른쪽 그림은 복각과 위도 사이의 관계이다. 복각의 절댓값과 위도는 비례하는 것을 확인할 수 있다.
- 그러나 **복각과 위도는** 정비례 관계가 아니다.
  예를 들어 복각이 $+40°$ 일 때 위도는 $40°$ 가 아닌 것을 확인할 수 있다.

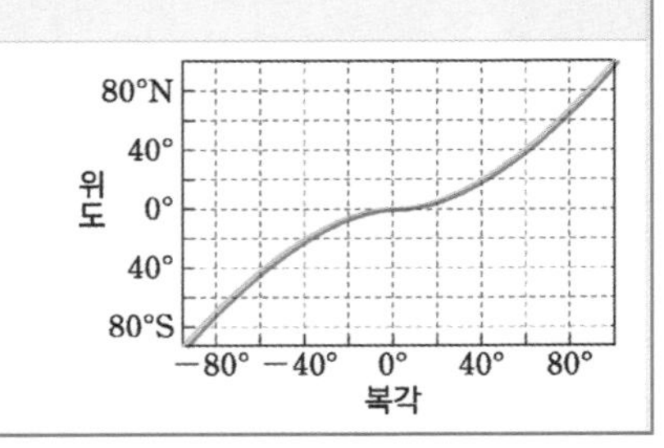

2. 고지자기와 복각

(1) 암석의 형성과 잔류 자기

- 고지자기란 암석에 남아 있는 과거의 지구 자기장을 말하는 것이다. 이때 마그마가 식어 형성된 암석 속 자성 광물은 당시의 지구 자기장 방향으로 자화(자석이 아닌 물체가 자석의 성질을 가지는 것)된다.
- 그 후 지구 자기장의 방향이 변해도 당시의 **자성 광물의 자화 방향은 그대로 보존**되는데, 이를 **잔류 자기**라고 한다.

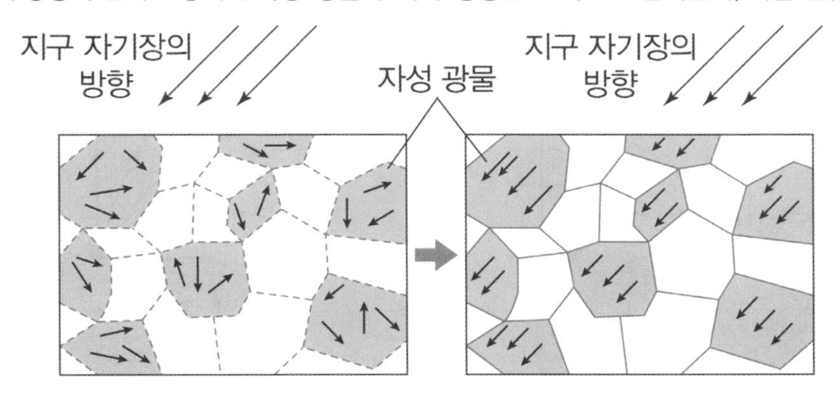

▲ 마그마 상태일 때 자성 광물　　▲ 화성암 상태의 자성 광물

- 위 그림과 같은 암석의 잔류 자기 방향을 보고 암석이 생성될 당시의 지자기 북극 위치를 추정할 수 있다. 지구 자기장 방향이 지자기 북극을 바라보기 때문이다. (정자극기일 때)

(2) 고지자기 복각

- 고지자기 복각은 복각과 잔류 자기의 개념이 합쳐진 것이다.
- 마그마가 식어 암석이 생성된 후 판의 움직임으로 인해 암석의 위도가 **생성 당시와 위도가 달라져도 복각은 변하지 않는다.** 마그마가 식어 암석이 생성된 후 **지구 자기장이 변화하더라도 암석에 남아 있는 잔류 자기의 방향은 변하지 않는다.**

+ 시야 넓히기 : 열점에서 형성된 화산섬의 이동과 위도 및 복각

다음은 $T_1 \rightarrow T_2 \rightarrow T_3$로 시간이 흐를 때 열점에서 형성되는 화산섬의 이동을 나타낸 그림이다. 모든 화산섬은 정자극기에 형성되었다.

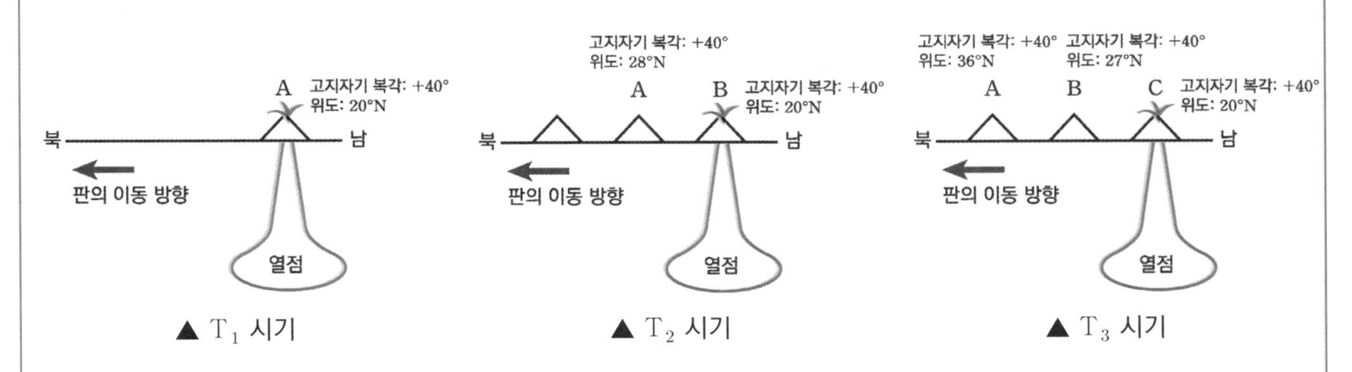

▲ T_1 시기　　▲ T_2 시기　　▲ T_3 시기

- 열점에서 형성된 화산섬이 판의 이동 방향을 따라 북쪽으로 이동하고 있다. 형성된 화산섬은 **모두 같은 열점에서 형성되었기에 고지자기 복각은 모두 동일하다.**
- 이후 시간이 흘러 **위도는 변해도 복각은 변하지 않는 것**을 확인할 수 있다.

(3) 정자극기와 역자극기

- 지구의 자기장은 항상 일정한 것이 아니라 자기장의 방향이 현재와 반대가 되는 지자기 역전이 계속해서 발생해왔다.
  (단, 일정한 주기로 나타나는 것이 아니다.)
- **정자극기** : **남극에서 자기장이 나와 북극으로 자기장이 들어가는 시기**이다.
  현재의 자기장을 정자극기로 나타냈으며, **북반구의 복각은 양(+)의 값, 남반구의 복각은 음(−)의 값**을 가진다.
- **역자극기** : **북극에서 자기장이 나와 남극으로 자기장이 들어가는 시기**이다.
  현재의 자기장과 반대이며, **북반구의 복각은 음(−)의 값, 남반구의 복각은 양(+)의 값**을 가진다.

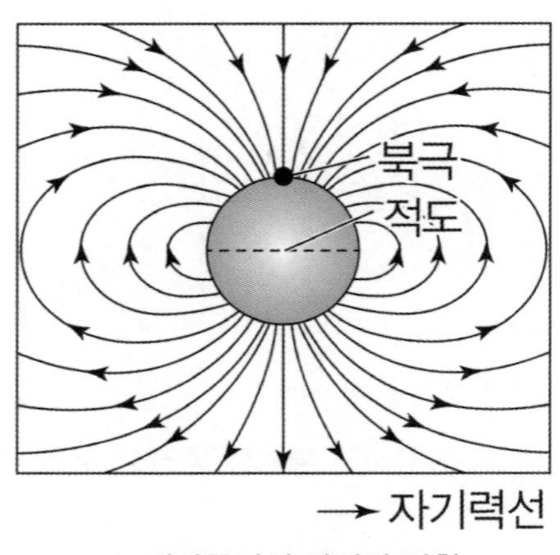

▲ 정자극기의 자기장 방향

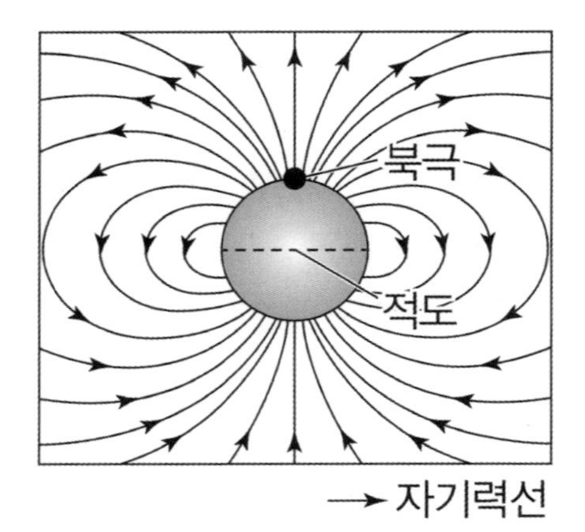

▲ 역자극기의 자기장 방향

(4) 해령과 고지자기 줄무늬

- 발산형 경계인 해령은 맨틀의 상승부로, 해령을 중심으로 새로운 해양 지각이 형성되고 있다.
- 해령에서는 마그마가 분출되면서 생성된 화성암들이 생성된다. 이때, 화성암은 지구 자기장에 의해 자화되어 지자기 방향이 기록된다.
  형성된 자기장은 정자극기에는 북극 방향을 향하고, 역자극기에는 남극 방향을 향한다.
- 지질 시대 동안 정자극기와 역자극기는 반복되어 나타났다. 그러나 **일정한 주기가 있는 것이 아니다.** 이처럼 해령을 기준으로 양 옆의 해양 지각에서 정자극기와 역자극기가 반복되며 대칭적인 분포를 나타나는 것을 고지자기 줄무늬의 대칭이 나타난다고 한다.

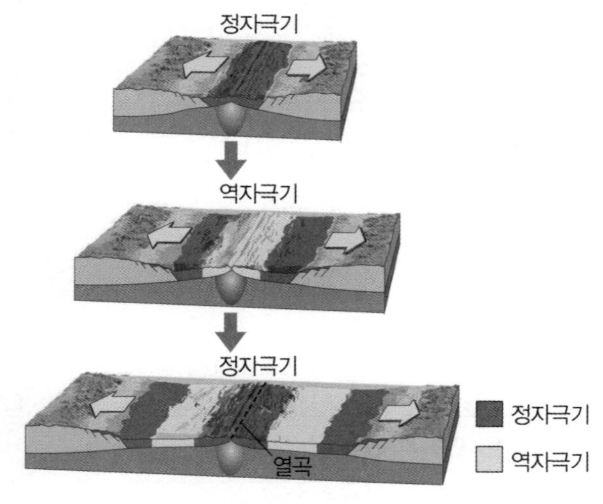

▲ 해령에서의 고지자기 줄무늬

3. 지자기 극의 겉보기 이동 경로

암석이 형성될 때 생기는 잔류 자기를 측정하여 **암석의 생성 당시 지자기 북극의 위치를 알 수 있다.**
지질 시대 동안 대륙은 이동했으므로 하나의 대륙에서 과거와 현재의 지자기 북극의 겉보기 위치가 다를 것이다.
따라서 하나의 대륙에서 잔류 자기의 방향으로 지자기극의 위치를 추적하면 극의 이동 경로가 나타나는데, 실제로는 **극이 움직이는 것이 아니라 대륙이 이동하는 것이다.** 지자기극이 움직이는 것처럼 보이는 이유는 잔류 자기를 측정한 대륙을 고정해두고 그로부터 지자기극까지의 상대적 위치를 표시한 것이기 때문이다.

(1) 유럽과 북아메리카에서 측정한 지자기 북극의 겉보기 이동 경로

- 아래 그림에서 알 수 있듯 서로 다른 시대에 생성된 암석에서 잔류 자기로 추정한 겉보기 극의 위치를 연결하면 지자기 북극의 이동 경로를 알 수 있다. 그러나 이는 **실제 북극의 이동 경로가 아니다.**
  실제로 움직이는 것은 판의 움직임에 의한 대륙이다. **겉으로 보기에는 북극이 움직이는 것처럼 보이므로 겉보기 이동 경로**라고 하는 것이다.

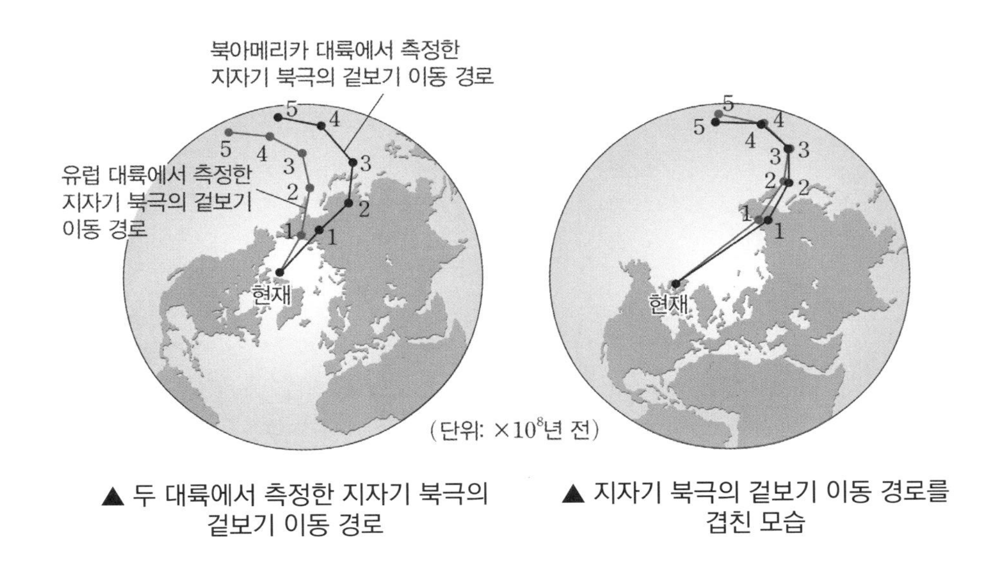

▲ 두 대륙에서 측정한 지자기 북극의 겉보기 이동 경로

▲ 지자기 북극의 겉보기 이동 경로를 겹친 모습

- 왼쪽 그림에서 유럽과 북아메리카에서 측정한 지자기 북극의 겉보기 이동 경로는 서로 다르게 나타난다.
- 그렇다면 3억 년 전 유럽에서 측정한 지자기 북극과 북아메리카에서 측정한 지자기 북극이 서로 다른 위치에 나타나므로 **3억 년 전 지자기 북극은 2개였을까?**
  아니다. 지질 시대 동안 지자기 북극은 늘 하나였다. 따라서 3억 년 전에도 지자기 북극은 하나였을 것이다.
- 이것을 정확하게 이해하기 위해서 예시를 하나 들어보겠다.
  중국과 일본에서 한국의 서울을 바라본다고 가정해보자.
  이때 **두 지역에서 측정한 서울의 방향은 서로 같은가? 아니다.** 중국에서 바라봤을 때는 동쪽에 서울이 있고, 일본에서 바라봤을 때는 서쪽에 서울이 있을 것이다.
- 이처럼 **서로 다른 대륙에서 어떤 지점을 바라볼 때는 여러 개의 결과가 나타날 수 있는 것이다.**
- 다시 돌아와 지질 시대 동안 지자기 북극은 늘 하나였으므로 유럽과 북아메리카에서 측정한 지자기 북극의 이동 경로를 겹쳐보면 대륙의 모습이 붙어있는 것을 확인할 수 있다. 따라서 **과거의 두 대륙은 붙어있었다**는 것을 알 수 있다.

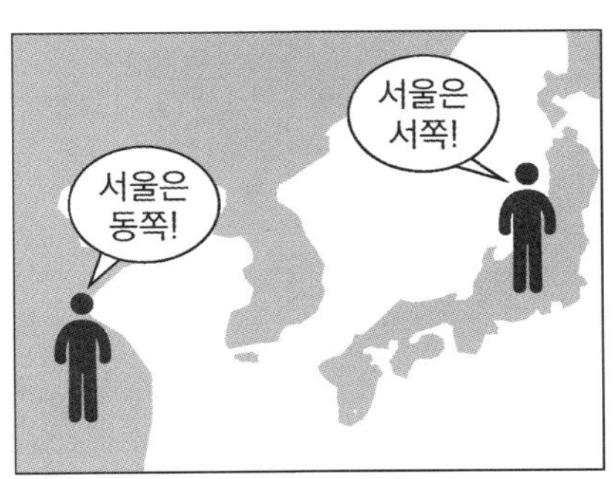

+ 시야 넓히기 : 인도 대륙의 이동 경로 복원

다음은 인도 대륙의 이동 경로를 복원한 결과이다. 고지자기 복각은 모두 정자극기일 때 측정했다.

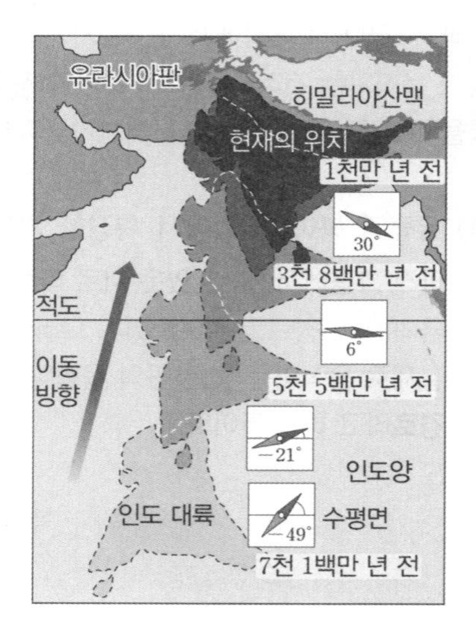

- 그림에서 알 수 있듯 인도 대륙은 지속적으로 북상해왔다.
  과거 인도 대륙은 남반구에 위치하다가 약 5천 5백만 년 전 적도 부근을 통과해 북반구로 북상했다.
- 인도 대륙의 고지자기 복각을 측정하면 시간이 지날수록 점점 커지는 것을 확인할 수 있다. (정자극기 시기에 복각은 북극으로 갈수록 복각은 커지고, 남극으로 갈수록 복각은 작아지므로 북상하는 지괴의 복각은 커진다. 반대로 남하하는 지괴의 복각은 작아진다.)
  또한, **남반구일 때의 복각은 음(−)의 값, 북반구일 때의 복각은 양(+)의 값**을 가지는 것을 알 수 있다.
- 복각의 크기, 즉 복각의 절댓값은 위도와 비례하는 것도 표를 통해 알 수 있다.
- 다음과 같은 인도 대륙의 이동 경로 복원 결과를 통해 고지자기 복각과 위도의 관계를 이해할 수 있도록 하자.

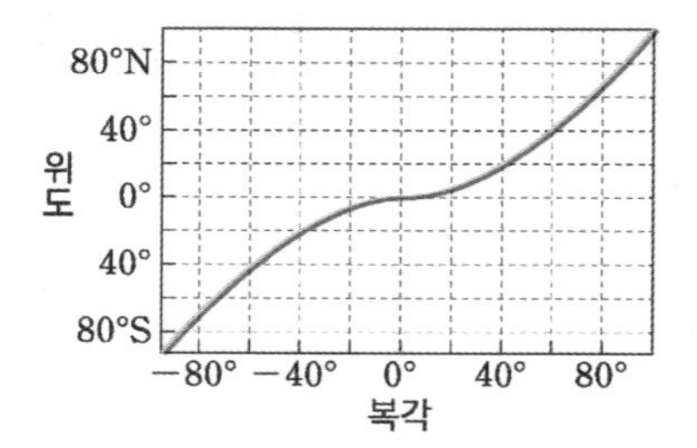

시기(만 년 전)	7100	5500	3800	1000	현재
고지자기 복각	−49°	−21°	6°	30°	36°
위도	약 30°S	약 11°S	약 3°N	약 16°N	약 20°N

고지자기와 대륙 분포 - 대륙 분포 변화

1. 과거부터 현재까지의 대륙 분포 변화

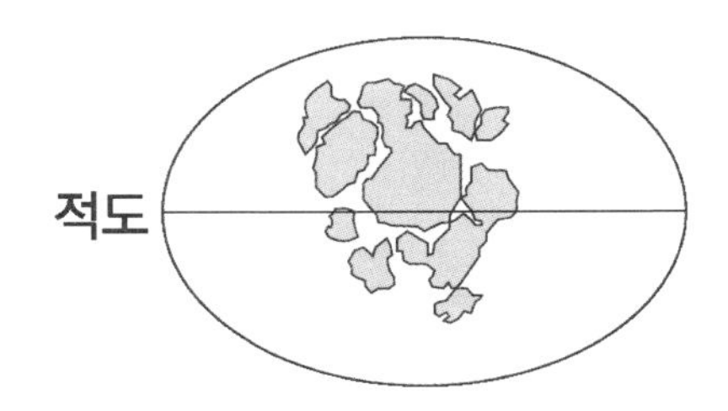

로디니아의 형성 (약 12억 년 전)

- 판게아 이전의 초대륙 **로디니아**의 모습이다.
- **약 12억 년 전 원생 누대 때 형성**되고 약 8억 년 전에 분리되었다.

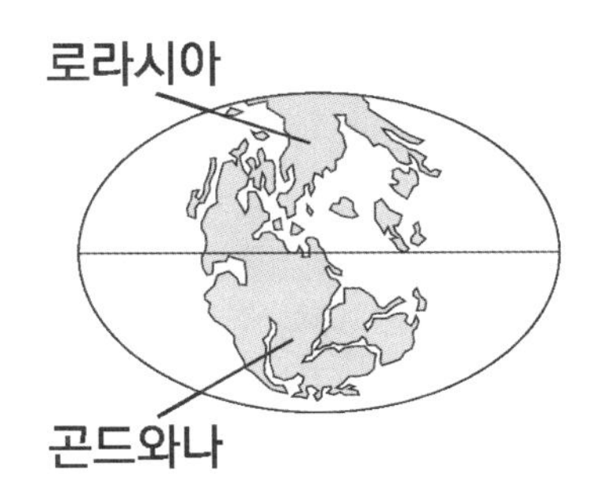

판게아의 형성 (약 2억 7천만 년 전)

- **고생대 말**에 형성된 초대륙 **판게아**의 모습이다. 판게아의 형성으로 인해 지질 시대 중 **가장 큰 규모의 대멸종**이 발생했다.
- 북반구의 대륙을 로라시아, 남반구의 대륙을 곤드와나라고 한다.

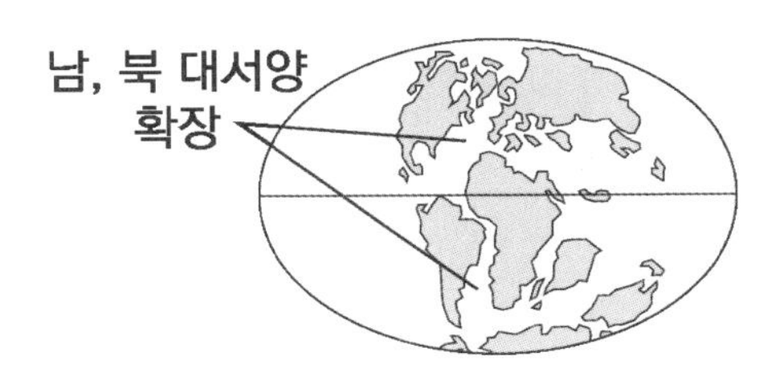

판게아 분리 후 대서양의 확장 (약 1억 년 전)

- 판게아가 중생대 초(약 2억 년 전)에 분리된 이후 북대서양이 먼저 확장되고 약 1억 년 전 남대서양까지 확장되며 오늘날의 대서양이 형성되었다.

히말라야 산맥의 형성 (약 3천만 년 전)

- 남극 대륙으로부터 떨어져 나와 북상하던 인도 대륙과 유라시아 대륙이 만나 충돌하면서 **히말라야산맥을 형성**했다. (이후에도 두 대륙의 충돌은 계속해서 일어나 히말라야산맥의 높이는 현재도 증가하고 있다.)

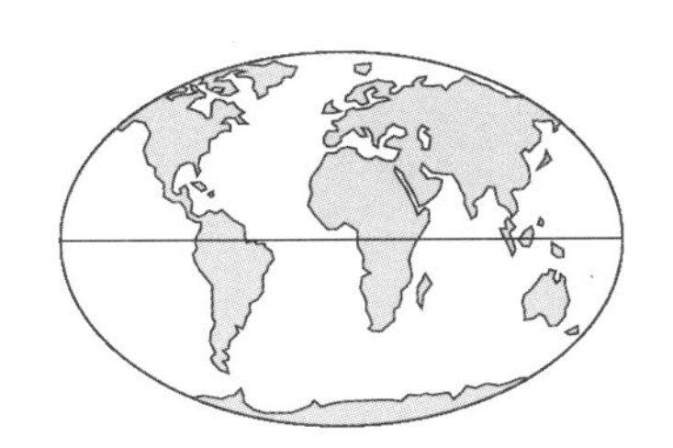

현재의 대륙 분포

- 오늘날의 대륙 분포 모습이다.

2. 미래의 대륙 분포 변화

초대륙 로디니아가 분리되고 다시 판게아가 형성된 것처럼 미래에도 대륙들이 합쳐지고 분리되는 과정이 반복될 것이다. 앞으로 2억 년 후 ~ 2억 5천만 년 후에 새로운 초대륙이 형성될 것으로 예측된다.

+ 시야 넓히기 : 초대륙의 형성과 분리 과정

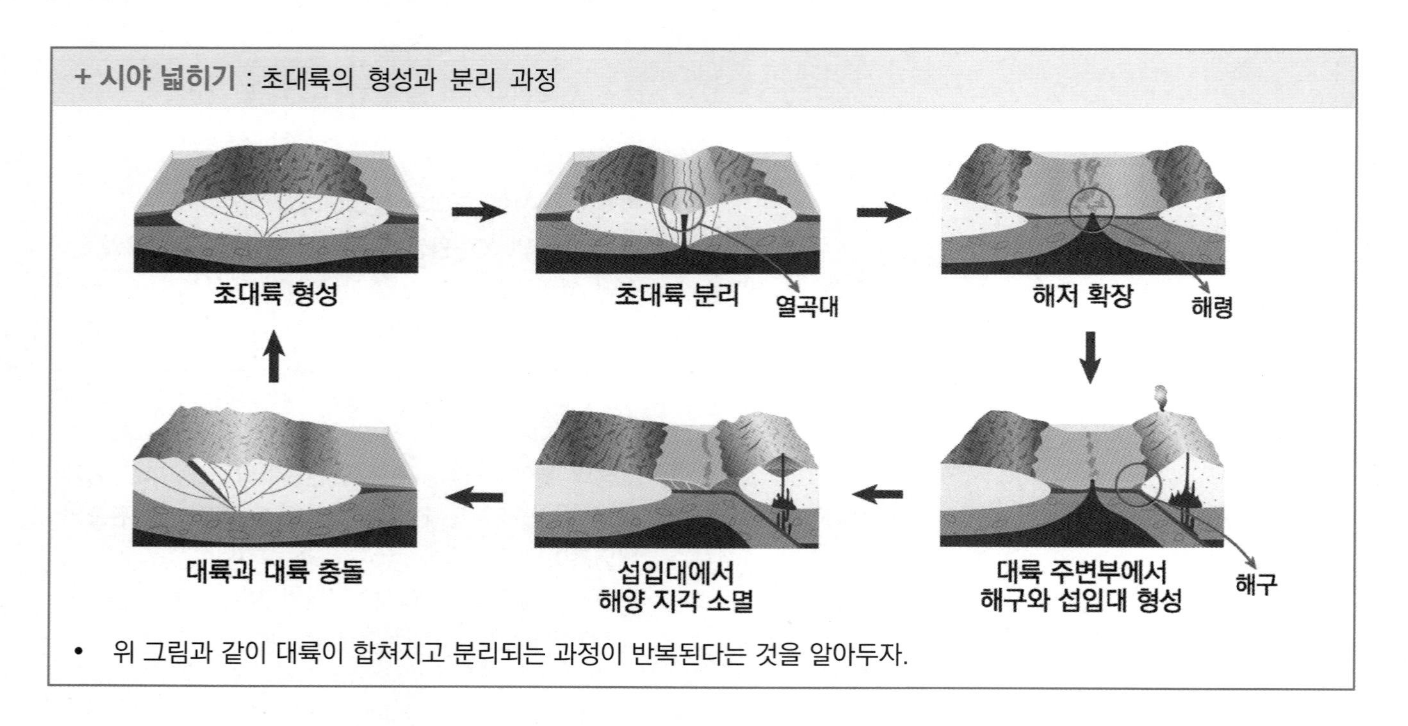

- 위 그림과 같이 대륙이 합쳐지고 분리되는 과정이 반복된다는 것을 알아두자.

2022학년도 수능 지Ⅰ 19번

그림은 고정된 열점에서 형성된 화산섬 A, B, C를, 표는 A, B, C의 연령, 위도, 고지자기 복각을 나타낸 것이다. A, B, C는 동일 경도에 위치한다.

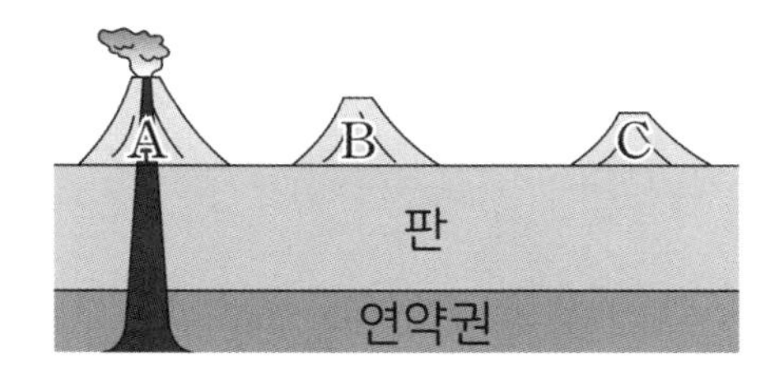

화산섬	A	B	C
연령 (백만 년)	0	15	40
위도	10°N	20°N	40°N
고지자기 복각	(　)	(㉠)	(㉡)

이 자료에 대한 설명으로 옳은 것만을 <보기>에서 있는 대로 고른 것은? (단, 고지자기극은 고지자기 방향으로 추정한 지리상 북극이고, 지리상 북극은 변하지 않았다.)

<보 기>

ㄱ. ㉠은 ㉡보다 작다.
ㄴ. 판의 이동 방향은 북쪽이다.
ㄷ. B에서 구한 고지자기극의 위도는 80°N이다.

① ㄱ ② ㄴ ③ ㄱ, ㄷ ④ ㄴ, ㄷ ⑤ ㄱ, ㄴ, ㄷ

추가로 물어볼 수 있는 선지

1. 열점에서 생성된 화산섬의 고지자기 복각은 항상 같다. (O , X)
2. 정자극기일 때 남반구에서 해령이 북쪽으로 이동하면 새롭게 생성되는 암석에서의 고지자기 복각의 크기는 계속해서 커진다. (O , X)
3. 열점에서 생성된 화산섬이 판의 이동을 따라 북상한다면 정자극기에 관측한 고지자기 북극의 위치는 남하한다. (O , X)

정답 : 1. (X), 2. (X), 3. (O)

01 2022학년도 수능 지Ⅰ 19번

KEY POINT #열점, #고지자기극, #복각, #위도

문항의 발문 해석하기

열점은 고정되어 있으므로 열점에서 형성된 화산섬의 고지자기 복각은 각각의 화산섬 모두 같아야 한다는 것을 알아야 한다. 또한 자료의 위도를 통해 화산섬이 위치한 판의 이동 방향을 추정할 수 있어야 한다.

문항의 자료 해석하기

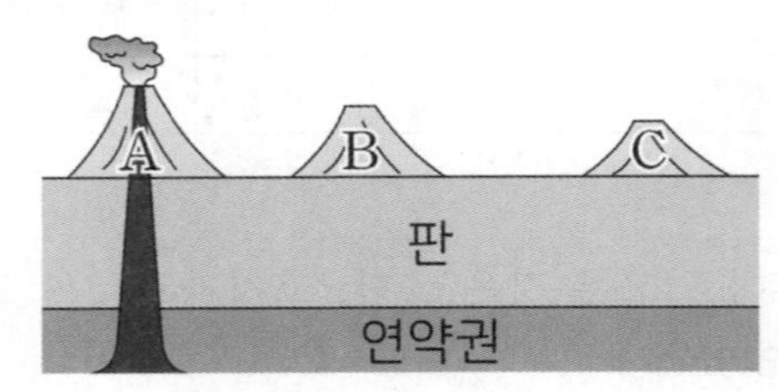

화산섬	A	B	C
연령 (백만 년)	0	15	40
위도	10°N	20°N	40°N
고지자기 복각	( )	(㉠)	(㉡)

1. 화산섬 A의 연령이 0이므로 A 섬 지점 아래에 열점이 형성되어 있는 것을 확인할 수 있다. 따라서 B와 C 섬 모두 A 섬 아래의 열점에서 형성된 것을 알 수 있어야 한다.
2. 표에서 각 화산섬의 연령, 위도, 고지자기 복각을 나타내고 있다.
   표에 나온 화산섬의 연령을 통해 화산섬은 C → B → A 순으로 형성된 것을 알 수 있다. 따라서 C로 갈수록 북쪽에 위치하므로 화산섬이 위치한 판의 이동 방향은 북쪽인 것을 알 수 있다.
   모든 화산섬은 같은 열점에서 형성된 화산섬이므로 고지자기 복각은 세 화산섬에서 모두 같다.

선지 판단하기

ㄱ 선지 ㉠은 ㉡보다 작다. (X)

모든 화산섬은 A 섬 아래에 있는 열점에서 형성되었으므로 고지자기 복각의 변화는 존재하지 않는다. 따라서 ㉠과 ㉡의 값은 같다.

열점은 뜨거운 플룸에 의해 판 아래에 형성된 장소이므로 판의 이동 방향과 무관하게 일정한 지점에 위치하기 때문이다.

ㄴ 선지 판의 이동 방향은 북쪽이다. (O)

각 화산섬의 위도를 보고 동일 경도 상에서의 판의 이동 방향은 북쪽이라는 것을 알 수 있다.

ㄷ 선지 B에서 구한 고지자기극의 위도는 80°N이다. (O)

고지자기극은 특정 시기의 북극의 위치이다. 그러나 우리는 지리상 북극은 움직이지 않는다는 것을 알고 있다. 과거의 지리상 북극은 현재와 같은 위치에 위치하고 있다.

따라서 고지자기극을 통해 알 수 있는 것은 지괴와 고지자기극 사이의 과거의 거리이다.

막 형성된 B의 위도는 10°N이었다. 따라서 지리상 북극과의 거리는 80°만큼 차이가 나는 것을 알 수 있다.

이후 지괴가 이동해도 고지자기는 변하지 않으므로 고지자기극의 거리는 항상 80°만큼 차이가 난다.

이때 현재 B의 위도는 20°N이므로 80°만큼 차이가 나기 위해선 100°N이어야 하는데 위도는 90°까지이므로 고지자기극은 적도 방향으로 10°N 이동한 80°N에 위치할 것이다.

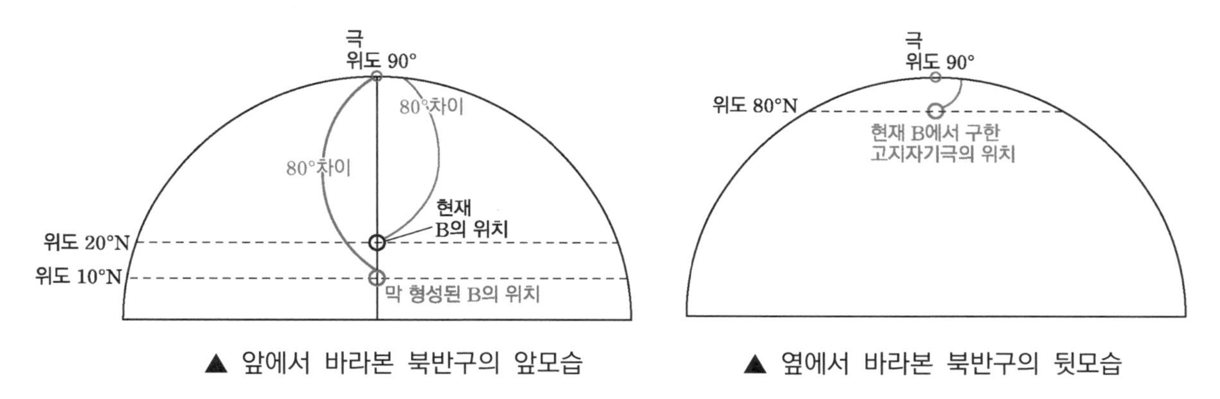

▲ 앞에서 바라본 북반구의 앞모습 ▲ 옆에서 바라본 북반구의 뒷모습

기출문항에서 가져가야 할 부분

1. 열점에서 형성된 화산섬의 고지자기 복각 변화는 없음을 이해하기
2. 열점에서 형성된 화산섬의 위도를 보고 판의 이동 방향 해석하기
3. 판의 이동에 따른 동일한 지점에서 관측한 고지자기 극의 이동 이해하기

기출 문제로 알아보는 유형별 정리

[고지자기와 복각]

1 고지자기와 복각

① 지표면과 지구의 자기장이 이루는 각도. 즉, 복각 2020년 7월 학력평가 2번

그림은 인도 대륙 중앙의 한 지점에서 채취한 암석 A, B, C의 나이와 암석이 생성될 당시 고지자기의 방향과 복각을 나타낸 것이다. (단, A, B, C는 정자극기에 생성되었고, 지리상 북극의 위치는 변하지 않았다.)

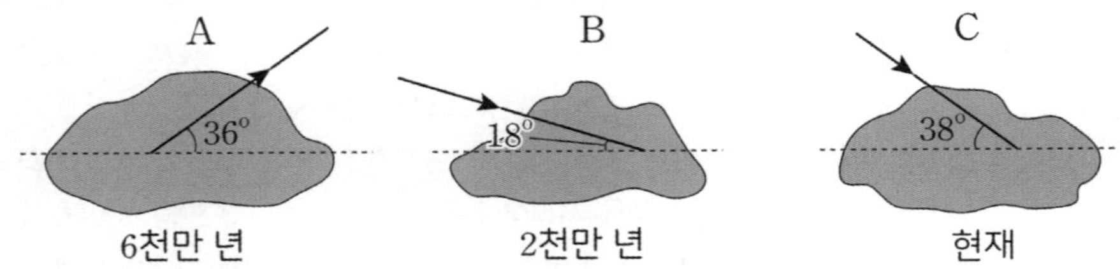

ㄱ. A는 생성될 당시 남반구에 있었다. (O)

- **정자극기**의 지구 자기장은 남극에서 나와서 북극으로 들어간다. 따라서 암석에 기록된 **자기장의 방향이 하늘을 향하면 남반구에서 형성된 암석**이고, **땅을 향하면 북반구에서 형성된 암석**이다.
  이때, A는 정자극기에 형성되었고 자기장의 방향이 하늘을 바라보고 있으므로 남반구에서 생성된 암석이다.
- 이처럼 자기장의 방향을 보고 암석이 생성된 당시의 위치(북반구, 남반구)를 파악할 수 있어야 한다.

2 해령에서 나타나는 고지자기

① 해령에서 형성된 고지자기 지II 2017년 4월 학력평가 7번

그림은 어느 해령 부근의 고지자기 분포와 세 지점 A~C의 위치를 나타낸 것이다.

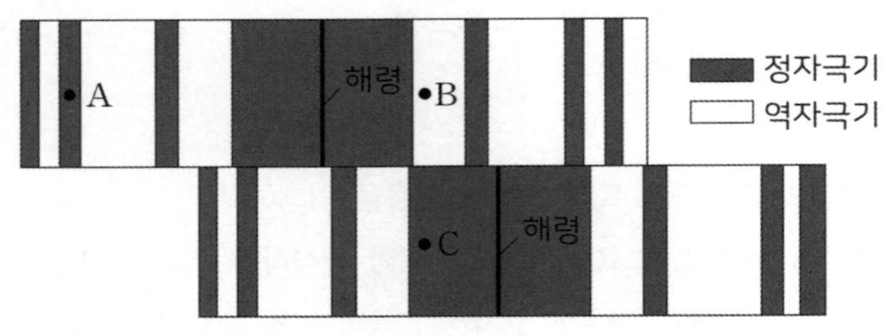

ㄱ. A 지점의 지각이 생성될 당시 지구 자기장의 방향은 현재와 같았다. (O)

- A 지점은 정자극기에 해당한다. 따라서 A 지점에 위치한 지각이 생성될 때의 지구 자기장과 현재 지구 자기장의 방향은 같다.
- 이처럼 발산형 경계에서는 **해령을 축으로 고지자기 줄무늬가 대칭적으로 나타나고 있다**는 사실을 알아야 한다.

② 고지자기로 추정한 해양 지각의 나이 2021년 4월 학력평가 1번

그림 (가)와 (나)는 각각 서로 다른 해령 부근에서 열곡으로부터의 거리에 따른 해양 지각의 나이와 고지자기 분포를 나타낸 것이다.

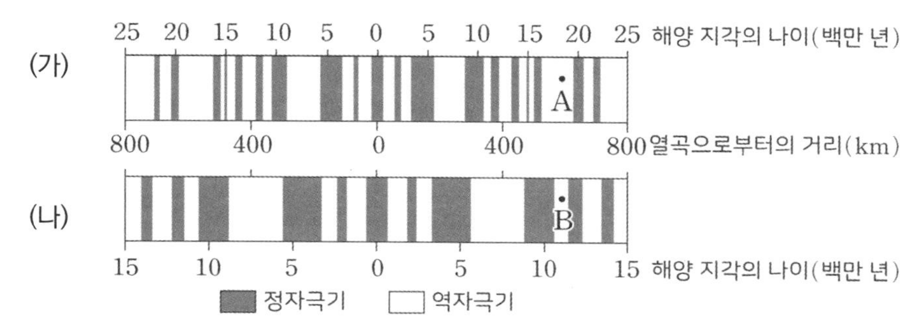

ㄱ. 해양 지각의 나이는 A와 B 지점이 같다. (X)

- A와 B는 해령으로부터 같은 거리만큼 떨어져 있다. 이때 A는 현재로부터 8번째 전의 역자극기에 형성된 지각이고, B는 현재로부터 4번째 전의 역자극기에 형성된 지각이다. 따라서 해양 지각의 나이는 A 지점이 더 많을 것이다.
- 또한, 다음과 같은 풀이도 가능하다.
  (가)와 (나) 지역의 고지자기 줄무늬를 비교하면 (가) 지점의 **고지자기 줄무늬가 더 밀집되어 있는 것을 알 수 있다. 이는 판의 확장 속도가 느렸다는 것을 의미**하므로 같은 거리에 있어도 판의 확장 속도가 더 느린 A의 나이가 많을 것이다.
- 이처럼 **고지자기 줄무늬의 배열을 보고 지각의 나이를 비교**할 수 있음을 알아두자.

③ 고지자기의 방향과 판의 이동 지II 2017학년도 9월 모의평가 16번

그림은 위도 50°S에 위치한 어느 해령 부근의 고지자기 분포를 나타낸 모식도이다.

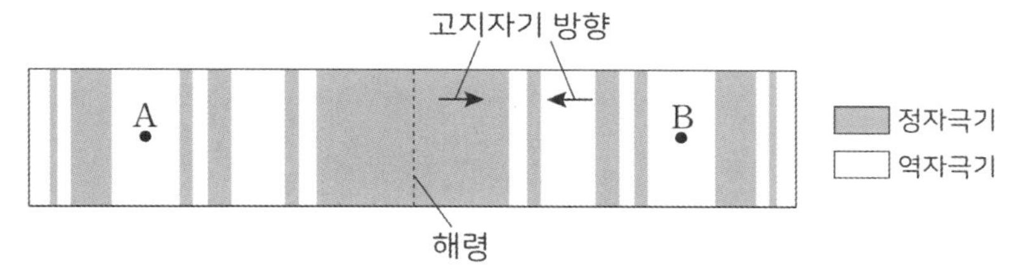

ㄷ. A는 B보다 저위도에 위치한다. (X)

- 위 자료에 나타난 **고지자기 방향은 지자기극의 위치를 알려주는 것**이다. 이때, 현재 북극의 위치는 정자극기로 판단해야 하므로 해령의 오른쪽은 북쪽 방향, 해령의 왼쪽은 남쪽 방향이라는 것을 확인할 수 있다.
  A는 남쪽 방향으로 이동하고 있다. 이때, 이 해령은 **남반구에 위치하는 해령**이므로 **남쪽 방향이 고위도**로 이동하는 방향이다. 따라서 A는 B보다 고위도에 위치한다.
- 아래 그림을 참고하도록 하자. **해령에서 고지자기 방향을 주었다는 것은 동서남북을 표시하라는 의미**이므로 아래 그림과 같이 행동하도록 하자.

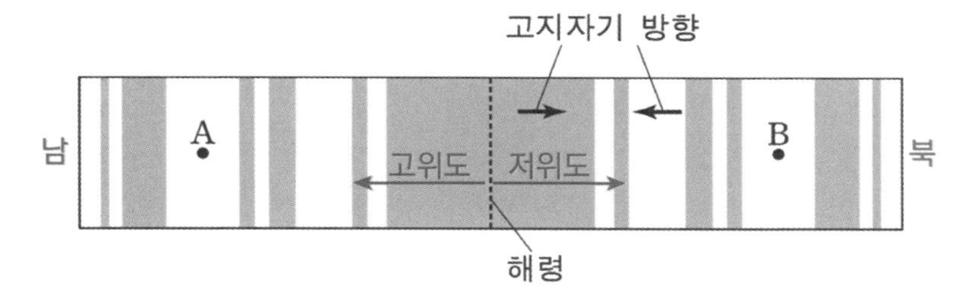

④ 방위 표시가 없다면 방향은 함부로 방향을 정하면 안된다. 2024학년도 대학수학능력시험 13번

그림은 남반구 중위도에 위치한 어느 해양 지각의 연령과 고지자기 줄무늬를 나타낸 것이다. ㉠과 ㉡은 각각 정자극기와 역자극기 중 하나이다.

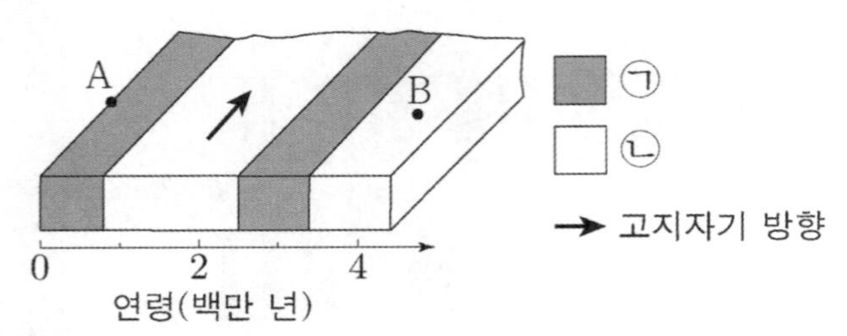

ㄷ. B는 A의 동쪽에 위치한다. (X)

- A를 기준으로 고지자기 줄무늬는 대칭이므로 A에 해령이 위치한다. 이때, 고지자기 방향은 역자극기 시기에 남쪽을 향하므로 오른쪽 그림과 같이 방위를 나타낼 수 있다.
  따라서 B는 A의 서쪽에 위치한다.
- 지구과학1의 대부분 문제는 오른쪽이 동쪽이다. 그 이유는 방위 표시를 항상 함께 주기 때문이다. 방위 표시가 없다면 함부로 방향을 정하면 안된다는 것을 반드시 기억하자.

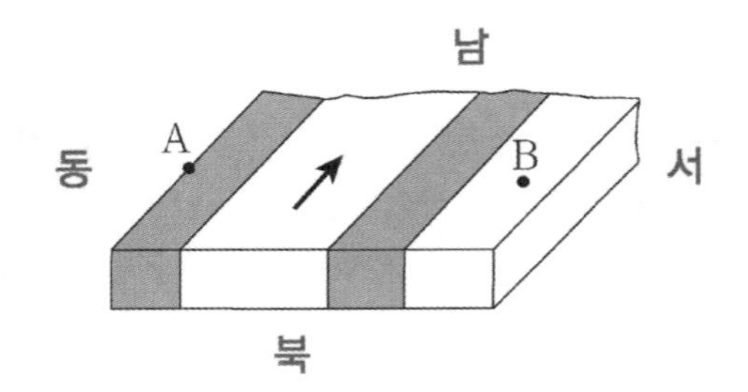

추가로 물어볼 수 있는 선지 해설

1. 열점은 판이 이동해도 움직이지 않으므로 위도가 달라지지 않는다. 그러나 역자극기에는 복각의 부호가 바뀌므로 복각은 달라질 수 있다.
2. 정자극기일 때 남반구에서 북쪽으로 이동하면 저위도로 이동하는 것과 같으므로 복각은 작아진다.
3. p.65의 그림을 참고할 수 있도록 하자.

2022학년도 9월 모의평가 지Ⅰ 19번

그림은 남아메리카 대륙의 현재 위치와 시기별 고지자기극의 위치를 나타낸 것이다. 고지자기극은 남아메리카 대륙의 고지자기 방향으로 추정한 지리상 남극이고, 지리상 남극은 변하지 않았다. 현재 지자기 남극은 지리상 남극과 일치한다.

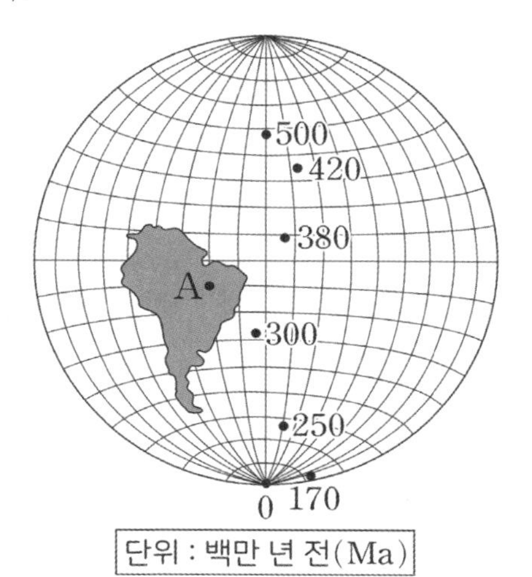

대륙 위 지점 A에 대한 설명으로 옳은 것만을 <보기>에서 있는 대로 고른 것은?

<보 기>

ㄱ. 500Ma에는 북반구에 위치하였다.
ㄴ. 복각의 절댓값은 300Ma일 때가 250Ma일 때보다 컸다.
ㄷ. 250Ma일 때는 170Ma일 때보다 북쪽에 위치하였다.

① ㄱ ② ㄴ ③ ㄷ ④ ㄱ, ㄴ ⑤ ㄱ, ㄷ

추가로 물어볼 수 있는 선지

1. 지리상 남극은 오랜 시간에 걸쳐 조금씩 움직여 왔다. (O , X)
2. 고지자기 복각의 크기는 위도와 같다. (O , X)
3. 500Ma~420Ma보다 380Ma~300Ma일 때 평균 이동 속도가 더 빨랐다. (O , X)

정답 : 1. (X), 2. (X), 3. (O)

01 2022학년도 9월 모의평가 지Ⅰ 19번

KEY POINT #고지자기극, #복각의 절댓값, #지리상 남극

문항의 발문 해석하기

고지자기극의 위치는 지리상 남극이다. 따라서 자료에 나타난 시대별 고지자기극의 위치는 실제 지리상 남극의 위치가 아닌 고지자기로 추정한 지자기극과 A 지역의 상대적 위치를 나타낸 것임을 떠올려야 한다. 지리상 남극의 위치는 항상 변하지 않았다.

문항의 자료 해석하기

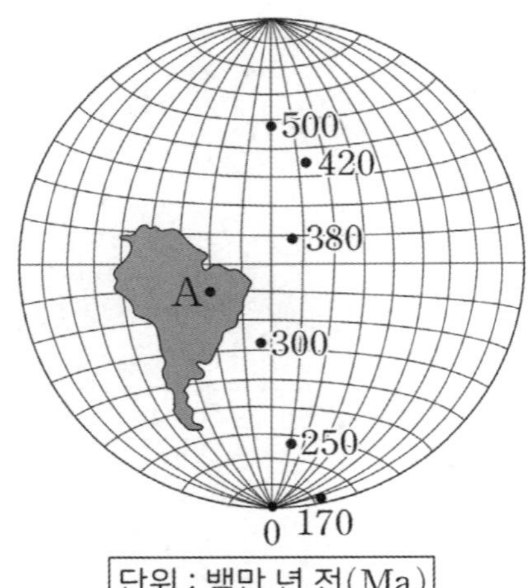

단위 : 백만 년 전(Ma)

1. 위 자료는 A에서 측정한 지리상 남극의 위치를 알려주고 있다. 500Ma, 420Ma, 380Ma 등 모든 고지자기극의 위치는 다른 곳에 나타나 있다. 그러나 실제 남극의 위치는 항상 지금과 같은 자리에 있었다.
   따라서 위 자료에서 우리가 알 수 있는 것은 각 시기별 남극과 A 지점 사이의 거리이다.
2. 오른쪽 그림과 같이 각 시기별 지리상 남극과의 거리를 나타낼 수 있어야 한다.
   500Ma~300Ma에는 남극과의 거리가 가까워지다가 300Ma~170Ma에는 남극과의 거리가 멀어진 것을 확인할 수 있다.

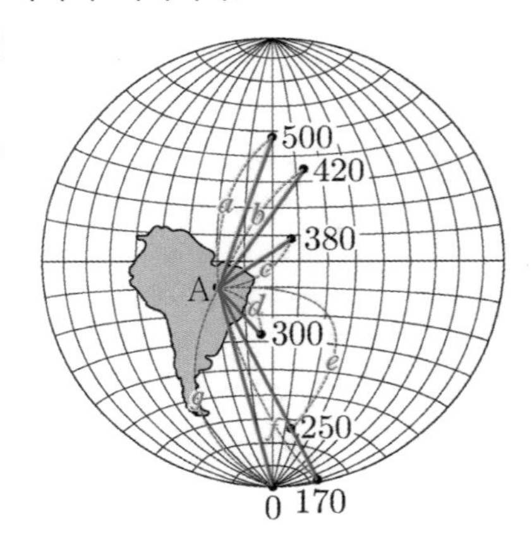

TIP.

위와 같이 고지자기극과 대륙의 자료가 주어진다면 바로 **시기별 고지자기극의 위치와 대륙을 이어 극까지의 거리를 알 수 있도록 하자.** 위와 같은 자료는 대륙을 고정해두고 극의 위치를 판단했기 때문에 나타나는 결과이다. 거리만 파악할 수 있다면 위도와 복각의 값까지 상대적으로 파악할 수 있다.

선지 판단하기

ㄱ 선지 500Ma에는 북반구에 위치하였다. (X)

자료에 나타난 고지자기 극은 지리상 남극이므로 500Ma일 때 A의 위치는 남극으로부터 a만큼 떨어져 있으므로 오른쪽 그림과 같이 나타낼 수 있다. (a는 500Ma 전 A와 극 사이의 거리이다.)
이때 A의 위치는 적도도 넘지 못했으므로 북반구가 아닌 남반구에 위치한다고 할 수 있다.

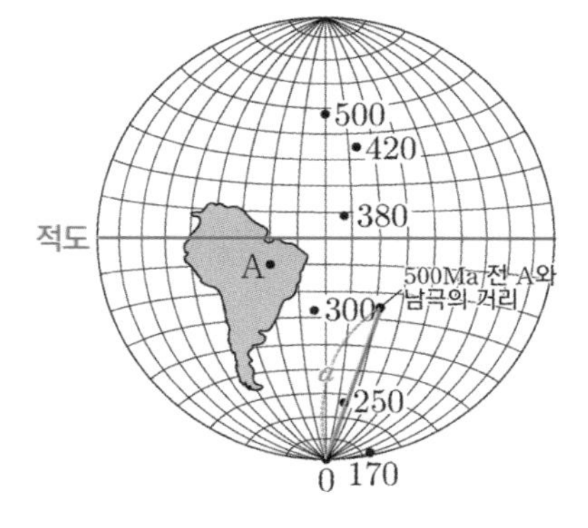

ㄴ 선지 복각의 절댓값은 300Ma일 때가 250Ma일 때보다 컸다. (O)

복각의 절댓값은 위도와 비례한다. 이때 300Ma일 때 남극과의 거리인 d와 250Ma일 때 남극과의 거리인 e를 오른쪽 그림과 같이 나타낼 수 있다.
따라서 남극으로부터의 거리는 d가 더 가깝다. 따라서 250Ma일 때보다 더 고위도에 위치한 300Ma일 때 복각의 절댓값이 더 컸다.

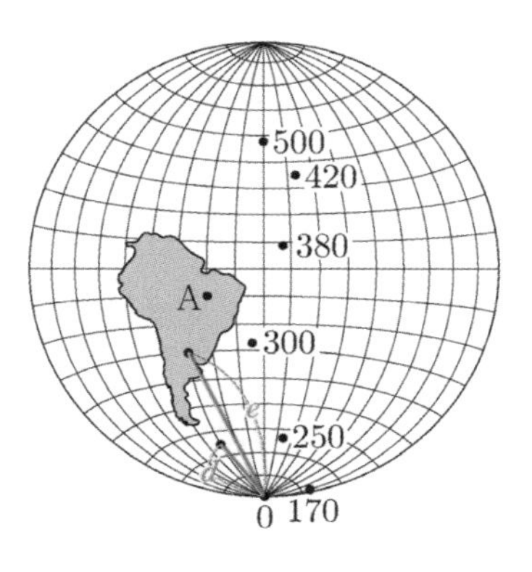

ㄷ 선지 250Ma일 때는 170Ma일 때보다 북쪽에 위치하였다. (X)

250Ma일 때 남극과의 거리는 e, 170Ma일 때 남극과의 거리는 f다. 이때 남극으로부터 더 많이 떨어진 170Ma일 때가 더 북쪽에 위치한 것을 확인할 수 있다. (e와 f를 확실하게 비교하기 위해 e 지점을 옆으로 이동시켰다. 우리는 이들의 거리만 판단하면 된다.)

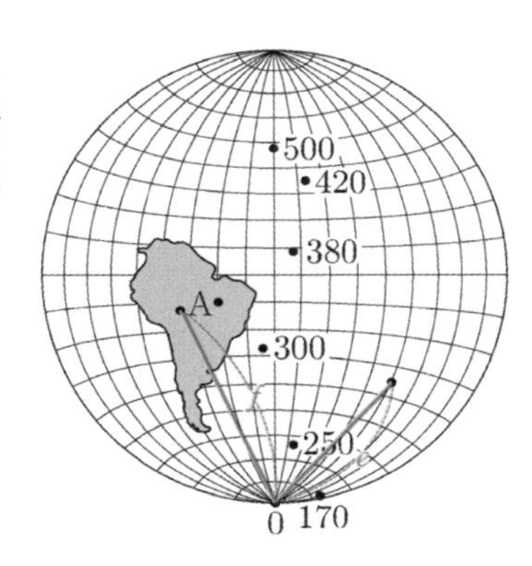

기출문항에서 가져가야 할 부분

1. 자료에 나타난 고지자기극의 위치는 실제 극의 위치가 아닌 것 이해하기
2. 고지자기극의 위치와 지괴(땅)의 위치를 이어 시기별 극과의 거리 이해하기
3. 고지자기극과 지괴의 거리를 위도와 연결해서 생각하기

기출 문제로 알아보는 유형별 정리

[지괴의 이동]

1 고지자기극

① 고지자기극의 위치를 자료로 주면 측정한 지점과의 거리를 보자 지Ⅱ 2019학년도 수능 19번

그림은 어느 지괴의 현재 위치와 시기별 고지자기극 위치를 나타낸 것이다. 고지자기극은 이 지괴의 고지자기 방향으로 추정한 지리상 북극이고, 실제 지리상 북극의 위치는 변하지 않았다.

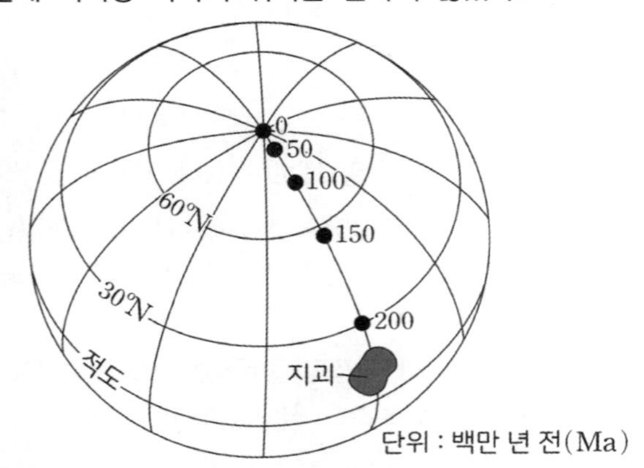

ㄴ. 150Ma~100Ma 동안 고지자기 복각은 감소하였다. (O)

- 북반구의 고지자기 복각은 위도와 비례한다. 150Ma보다 100Ma일 때 지괴와 지자기극 사이의 거리가 멀었다. 따라서 이 기간 동안 지괴와 북극 사이의 거리는 멀어졌으므로(위도가 낮아졌으므로) 고지자기 복각은 감소하였다.
- 위 자료는 지괴에서 측정한 고지자기극을 나타낸 것이다. 이때 우리가 알아야 하는 것은 지괴를 고정해두고 나타낸 자료라는 것이다. **실제 움직이는 것은 극이 아닌 지괴이다**.

- 아래와 같이 **극을 고정해둔 자료**를 보고 이들 사이의 관계를 이해할 수 있도록 하자.
- 시간이 지남에 따라 극으로부터 지괴가 남하하고 있는 것을 확인할 수 있다.

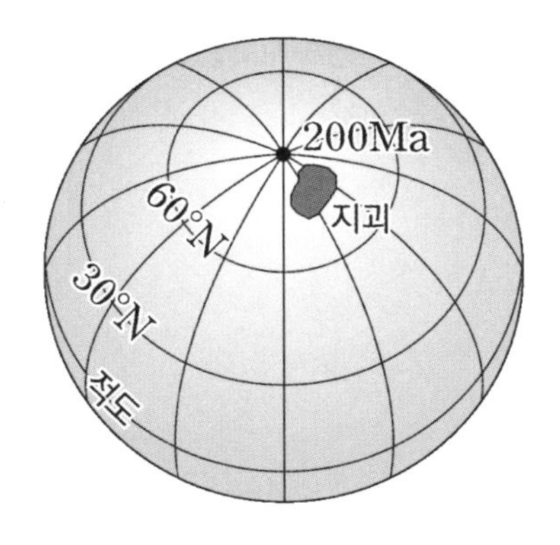

▲ 200Ma 전 지괴의 위치

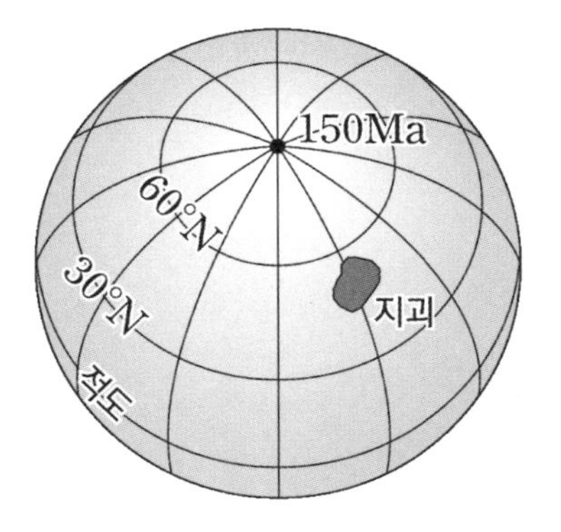

▲ 150Ma 전 지괴의 위치

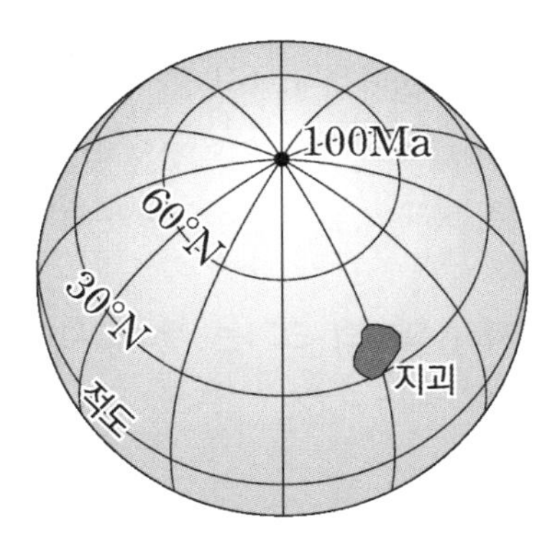

▲ 100Ma 전 지괴의 위치

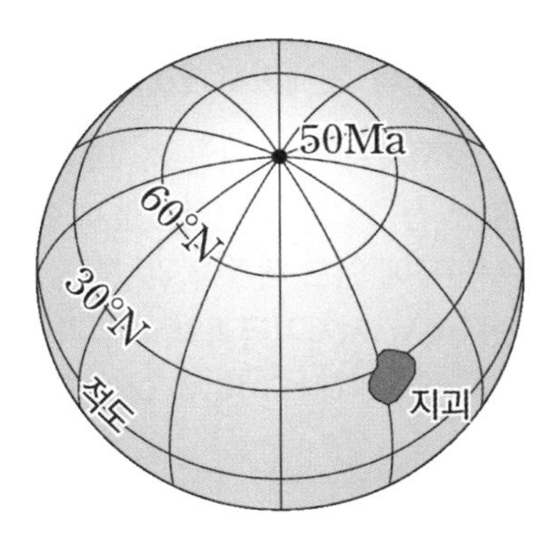

▲ 50Ma 전 지괴의 위치

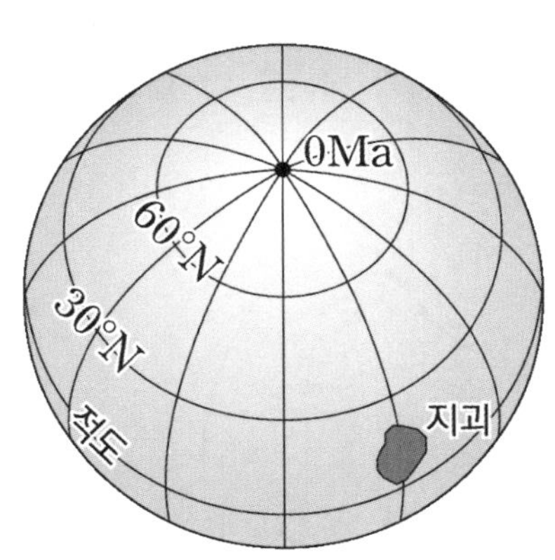

▲ 현재 지괴의 위치

② 인도 대륙의 북상과 고지자기 극 2020년 10월 학력평가 17번

그림은 6000만 년 전부터 현재까지 인도 대륙의 고지자기 방향으로 추정한 지리상 북극의 위치 변화를 현재 인도 대륙의 위치를 기준으로 나타낸 것이다. 이 기간 동안 실제 지리상 북극의 위치는 변하지 않았다.

ㄷ. 4000만 년 전부터 현재까지 인도 대륙에서 고지자기 복각의 크기는 계속 작아졌다. (X)

- 인도 대륙과 고지자기 극 사이의 거리를 이어보면 4000만 년 전부터 현재까지 거리가 줄어든 것을 확인할 수 있다. 이때, 4000만 년 전, 2000만 년 전, 현재와 인도 대륙의 거리를 각각 이어 현 북극의 위치와 비교하면 적도를 넘지 않으므로 모두 북반구에 인도 대륙이 위치한다는 것을 알 수 있다.
  따라서 **북반구에서 지자기극과의 거리가 가까워졌다**는 의미이므로 **고지자기 복각의 크기는 계속해서 증가했다**.
- 이처럼 고지자기극과 대륙 사이를 이어 극과의 거리를 판단할 수 있어야 한다.

③ 고지자기극의 겉보기 이동 경로 2022년 10월 학력평가 4번

그림은 인도와 오스트레일리아 대륙에서 측정한 1억 4천만 년 전부터 현재까지 고지자기 남극의 겉보기 이동 경로를 천만 년 간격으로 나타낸 것이다. (단, 고지자기 남극은 각 대륙의 고지자기 방향으로 추정한 지리상 남극이며 실제 지리상 남극의 위치는 변하지 않았다.)

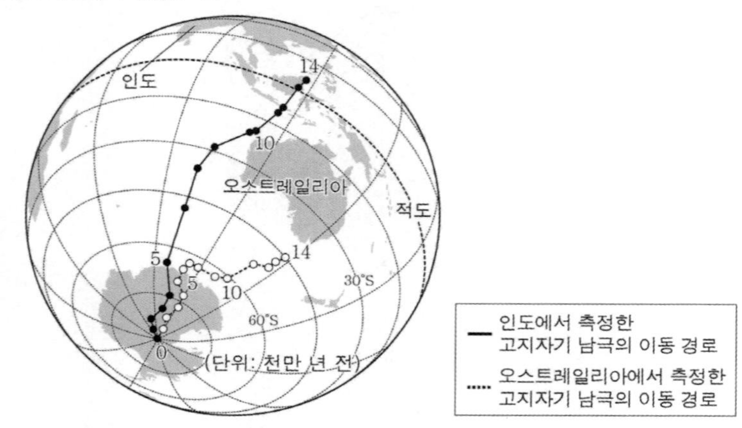

ㄷ. 오스트레일리아 대륙에서 복각의 절댓값은 현재가 1억 년 전보다 크다. (X)

- 현재와 1억 년 전에 해당하는 남극과 거리를 이어보자. 1억 년 전의 남극과 거리가 더 가까운 것을 확인할 수 있다. 따라서 **남극에 가까울수록 복각의 절댓값은 커지므로 1억 년 전이 더 클 것**이다.
- 대륙에서 측정한 고지자기극의 겉보기 이동 경로를 추적하여 특정 시기의 극까지의 거리를 알 수 있다는 사실을 기억하자.

2 지괴의 회전

① 고지자기로 추정한 진북 방향 　　　　　　　　　　　　　　　　　　　　지Ⅱ 2017학년도 수능 19번

표는 대륙의 이동을 알아보기 위해 어느 지괴의 암석에 기록된 지질 시대별 고지자기 복각과 진북 방향을 나타낸 것이다. 이 지괴에 대한 설명으로 옳은 것만을 있는 대로 고른 것은?

(←--- 진북 방향 ← 고지자기로 추정한 진북 방향)

지질 시대	쥐라기	전기 백악기	후기 백악기	제3기
고지자기 복각	+25°	+36°	+44°	+50°
진북 방향	지괴 63°	35°	17°	0°

ㄷ. 쥐라기 이후 시계 방향으로 회전하였다. (O)

- 위 자료에 나타난 진북 방향은 시간이 변화해도 변하지 않았다. 그러나 고지자기로 추정한 진북 방향은 변하고 있다. 이때, 시간이 지나면서 고지자기로 추정한 **진북 방향은 반시계 방향으로 회전**하고 있다. 이때, **실제 움직이고 있는 것은 북극이 아닌 지괴이므로 지괴는 시계 방향으로 이동했을 것**이다.
- 고지자기에서 가장 헷갈리는 부분일 것이다. '왜 반시계 방향으로 이동하는데 시계 방향으로 회전한다는 소리지?'가 가장 큰 의문일 것이다.
  우선 **지괴의 회전은 우리가 추정한 북극의 회전 방향과 반대로 생각해야 한다**는 사실을 기억하고 다음의 자료를 보도록 하자.
- 아래 자료와 같이 지괴가 회전하고 있음을 알아야 한다.
- 아래 자료에서 나타난 **북극의 위치는 반시계 방향을 그리며 회전**하고 있다. 그러나 **실제로 회전하는 것은 북극이 아닌 지괴**이므로 우리는 반대로 생각할 수 있어야 한다. **실제 지괴는 시계 방향으로 회전**하고 있다.

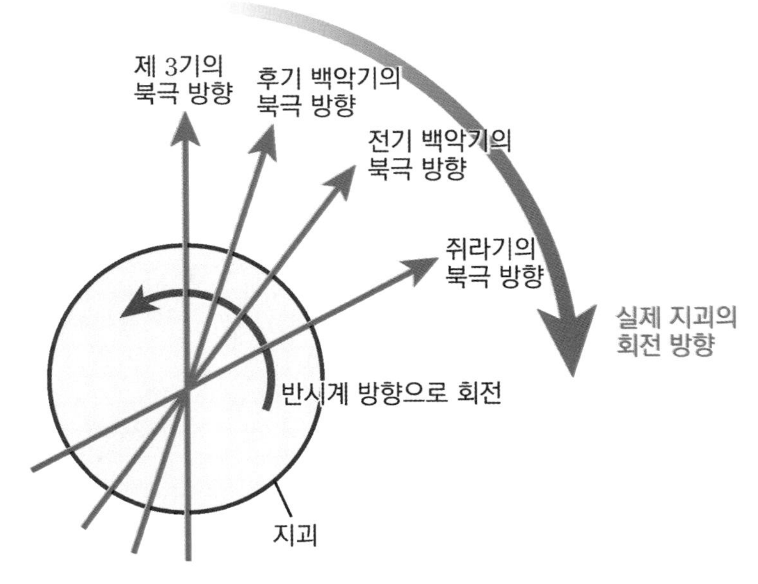

▲ 지괴의 회전 모식도

② 고지자기로 추정한 해령의 회전 지Ⅱ 2018학년도 9월 모의평가 19번

그림은 북반구에 위치한 어느 해령의 이동을 알아보기 위해 해령 주변 암석에 기록된 고지자기 복각과 고지자기로 추정한 진북 방향을 진앙 분포와 함께 나타낸 모식도이다.

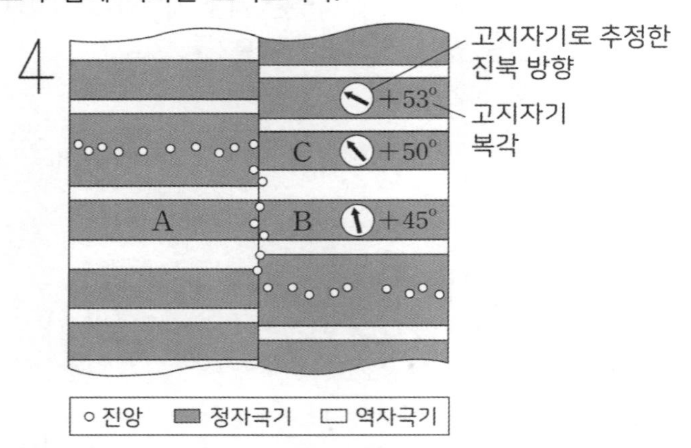

ㄷ. 이 해령은 시계 반대 방향으로 회전해 오면서 현재에 이르렀다. (O)

- 진앙이 존재함과 동시에 고지자기가 대칭인 곳에 해령이 형성된 것을 확인할 수 있다. 이때, 복각이 $+53°$ 인 곳은 해령으로부터 가장 멀리 있는 곳이므로 가장 옛날에 형성되었다.
  고지자기의 방향을 확인하면 해령에서 생성된 **지괴에서 측정한 고지가기로 추정한 진북 방향은 시간이 지남에 따라 시계 방향으로 회전**하고 있다. 따라서 이 **해령은 반시계 방향으로 회전해 오면서 현재에 이르렀다.** (방위 표시를 통해 위쪽이 북쪽임을 알 수 있다.)
- 이처럼 해령에서의 지괴의 회전도 앞선 개념과 함께 이해할 수 있도록 하자.

#3 지괴의 분리

① 지괴의 분리 2024학년도 대학수학능력시험 20번

그림은 지괴 A와 B의 현재 위치와 ㉠ 시기부터 ㉡ 시기까지 시기별 고지자기극의 위치를 나타낸 것이다. A와 B는 동일 경도를 따라 일정한 방향으로 이동하였으며, ㉠부터 현재까지의 어느 시기에 서로 한 번 분리된 후 현재의 위치에 있다.

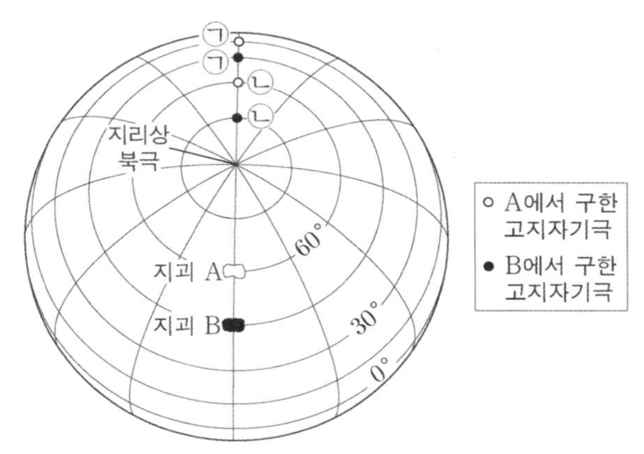

ㄴ. A와 B는 북반구에서 분리되었다. (O)

- 현재 지괴의 위치와 시기별 고지자기극 사이의 거리를 통해 시기별 지괴의 위도를 구해야 한다.
  ㉠ 시기 지괴 A, B의 위도는 모두 0° 즉, 적도에 위치한다.
  ㉡ 시기 지괴 A, B의 위도는 모두 30°N에 위치한다.
  이때, ㉠부터 현재까지 일정한 방향으로 이동하고 현재 북반구에 위치하며 한번 분리되었으므로 지속적으로 북상하여 ㉡ 시기 이후에 분리되어 현재와 같은 지괴 분포를 나타낸다고 볼 수 있다.
  따라서 A와 B는 ㉡ 시기 이후 북반구에서 분리되었다.
- 이와 같은 예시로 판게아가 존재한다. **초대륙 판게아는 거대한 플룸 상승류에 의해 분리**되었다.
  이처럼 하나의 지괴로 북상하던 대륙은 아래 자료처럼 두 개 이상의 대륙으로 분리될 수 있다는 사실을 기억하자.

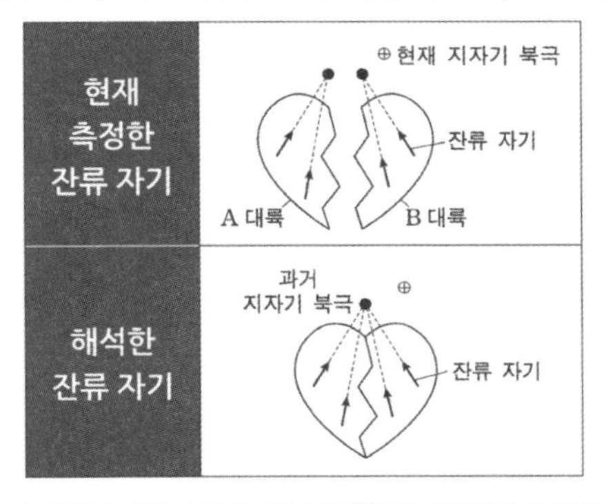

▲ 지Ⅱ 2015학년도 6월 모의평가 12번

추가로 물어볼 수 있는 선지 해설

1. 지리상 남극은 시간이 지나도 위치가 변화하지 않는다. 문제에서 지리상 남극이 이동하는 것처럼 보이는 이유는 남아메리카 대륙이 이동하기 때문이다.
2. 복각의 크기와 위도는 정비례 관계가 아닌 비례 관계라는 것을 기억하자.
3. 남아메리카 대륙과 지리상 남극의 거리를 연결해보면 500Ma~420Ma보다 380Ma~300Ma일 때 더 길기 때문에 380Ma~300Ma일 때 이동 속도가 더 빠르다.

Chapter

05 유제

01 2021학년도 6월 모의평가 11번

그림 (가)는 지구의 플룸 구조 모식도이고, (나)는 판의 경계와 열점의 분포를 나타낸 것이다. (가)의 ㉠~㉣은 플룸이 상승하거나 하강하는 곳이고, 이들의 대략적 위치는 각각 (나)의 A~D 중 하나이다.

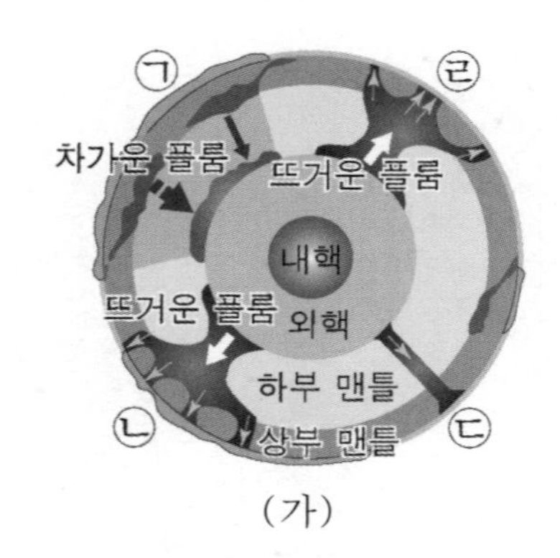

(가)

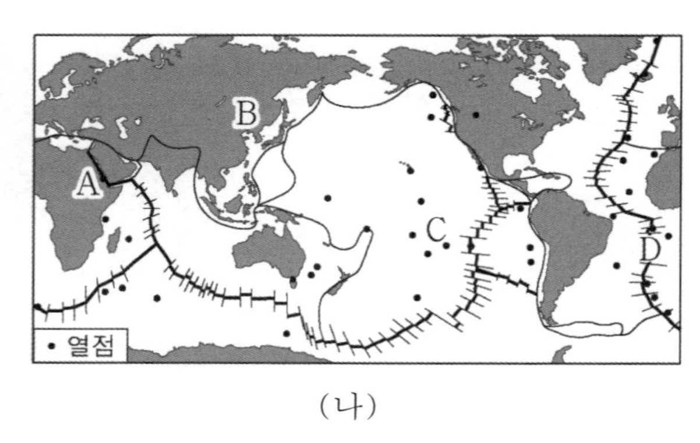

(나)

이에 대한 설명으로 옳은 것만을 <보기>에서 있는 대로 고른 것은? [3점]

<보 기>

ㄱ. A는 ㉠에 해당한다.
ㄴ. 열점은 판과 같은 방향과 속력으로 움직인다.
ㄷ. 대규모의 뜨거운 플룸은 맨틀과 외핵의 경계부에서 생성된다.

① ㄱ ② ㄷ ③ ㄱ, ㄴ ④ ㄴ, ㄷ ⑤ ㄱ, ㄴ, ㄷ

02 2020년 3월 학력평가 3번

그림은 두 지역 (가)와 (나)에서 지하의 온도 분포와 판의 구조를 나타낸 것이다. (가)와 (나)에서는 각각 플룸의 상승류와 하강류 중 하나가 나타난다.

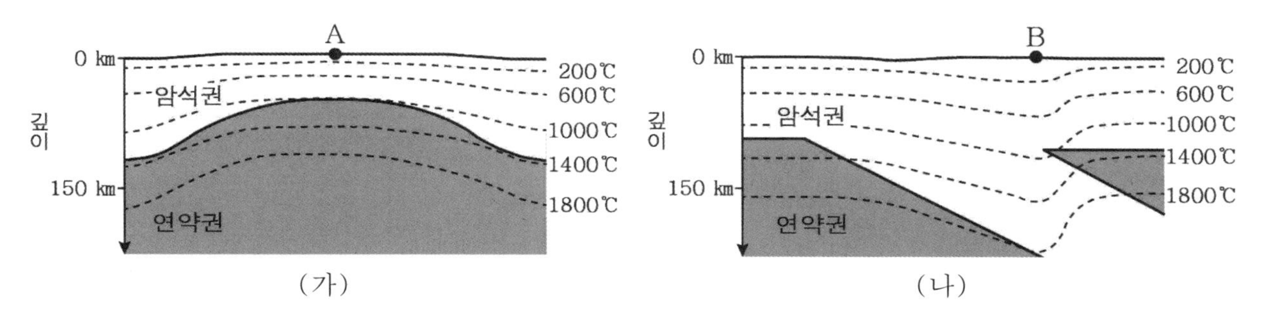

이에 대한 옳은 설명만을 <보기>에서 있는 대로 고른 것은? [3점]

<보 기>

ㄱ. 0 ~ 150km 사이에서 깊이에 따른 온도 증가율은 A보다 B에서 크다.
ㄴ. (가)의 하부에는 차가운 플룸이 존재한다.
ㄷ. (나)에서는 섭입하는 판을 지구 내부로 잡아당기는 힘이 작용하고 있다.

① ㄱ ② ㄷ ③ ㄱ, ㄴ ④ ㄱ, ㄷ ⑤ ㄴ, ㄷ

03 2022학년도 6월 모의평가 6번

그림은 화산 활동으로 형성된 하와이와 그 주변 해산들의 분포를 절대 연령과 함께 나타낸 것이다. B 지점에서 판의 이동 방향은 ㉠과 ㉡ 중 하나이다.

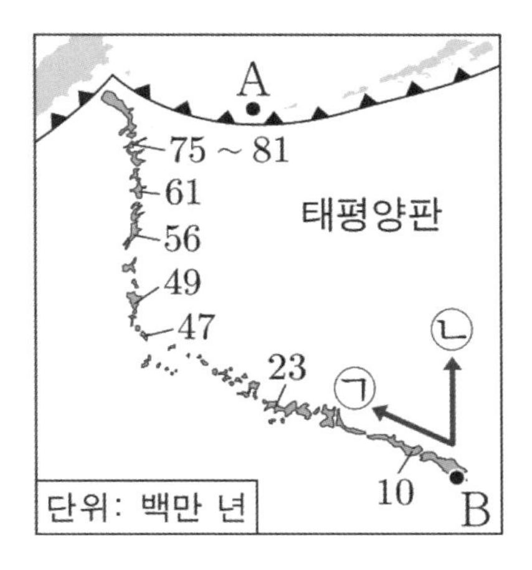

이 자료에 대한 설명으로 옳은 것만을 <보기>에서 있는 대로 고른 것은? [3점]

<보 기>

ㄱ. A 지점의 하부에는 맨틀 대류의 하강류가 있다.
ㄴ. B 지점의 화산은 뜨거운 플룸에 의해 형성되었다.
ㄷ. B 지점에서 판의 이동 방향은 ㉠이다.

① ㄴ ② ㄷ ③ ㄱ, ㄴ ④ ㄱ, ㄷ ⑤ ㄱ, ㄴ, ㄷ

04 2022학년도 대학수학능력시험 2번

그림은 플룸 구조론을 나타낸 모식도이다. A와 B는 각각 차가운 플룸과 뜨거운 플룸 중 하나이다.

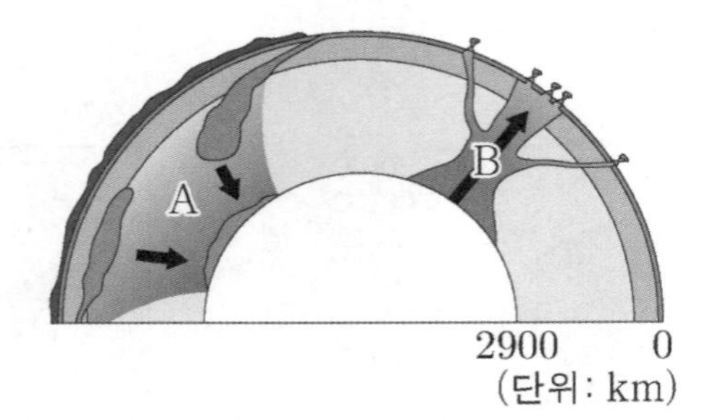

이에 대한 설명으로 옳은 것만을 <보기>에서 있는 대로 고른 것은?

<보 기>

ㄱ. A는 차가운 플룸이다.

ㄴ. B에 의해 호상 열도가 형성된다.

ㄷ. 상부 맨틀과 하부 맨틀 사이의 경계에서 B가 생성된다.

① ㄱ ② ㄴ ③ ㄷ ④ ㄱ, ㄴ ⑤ ㄱ, ㄷ

05 2022학년도 6월 모의평가 4번

그림 (가)는 대서양에서 시추한 지점 P_1~P_7을 나타낸 것이고, (나)는 각 지점에서 가장 오래된 퇴적물의 연령을 판의 경계로부터 거리에 따라 나타낸 것이다.

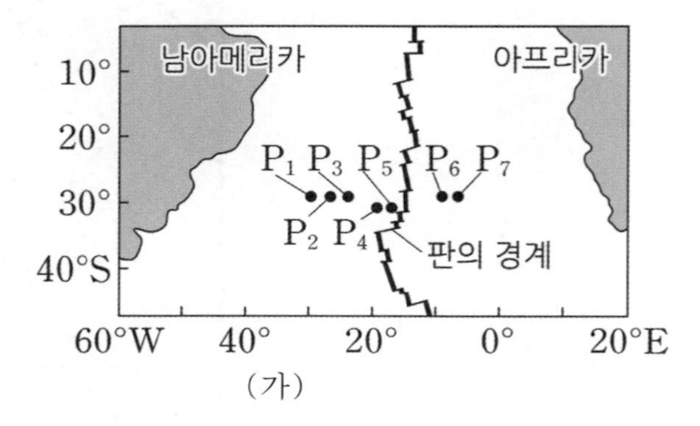

(가)

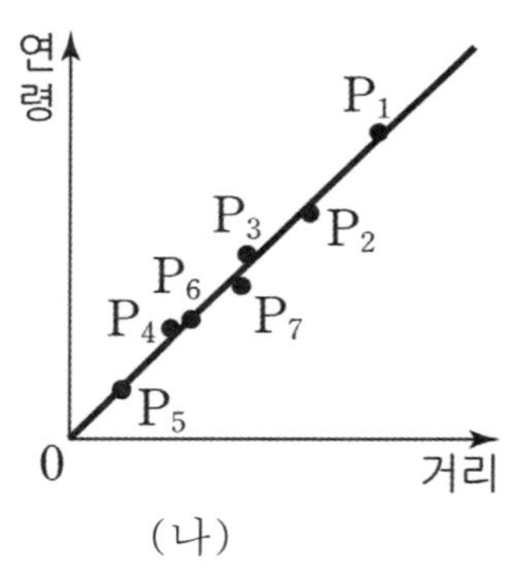

(나)

이에 대한 설명으로 옳은 것만을 <보기>에서 있는 대로 고른 것은?

<보 기>

ㄱ. 가장 오래된 퇴적물의 연령은 P_2가 P_7보다 많다.

ㄴ. 해저 퇴적물의 두께는 P_1에서 P_5로 갈수록 두꺼워진다.

ㄷ. P_3과 P_7 사이의 거리는 점점 증가할 것이다.

① ㄱ ② ㄴ ③ ㄱ, ㄷ ④ ㄴ, ㄷ ⑤ ㄱ, ㄴ, ㄷ

06 2017학년도 대학수학능력시험 16번

그림은 같은 방향으로 이동하는 두 해양판 A와 B의 경계와 진앙의 분포를 모식적으로 나타낸 것이고, 표는 판의 이동 방향과 이동 속력이다.

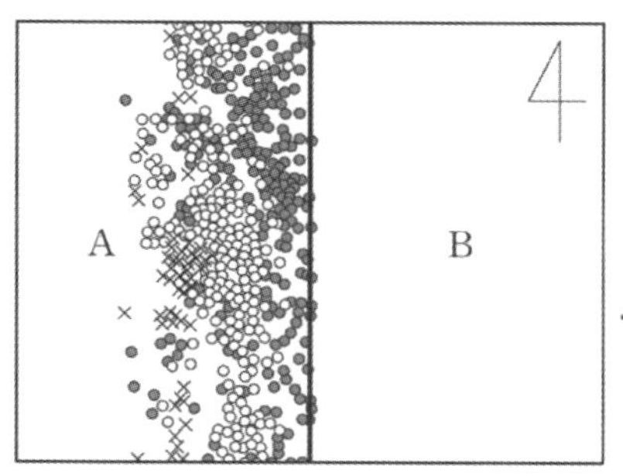

구분	A	B
이동 방향	서쪽	서쪽
이동 속력 (cm/년)	㉠	5

이에 대한 설명으로 옳은 것만을 <보기>에서 있는 대로 고른 것은? [3점]

<보 기>

ㄱ. ㉠은 5보다 작다.
ㄴ. 판의 경계는 맨틀 대류의 하강부에 해당한다.
ㄷ. 판의 경계를 따라 습곡 산맥이 발달한다.

① ㄱ　② ㄷ　③ ㄱ, ㄴ　④ ㄴ, ㄷ　⑤ ㄱ, ㄴ, ㄷ

07 2019학년도 9월 모의평가 6번

그림 (가)는 일본 주변에 있는 판의 경계를, (나)는 (가)의 두 지역에서 섭입하는 판의 깊이를 나타낸 것이다.

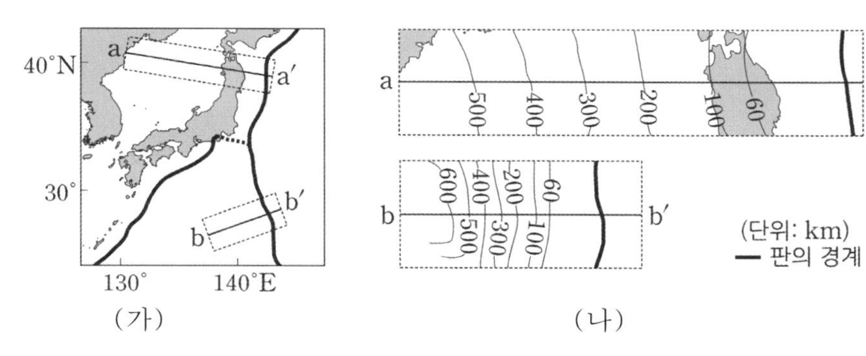

(가)　(나)

이에 대한 설명으로 옳은 것만을 <보기>에서 있는 대로 고른 것은? [3점]

<보 기>

ㄱ. a-a′에는 해구가 존재하는 지점이 있다.
ㄴ. b-b′에서 지진은 판 경계의 서쪽보다 동쪽에서 자주 발생한다.
ㄷ. 섭입하는 판의 기울기는 a-a′이 b-b′ 보다 크다.

① ㄱ　② ㄴ　③ ㄱ, ㄷ　④ ㄴ, ㄷ　⑤ ㄱ, ㄴ, ㄷ

08 2016학년도 대학수학능력시험 17번

그림은 북아메리카 서해안 지역에서 해령, 해구, 변환 단층의 분포를 나타낸 것이다.

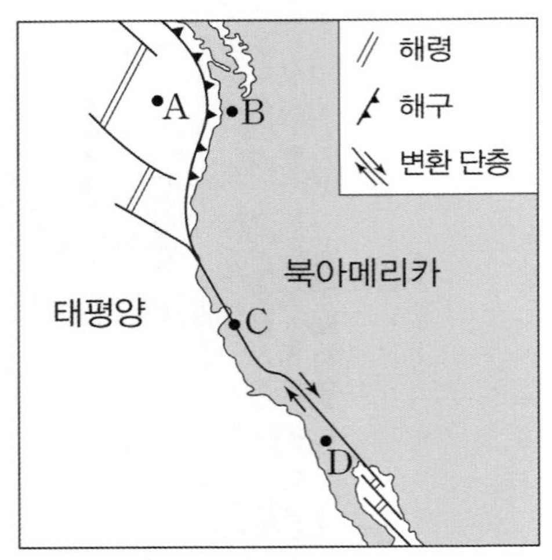

지역 A~D에 대한 설명으로 옳은 것만을 <보기>에서 있는 대로 고른 것은? [3점]

<보 기>

ㄱ. 지각의 두께가 가장 얇은 곳은 A이다.
ㄴ. 천발 지진은 B와 C에서 모두 발생한다.
ㄷ. D는 북아메리카 판에 위치한다.

① ㄱ ② ㄷ ③ ㄱ, ㄴ ④ ㄴ, ㄷ ⑤ ㄱ, ㄴ, ㄷ

09 지Ⅱ 2020학년도 대학수학능력시험 10번

그림 (가)는 판 경계와 해양판 A, B를 나타낸 것이고, (나)는 시간에 따른 A와 B의 확장 속도를 순서 없이 나타낸 것이다.

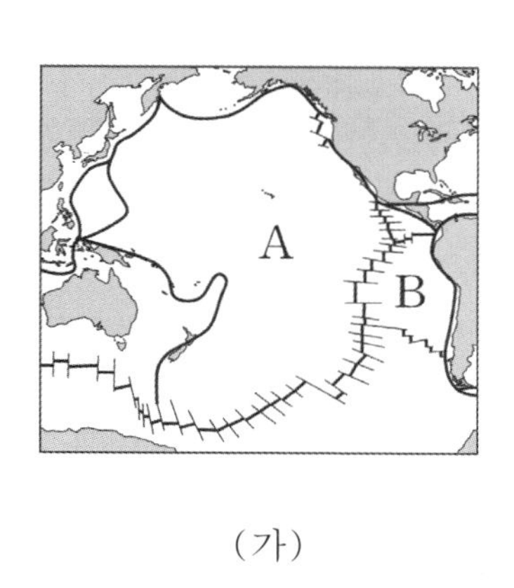

(가)

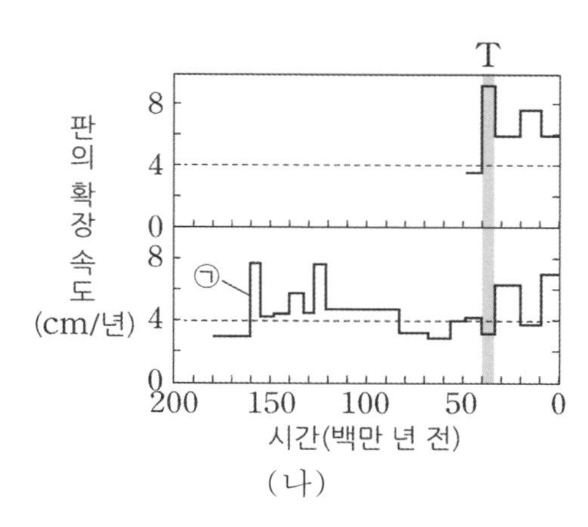

(나)

이 자료에 대한 설명으로 옳은 것만을 <보기>에서 있는 대로 고른 것은? (단, 태평양에서 심해 퇴적물이 쌓이는 속도는 일정하다.) [3점]

<보 기>

ㄱ. ㉠은 A의 확장 속도에 해당한다.

ㄴ. T 기간에 판의 확장 속도는 A가 B보다 빠르다.

ㄷ. T 기간에 생성된 판 위에 쌓인 심해 퇴적물의 두께는 A가 B보다 3배 두껍다

① ㄱ ② ㄴ ③ ㄷ ④ ㄱ, ㄴ ⑤ ㄱ, ㄷ

10 지Ⅱ 2018년 4월 학력평가 17번

그림 (가)는 A판과 B판의 경계를, (나)는 2004년부터 2016년까지 GPS를 이용하여 측정한 두 판의 남북 방향과 동서 방향의 위치를 2016년 말을 기준으로 나타낸 것이다.

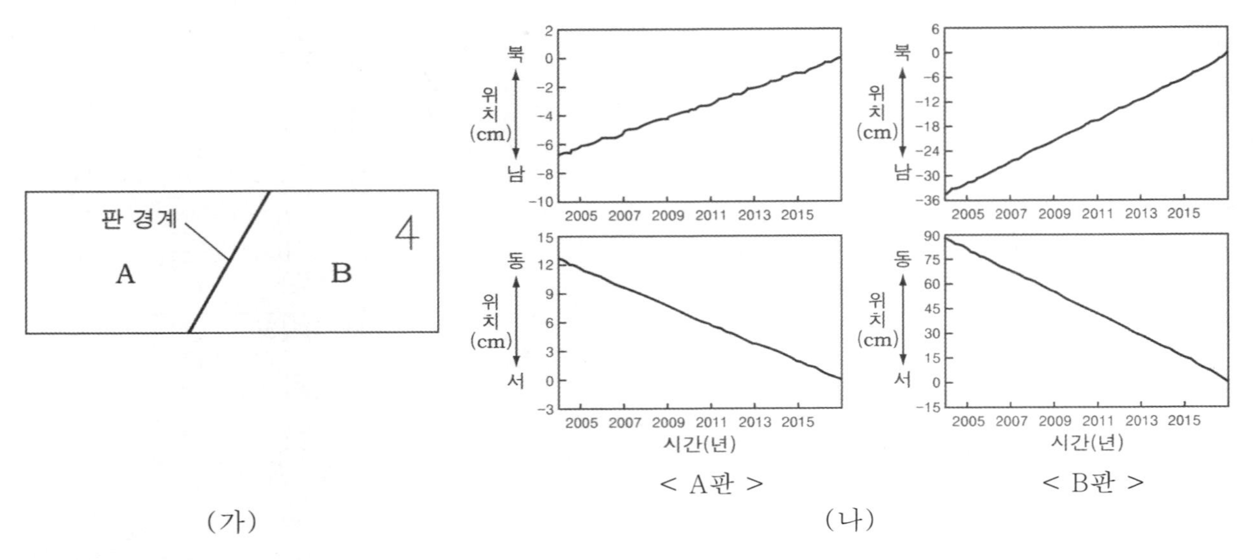

이에 대한 옳은 설명만을 <보기>에서 있는 대로 고른 것은? [3점]

<보 기>

ㄱ. 두 판은 모두 남동 방향으로 이동했다.

ㄴ. 판의 이동 속도는 A보다 B가 빠르다.

ㄷ. (가)의 판 경계는 맨틀 대류의 상승부에 위치한다.

① ㄱ ② ㄴ ③ ㄱ, ㄷ ④ ㄴ, ㄷ ⑤ ㄱ, ㄴ, ㄷ

11 2021학년도 6월 모의평가 7번

그림은 대서양의 해저면에서 판의 경계를 가로지르는 P_1-P_6구간을, 표는 각 지점의 연직 방향에 있는 해수면상에서 음파를 발사하여 해저면에 반사되어 되돌아오는 데 걸리는 시간을 나타낸 것이다.

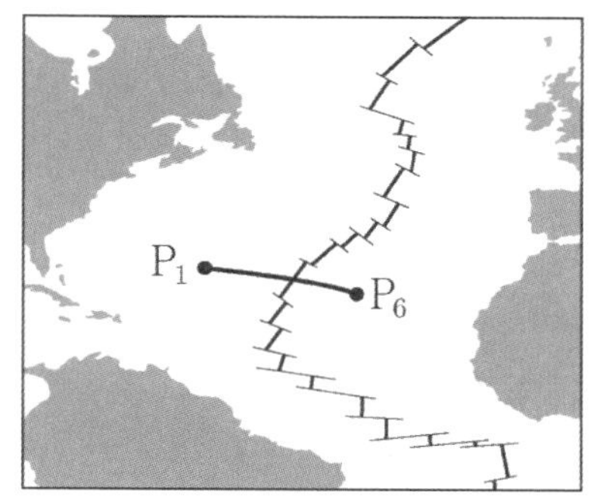

지점	P_1로부터의 거리(km)	시간(초)
P_1	0	7.70
P_2	420	7.36
P_3	840	6.14
P_4	1260	3.95
P_5	1680	6.55
P_6	2100	6.97

이 자료에 대한 옳은 설명만을 <보기>에서 있는 대로 고른 것은? (단, 해수에서 음파의 속도는 일정하다.)

<보 기>

ㄱ. 수심은 P_6이 P_4보다 깊다.

ㄴ. P_3-P_5 구간에는 발산형 경계가 있다.

ㄷ. 해양 지각의 나이는 P_4가 P_2보다 많다.

① ㄱ ② ㄷ ③ ㄱ, ㄴ ④ ㄴ, ㄷ ⑤ ㄱ, ㄴ, ㄷ

12 지Ⅱ 2018학년도 6월 모의평가 13번

그림 (가), (나), (다)는 판 경계부의 변화 과정을 순서 없이 나타낸 것이다.

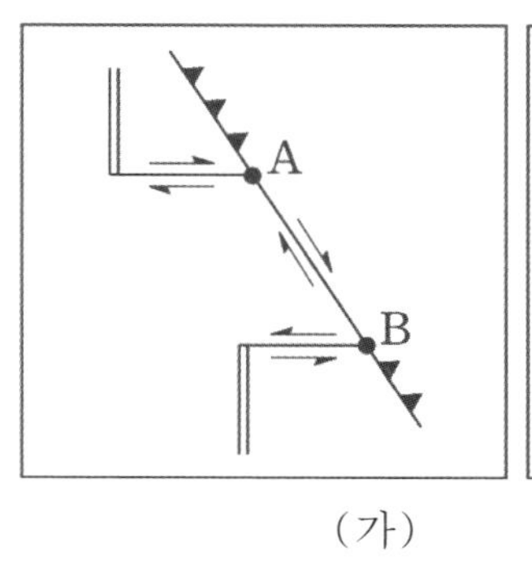

(가)

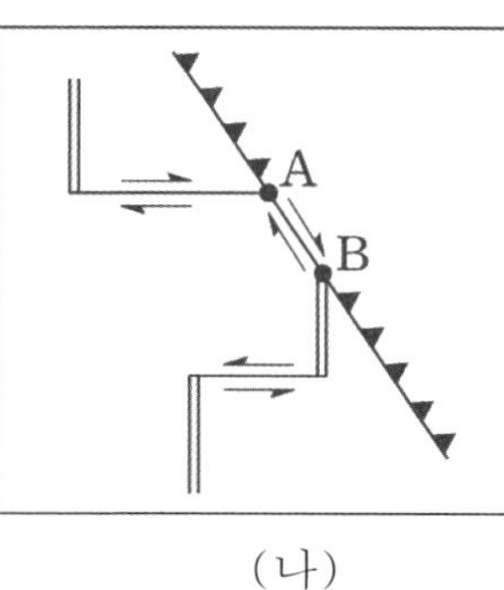

(나)

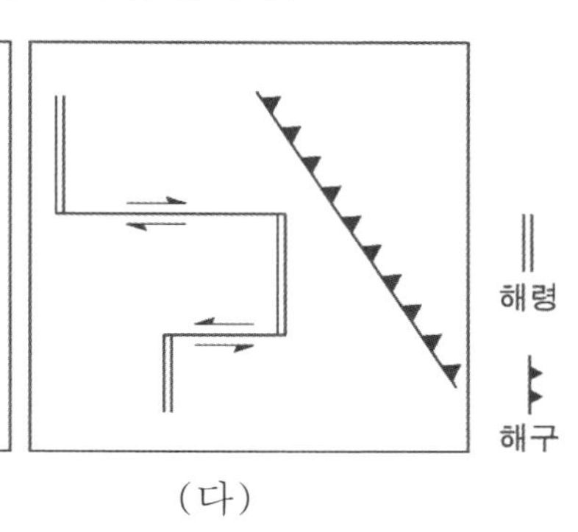

(다)

이에 대한 옳은 설명만을 <보기>에서 있는 대로 고른 것은?

<보 기>

ㄱ. 변화 순서는 (가) → (나) → (다)이다.

ㄴ. (나)에서 해령의 일부가 섭입하여 소멸된다.

ㄷ. 구간 A-B는 발산형 경계이다.

① ㄱ ② ㄴ ③ ㄷ ④ ㄱ, ㄴ ⑤ ㄴ, ㄷ

13 지II 2019년 10월 학력평가 7번

해령으로부터의 거리와 수심에 따른 해양 지각의 연령을 나타낸 것이다.

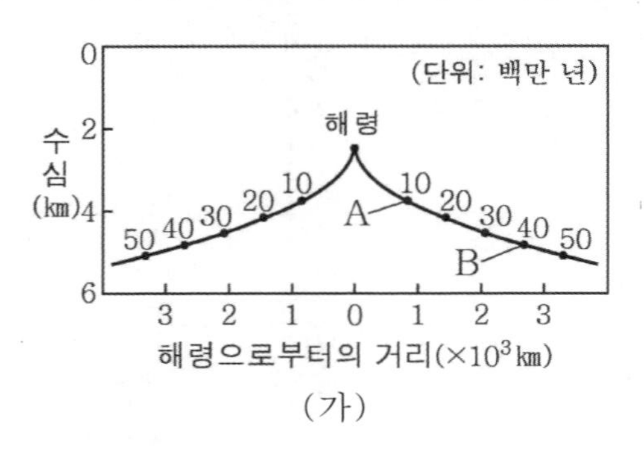

(가)

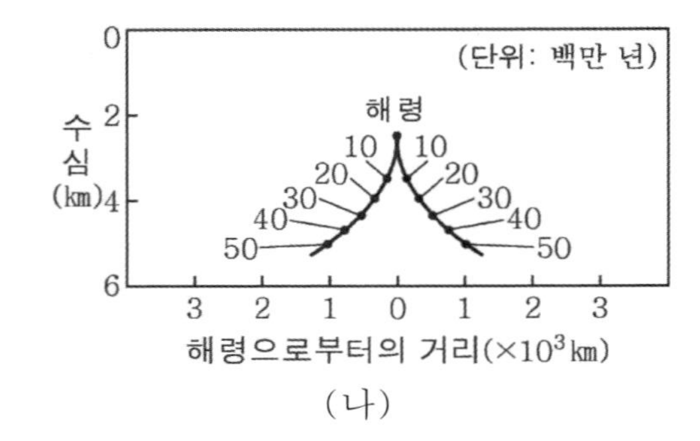

(나)

이에 대한 옳은 설명만을 <보기>에서 있는 대로 고른 것은?

<보 기>

ㄱ. 해령으로부터의 거리에 따른 수심 변화는 (가)보다 (나)에서 작다.
ㄴ. 해양 지각의 확장 속도는 (가)보다 (나)에서 빠르다.
ㄷ. 지각 열류량은 A보다 B에서 작다.

① ㄱ ② ㄷ ③ ㄱ, ㄴ ④ ㄴ, ㄷ ⑤ ㄱ, ㄴ, ㄷ

14 2018학년도 9월 모의평가 17번

그림은 같은 방향으로 이동하는 두 판의 경계 부근에서 발생한 지진의 진앙 분포를 나타낸 것이다. A와 B지역은 서로 다른 판에 위치한다.

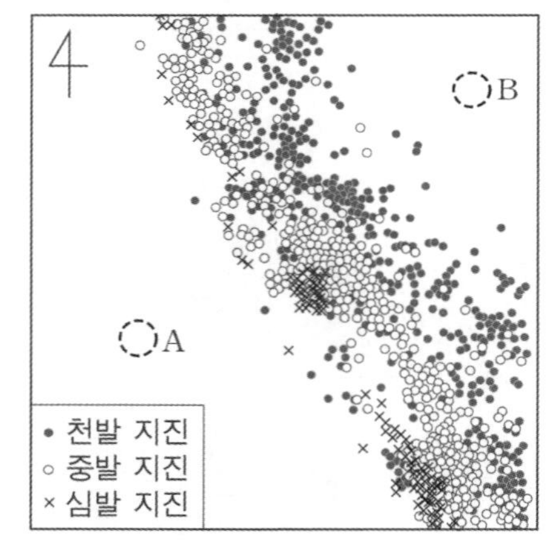

A 지역이 B 지역보다 큰 값을 가지는 것만을 <보기>에서 있는 대로 고른 것은? [3점]

<보 기>

ㄱ. 해구로부터의 거리 ㄴ. 판의 밀도 ㄷ. 판의 이동 속력

① ㄱ ② ㄴ ③ ㄷ ④ ㄱ, ㄴ ⑤ ㄱ, ㄷ

15 2018년 10월 학력평가 8번

그림은 북아메리카 대륙 주변의 판 경계와 섭입하는 판의 깊이를 나타낸 것이다.

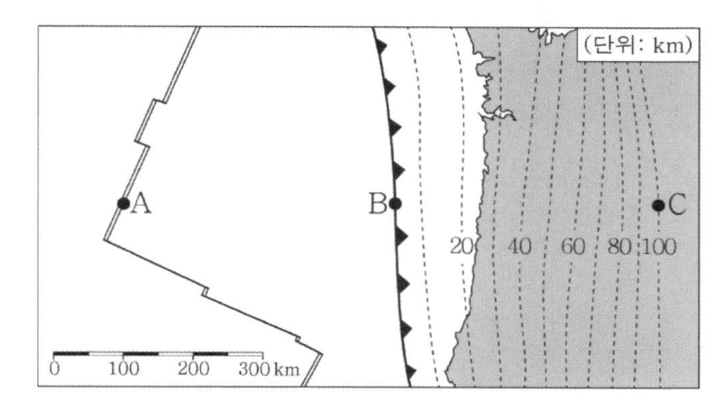

이에 대한 설명으로 옳은 것은? [3점]

① 화산 활동은 A보다 B에서 활발하다.
② B는 맨틀 대류의 상승부에 위치한다.
③ 섭입하는 판의 평균 기울기는 45°보다 크다.
④ A에서 B로 갈수록 해양 지각의 연령은 감소한다.
⑤ B에서 C로 갈수록 진원의 깊이는 대체로 깊어진다.

16 2020학년도 9월 모의평가 14번

그림은 중앙아메리카 어느 지역의 판 경계와 진앙 분포를 나타낸 것이다.

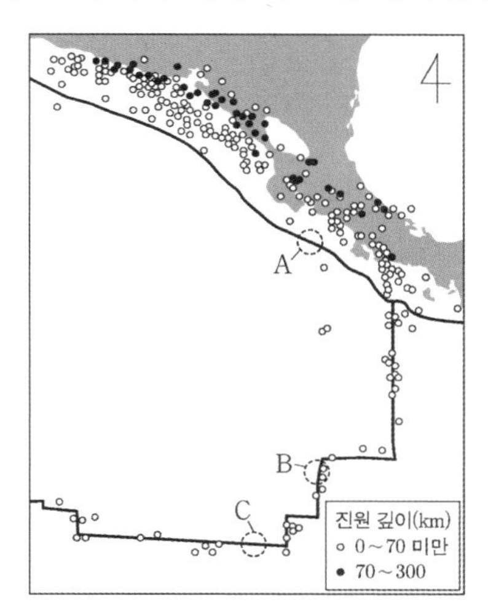

지역 A, B, C에 대한 설명으로 옳은 것만을 <보기>에서 있는 대로 고른 것은? [3점]

<보 기>

ㄱ. C에서 인접한 두 판의 이동 방향은 대체로 동서 방향이다.
ㄴ. 인접한 두 판의 밀도 차는 A가 C보다 크다.
ㄷ. 인접한 두 판의 나이 차는 B가 C보다 크다.

① ㄱ ② ㄴ ③ ㄷ ④ ㄱ, ㄴ ⑤ ㄴ, ㄷ

17 2017학년도 9월 모의평가 13번

그림은 같은 속력으로 이동하는 두 판의 경계를 모식적으로 나타낸 것이다. A-B 구간에서 측정한 해양 지각의 나이를 나타낸 것으로 가장 적절한 것은? [3점]

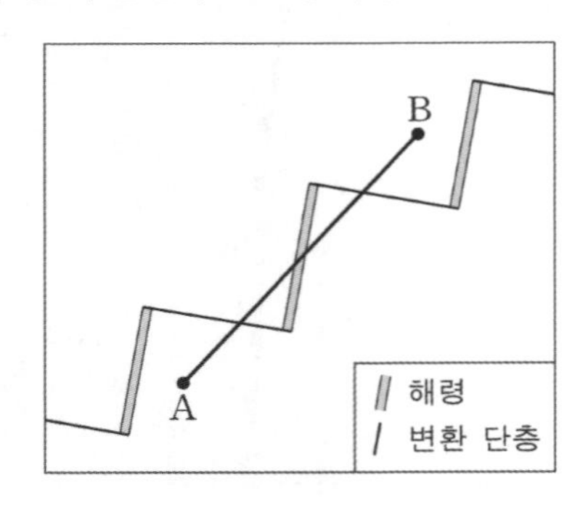

① 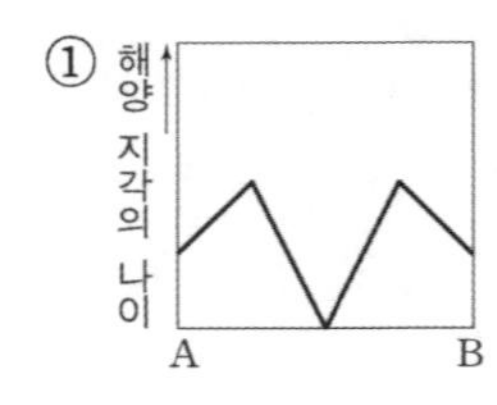

② 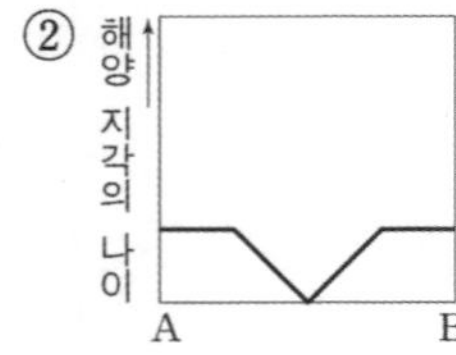

③ 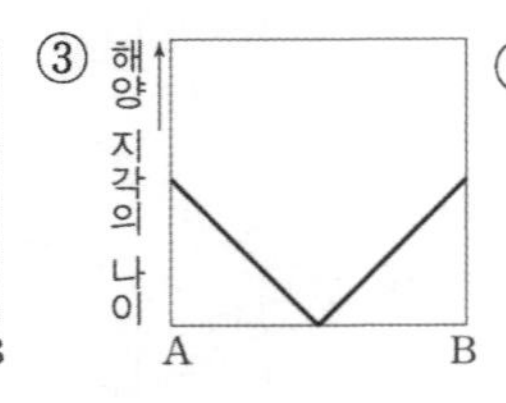

④ 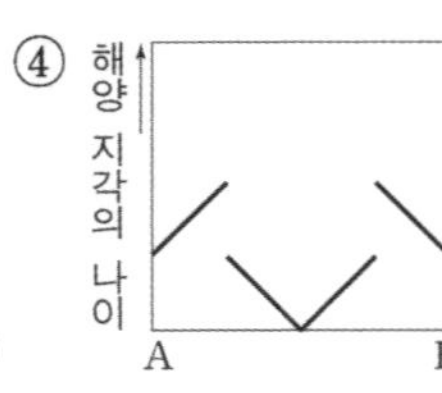

⑤ 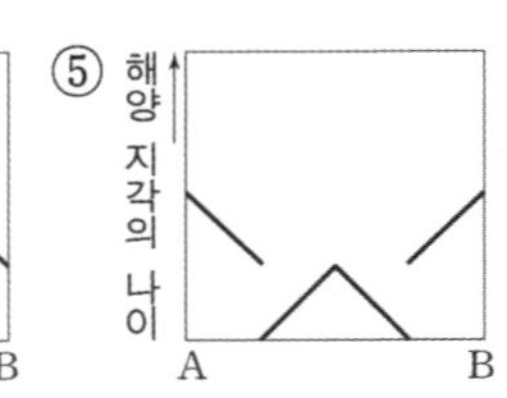

18 2016학년도 9월 모의평가 20번

그림은 해양 지각에 분포하는 단층선들 중 일부를 나타낸 것이다. 지진이 자주 발생하는 단층선은 굵은 실선(━)으로, 지진이 거의 발생하지 않는 단층선은 얇은 실선(─)으로 표시하였다. 이에 대한 설명으로 옳은 것만을 <보기>에서 있는 대로 고른 것은?

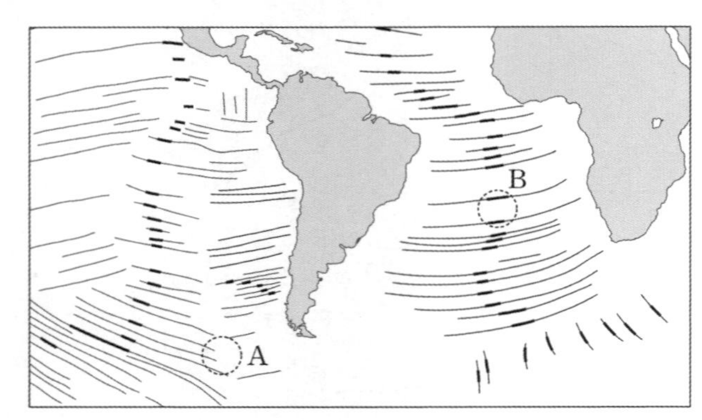

<보 기>

ㄱ. 굵은 실선(━)으로 표시된 단층선은 변환 단층을 나타낸다.

ㄴ. 얇은 실선(─)으로 표시된 단층선은 형성 당시의 판의 이동 방향과 나란하다.

ㄷ. A와 B 지역에서는 모두 새로운 해양 지각이 생성되고 있다.

① ㄱ　② ㄷ　③ ㄱ, ㄴ　④ ㄴ, ㄷ　⑤ ㄱ, ㄴ, ㄷ

19 지II 2020학년도 6월 모의평가 20번

그림은 동서 방향으로 이동하는 두 해양판의 경계와 이동 속도를 나타낸 것이다. 고지자기 줄무늬가 해령을 축으로 대칭일 때, 이에 대한 설명으로 옳은 것만을 <보기>에서 있는 대로 고른 것은? [3점]

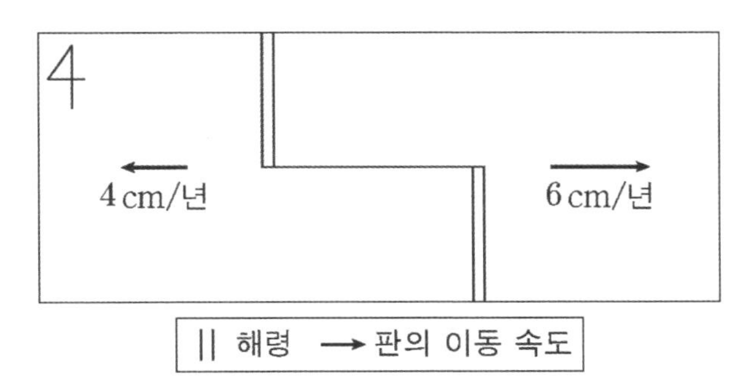

<보 기>

ㄱ. 두 해양판의 경계에는 변환 단층이 있다.
ㄴ. 해령에서 두 해양판은 1년에 각각 5cm씩 생성된다.
ㄷ. 해령은 1년에 2cm씩 동쪽으로 이동한다.

① ㄱ ② ㄷ ③ ㄱ, ㄴ ④ ㄴ, ㄷ ⑤ ㄱ, ㄴ, ㄷ

20 2022학년도 9월 모의평가 8번

그림 (가)와 (나)는 남아메리카와 아프리카 주변에서 발생한 지진의 진앙 분포를 나타낸 것이다. 지역 ㉠과 ㉡에 대한 설명으로 옳은 것만을 <보기>에서 있는 대로 고른 것은?

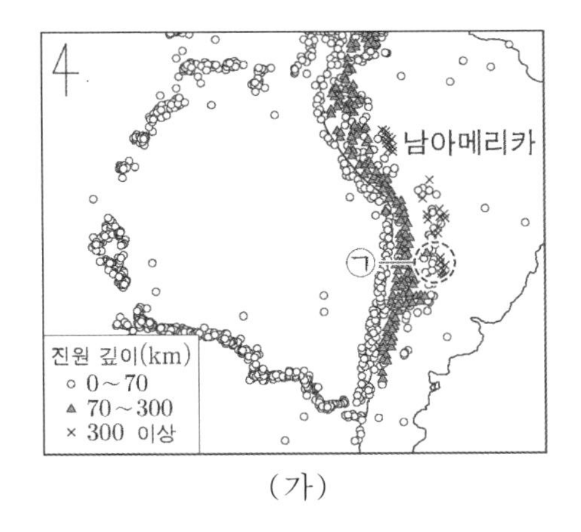

(가)

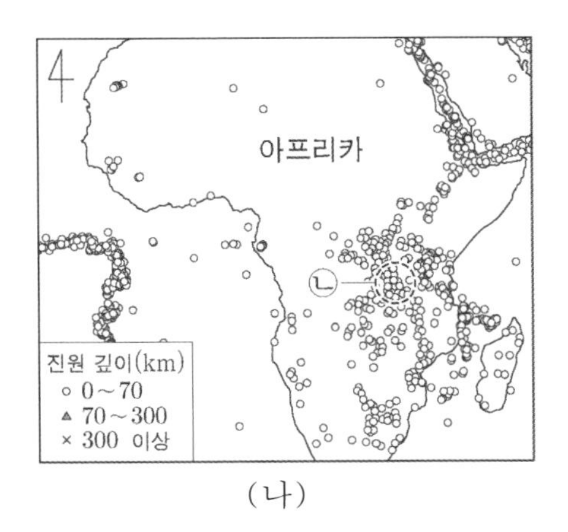

(나)

<보 기>

ㄱ. ㉠의 하부에는 침강하는 해양판이 잡아당기는 힘이 작용한다.
ㄴ. ㉡의 하부에는 외핵과 맨틀의 경계부에서 상승 하는 플룸이 있다.
ㄷ. 진원의 평균 깊이는 ㉠이 ㉡보다 깊다.

① ㄱ ② ㄷ ③ ㄱ, ㄴ ④ ㄴ, ㄷ ⑤ ㄱ, ㄴ, ㄷ

21 지Ⅱ 2018학년도 대학수학능력시험 3번

그림은 마그마 A와 B의 화학 조성을 질량비(%)로 나타낸 것이다. A와 B는 각각 현무암질 마그마와 유문암질 마그마 중 하나이다. 이에 대한 설명으로 옳은 것만을 <보기>에서 있는 대로 고른 것은? [3점]

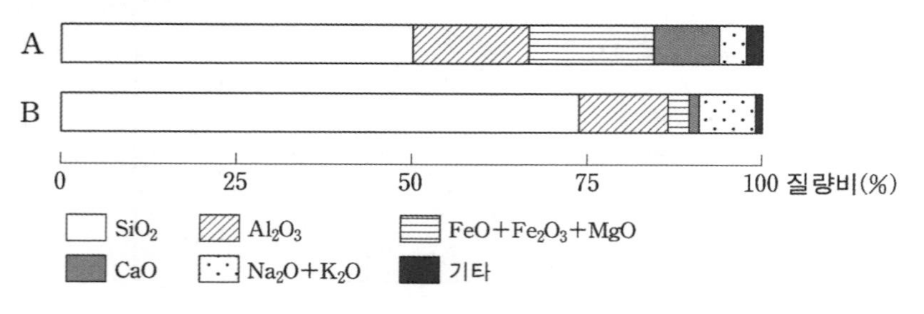

<보 기>

ㄱ. A는 유문암질 마그마이다.
ㄴ. CaO의 질량비는 A가 B보다 크다.
ㄷ. 유색 광물은 A보다 B에서 많이 정출된다.

① ㄱ　② ㄴ　③ ㄱ, ㄴ　④ ㄴ, ㄷ　⑤ ㄱ, ㄴ, ㄷ

22 지Ⅱ 2016년 4월 학력평가 10번

그림은 화성암의 종류와 이를 구성하는 조암 광물의 부피비를 나타낸 것이다. 이에 대한 설명으로 옳은 것만을 <보기>에서 있는 대로 고른 것은?

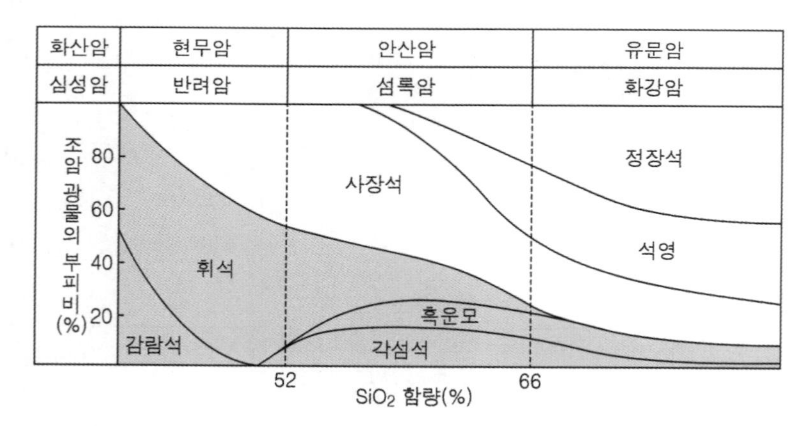

<보 기>

ㄱ. 광물 결정의 크기는 안산암이 섬록암보다 크다.
ㄴ. 유색 광물이 차지하는 부피비는 반려암이 화강암 보다 크다.
ㄷ. SiO_2의 함량이 많을수록 암석의 밀도는 작다.

① ㄱ　② ㄷ　③ ㄱ, ㄴ　④ ㄴ, ㄷ　⑤ ㄱ, ㄴ, ㄷ

23 2020년 4월 학력평가 3번

그림 (가)는 섭입대 부근에서 생성된 마그마 A와 B의 위치를, (나)는 마그마 X와 Y의 성질을 나타낸 것이다. A와 B는 각각 X와 Y 중 하나이다. 이에 대한 설명으로 옳은 것만을 <보기>에서 있는 대로 고른 것은?

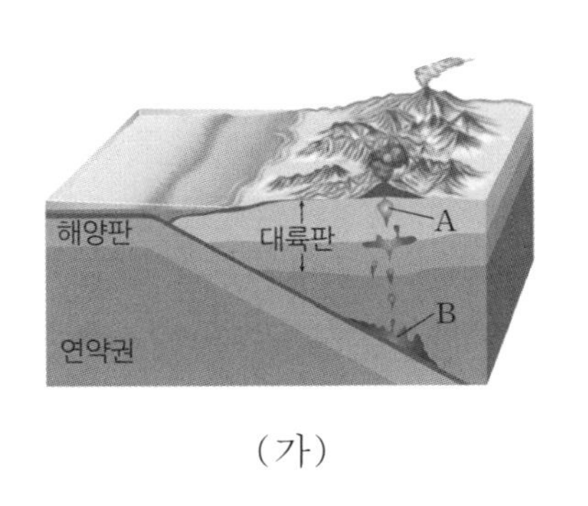

(가)

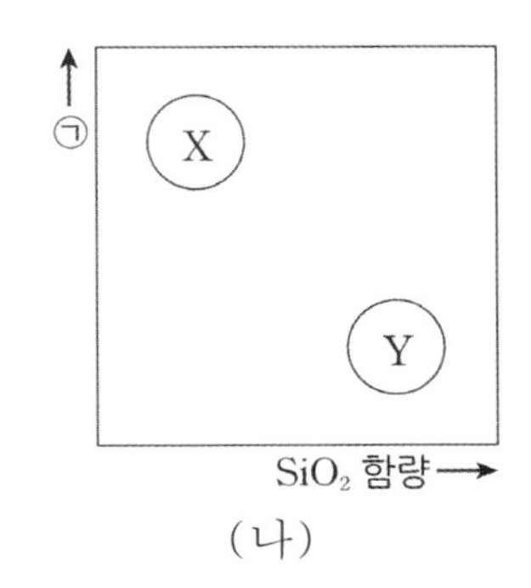

(나)

<보 기>

ㄱ. A는 X이다.
ㄴ. B가 생성될 때, 물은 암석의 용융점을 낮추는 역할을 한다.
ㄷ. 온도는 ㉠에 해당하는 물리량이다.

① ㄱ ② ㄷ ③ ㄱ, ㄴ ④ ㄴ, ㄷ ⑤ ㄱ, ㄴ, ㄷ

24 2021학년도 6월 모의평가 6번

그림 (가)는 지하 온도 분포와 암석의 용융 곡선 ㉠, ㉡, ㉢을, (나)는 마그마가 분출되는 지역 A와 B를 나타낸 것이다. 이에 대한 설명으로 옳은 것만을 <보기>에서 있는 대로 고른 것은?

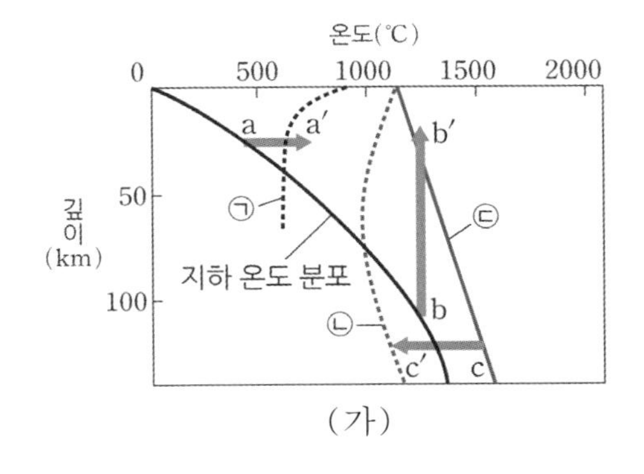

(가)

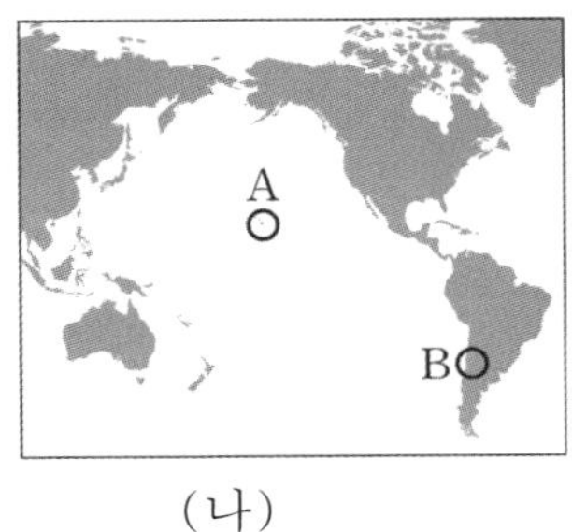

(나)

<보 기>

ㄱ. (가)에서 물이 포함된 암석의 용융 곡선은 ㉠과 ㉡이다.
ㄴ. B에서는 주로 현무암질 마그마가 분출된다.
ㄷ. A에서 분출되는 마그마는 주로 c → c' 과정에 의해 생성된다.

① ㄱ ② ㄴ ③ ㄷ ④ ㄱ, ㄴ ⑤ ㄴ, ㄷ

25 2022학년도 6월 모의평가 3번

그림은 SiO_2 함량과 결정 크기에 따라 화성암 A, B, C의 상대적인 위치를 나타낸 것이다. A, B, C는 각각 유문암, 현무암, 화강암 중 하나이다. 이에 대한 설명으로 옳은 것만을 <보기>에서 있는 대로 고른 것은?

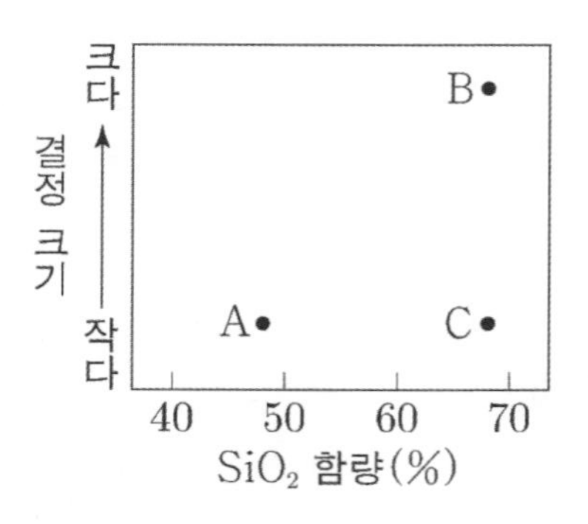

<보 기>

ㄱ. C는 화강암이다.
ㄴ. B는 A보다 천천히 냉각되어 생성된다.
ㄷ. B는 주로 해령에서 생성된다.

① ㄱ ② ㄴ ③ ㄷ ④ ㄱ, ㄴ ⑤ ㄴ, ㄷ

26 지II 2019년 4월 학력평가 6번

그림은 서로 다른 두 암석의 조암 광물 부피비(%)를 나타낸 것이다. (가)와 (나)는 각각 현무암과 화강암 중 하나이다. 인왕산을 구성하는 암석에 대한 옳은 설명만을 <보기>에서 있는 대로 고른 것은? [3점]

(가)

(나)

<보 기>

ㄱ. (가)는 현무암이다.
ㄴ. 유색 광물의 부피비는 (가)보다 (나)가 크다.
ㄷ. 광물 입자의 크기는 대체로 (가)보다 (나)가 크다.

① ㄱ ② ㄴ ③ ㄱ, ㄴ ④ ㄴ, ㄷ ⑤ ㄱ, ㄴ, ㄷ

27 지Ⅱ 2020학년도 6월 모의평가 11번

그림 (가)는 지하의 온도 분포와 암석의 용융 곡선을, (나)는 마그마가 생성되는 장소 A, B, C를 모식적으로 나타낸 것이다. (가)에서 a와 b는 현무암의 용융 곡선과 물을 포함한 화강암의 용융 곡선을 순서 없이 나타낸 것이다. 이에 대한 설명으로 옳지 않은 것은?

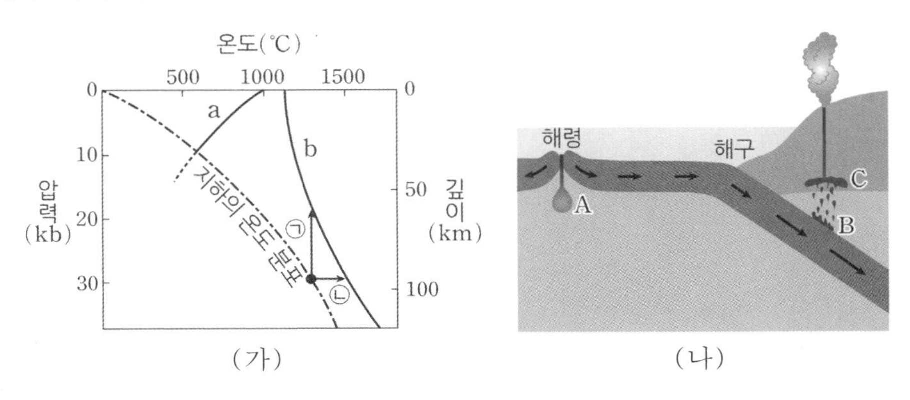

(가) (나)

① a는 물을 포함한 화강암의 용융 곡선이다.
② 압력이 증가하면 현무암의 용융 온도는 증가한다.
③ A에서는 (가)의 ㉠ 과정에 의하여 마그마가 생성된다.
④ B에서는 (가)의 ㉡ 과정에 의하여 마그마가 생성된다.
⑤ C에서는 유문암질 마그마가 생성될 수 있다.

28 2021학년도 9월 모의평가 9번

그림은 해양판이 섭입하면서 마그마가 생성되는 어느 해구 지역의 지진파 단층 촬영 영상을 나타낸 것이다. 이에 대한 설명으로 옳은 것만을 <보기>에서 있는 대로 고른 것은? [3점]

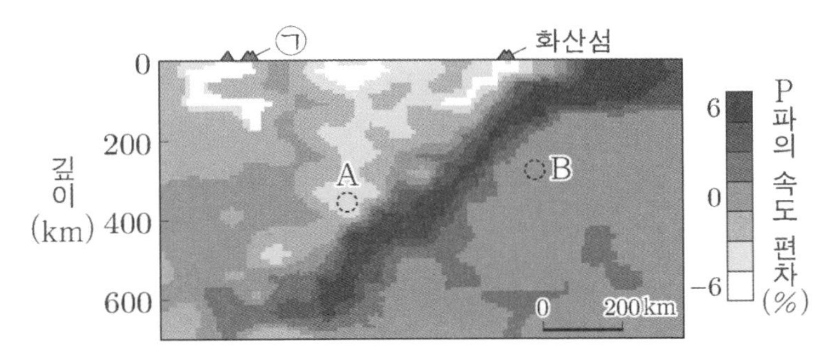

<보 기>

ㄱ. ㉠은 열점이다.
ㄴ. A 지점에서는 주로 SiO_2의 함량이 52% 보다 낮은 마그마가 생성된다.
ㄷ. B 지점은 맨틀 대류의 하강부이다.

① ㄱ ② ㄴ ③ ㄱ, ㄴ ④ ㄴ, ㄷ ⑤ ㄱ, ㄴ, ㄷ

29 2022학년도 9월 모의평가 13번

그림은 대륙과 해양의 지하 온도 분포를 나타낸 것이고, ㉠, ㉡, ㉢은 암석의 용융 곡선이다. 이 자료에 대한 설명으로 옳은 것만을 <보기>에서 있는 대로 고른 것은? [3점]

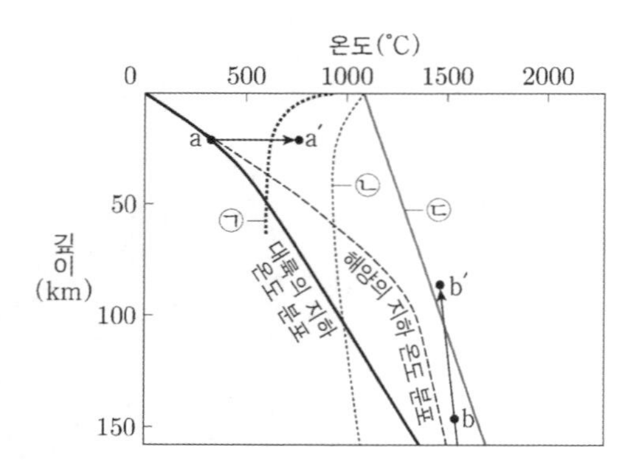

<보 기>

ㄱ. a → a' 과정으로 생성되는 마그마는 b → b' 과정으로 생성되는 마그마보다 SiO_2 함량이 많다.

ㄴ. b → b' 과정으로 상승하고 있는 물질은 주위보다 온도가 높다.

ㄷ. 물의 공급에 의해 맨틀 물질의 용융이 시작되는 깊이는 해양 하부에서가 대륙 하부에서보다 깊다.

① ㄱ ② ㄷ ③ ㄱ, ㄴ ④ ㄴ, ㄷ ⑤ ㄱ, ㄴ, ㄷ

30 2022학년도 대학수학능력시험 9번

그림 (가)는 깊이에 따른 지하의 온도 분포와 암석의 용융 곡선을 나타낸 것이고, (나)는 반려암과 화강암을 A와 B로 순서 없이 나타낸 것이다. A와 B는 각각 (가)의 ㉠ 과정과 ㉡ 과정으로 생성된 마그마가 굳어진 암석 중 하나이다. 이에 대한 설명으로 옳은 것만을 <보기>에서 있는 대로 고른 것은?

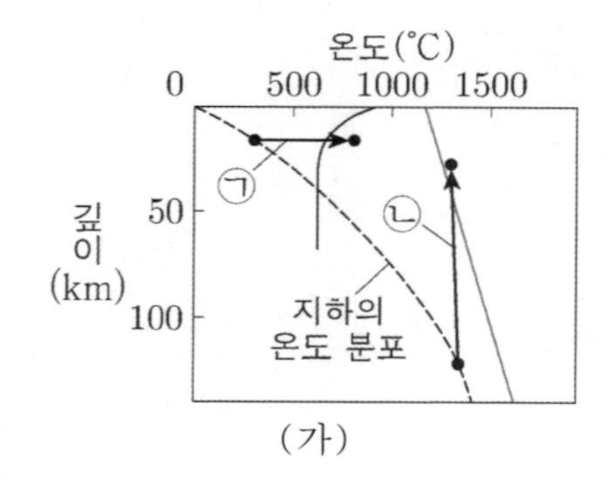

(가)

A

B

(나)

<보 기>

ㄱ. ㉠ 과정으로 생성된 마그마가 굳으면 B가 된다.

ㄴ. ㉡ 과정에서는 열이 공급되지 않아도 마그마가 생성된다.

ㄷ. SiO_2 함량(%)은 A가 B보다 높다.

① ㄱ ② ㄷ ③ ㄱ, ㄴ ④ ㄴ, ㄷ ⑤ ㄱ, ㄴ, ㄷ

31 지II 2016년 4월 학력평가 16번

그림은 해령 A, B, C 부근의 고지자기 분포 자료를 통해 구한 해양 지각의 나이를 해령으로부터의 거리에 따라 나타낸 것이다. 이에 대한 설명으로 옳은 것만을 <보기>에서 있는 대로 고른 것은? [3점]

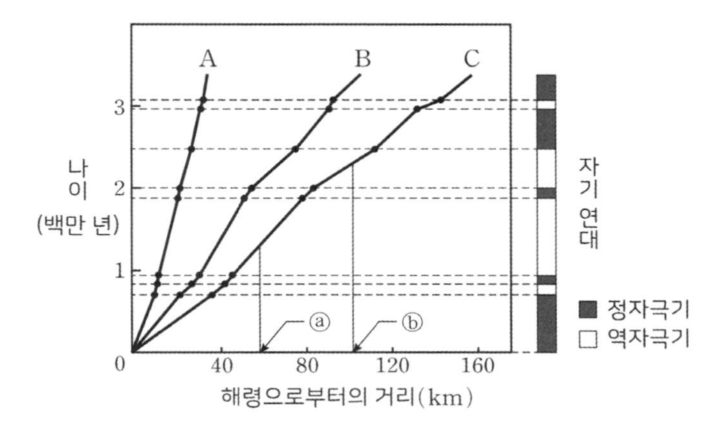

<보 기>

ㄱ. 150만 년 전의 지구 자기장은 정자극기에 해당 한다.

ㄴ. 평균 해저 확장 속도가 가장 빠른 곳은 C 부근이다.

ㄷ. 해령 C로부터 거리가 ⓑ인 지점은 ⓐ인 지점보다 해저 퇴적물의 두께가 두꺼울 것이다.

① ㄱ ② ㄴ ③ ㄱ, ㄷ ④ ㄴ, ㄷ ⑤ ㄱ, ㄴ, ㄷ

32 지II 2018년 4월 학력평가 16번

다음은 어느 해령 부근 고지자기 분포의 특징이다.

○ 가장 최근에 생성된 해양 지각은 정자극기에 해당한다.

○ 역자극기가 4회 있었다.

○ 해령을 중심으로 고지자기 분포가 대칭적으로 나타난다.

이 해령 부근의 고지자기 분포를 나타낸 모식도로 가장 적절한 것은? [3점]

(단, ■은 정자극기, □은 역자극기이다.)

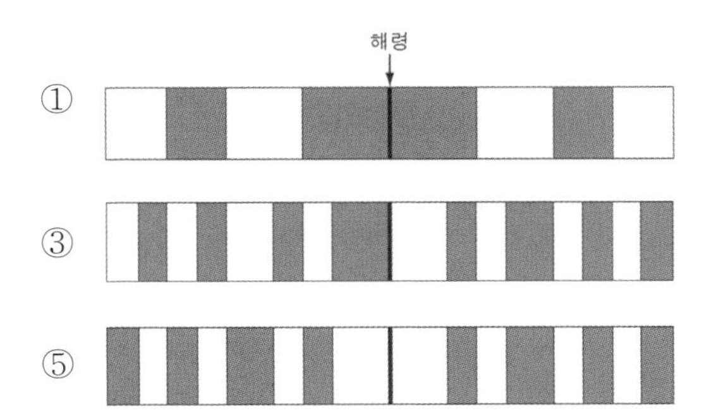

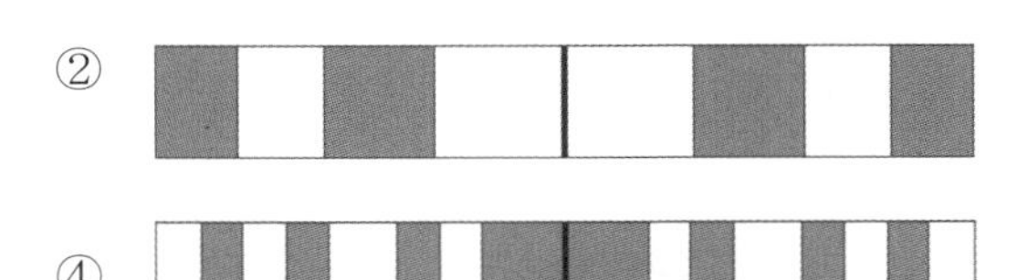

33 지Ⅱ 2019학년도 대학수학능력시험 19번

그림은 어느 지괴의 현재 위치와 시기별 고지자기극 위치를 나타낸 것이다. 고지자기극은 이 지괴의 고지자기 방향으로 추정한 지리상 북극이고, 실제 지리상 북극의 위치는 변하지 않았다.

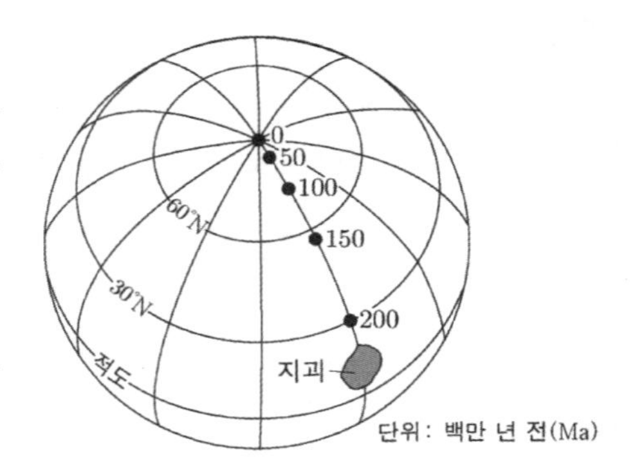

이 지괴에 대한 설명으로 옳은 것만을 <보기>에서 있는 대로 고른 것은? [3점]

<보 기>

ㄱ. 200Ma에는 남반구에 위치하였다.
ㄴ. 150Ma ~ 100Ma 동안 고지자기 복각은 감소하였다.
ㄷ. 200Ma ~ 0Ma 동안 이동 속도는 점점 빨라졌다.

① ㄱ ② ㄴ ③ ㄷ ④ ㄱ, ㄴ ⑤ ㄴ, ㄷ

34 지Ⅱ 2016학년도 대학수학능력시험 20번

그림 (가)와 (나)는 서로 다른 두 해령 부근의 고지자기 분포를 나타낸 모식도이다.

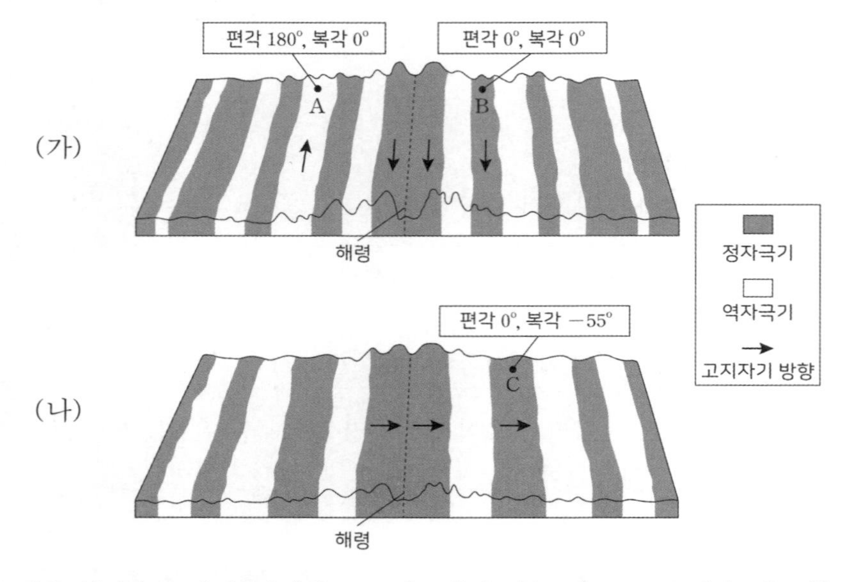

A, B, C 지역에 대한 설명으로 옳은 것만을 <보기>에서 있는 대로 고른 것은? [3점]

<보 기>

ㄱ. A는 B보다 먼저 생성되었다.
ㄴ. B는 서쪽 방향으로 이동한다.
ㄷ. C는 생성 당시 남반구에 위치하였다.

① ㄱ ② ㄷ ③ ㄱ, ㄴ ④ ㄴ, ㄷ ⑤ ㄱ, ㄴ, ㄷ

35 지II 2019학년도 9월 모의평가 20번

그림은 어느 지괴의 현재 위치와 시기별 고지자기극 위치를 나타낸 것이다. 고지자기극은 고지자기 방향으로부터 추정한 지리상 북극이고, 실제 진북은 변하지 않았다. 그림의 경도선과 위도선 간격은 각각 30°이다.

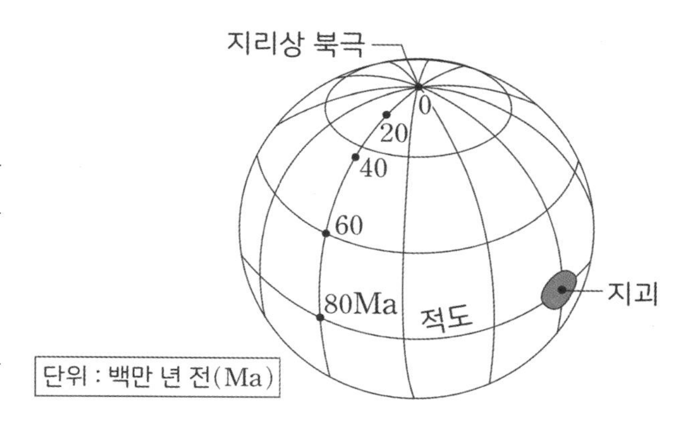

이 기간 동안 지괴에 대한 설명으로 옳은 것만을 <보기>에서 있는 대로 고른 것은?[3점]

<보 기>

ㄱ. 고지자기 복각이 감소하였다.
ㄴ. 시계 반대 방향으로 회전하였다.
ㄷ. 90° 회전하였다.

① ㄱ ② ㄷ ③ ㄱ, ㄴ ④ ㄴ, ㄷ ⑤ ㄱ, ㄴ, ㄷ

36 지II 2018학년도 9월 모의평가 19번

그림은 북반구에 위치한 어느 해령의 이동을 알아보기 위해 해령 주변 암석에 기록된 고지자기 복각과 고지자기로 추정한 진북 방향을 진앙 분포와 함께 나타낸 모식도이다.

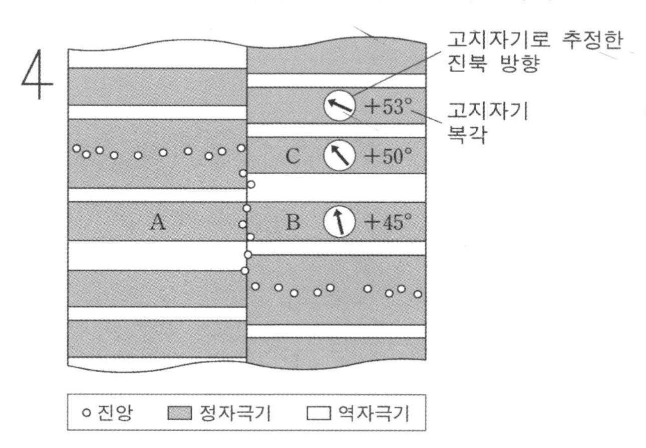

이에 대한 설명으로 옳은 것만을 <보기>에서 있는 대로 고른 것은? (단, 진북의 위치는 변하지 않았다.) [3점]

<보 기>

ㄱ. A와 B는 같은 시기에 생성되었다.
ㄴ. 해령은 C 시기 이후에 고위도로 이동하였다.
ㄷ. 이 해령은 시계 반대 방향으로 회전해 오면서 현재에 이르렀다.

① ㄱ ② ㄴ ③ ㄱ, ㄷ ④ ㄴ, ㄷ ⑤ ㄱ, ㄴ, ㄷ

37 지Ⅱ 2017학년도 9월 모의평가 16번

그림은 위도 50°S에 위치한 어느 해령 부근의 고지자기 분포를 나타낸 모식도이다. 지역 A와 B에 대한 설명으로 옳은 것만을 <보기>에서 있는 대로 고른 것은? [3점]

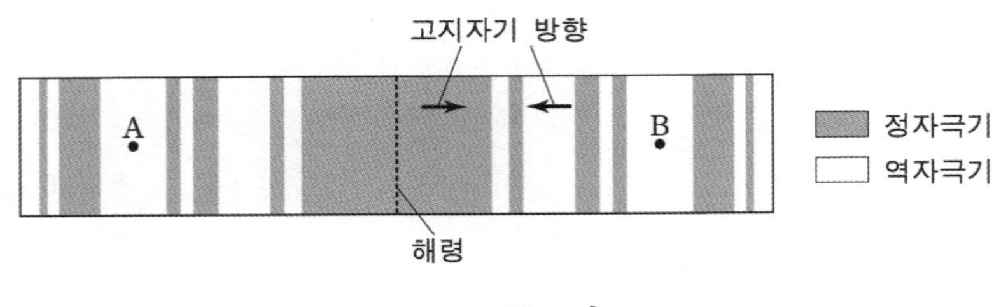

<보 기>

ㄱ. A에서 고지자기 방향은 남쪽을 가리킨다.
ㄴ. 고지자기 복각은 A가 B보다 크다.
ㄷ. A는 B보다 저위도에 위치한다.

① ㄱ ② ㄴ ③ ㄱ, ㄷ ④ ㄴ, ㄷ ⑤ ㄱ, ㄴ, ㄷ

38 지Ⅱ 2017학년도 대학수학능력시험 19번

표는 대륙의 이동을 알아보기 위해 어느 지괴의 암석에 기록된 지질 시대별 고지자기 복각과 진북 방향을 나타낸 것이다.

지질 시대	쥐라기	전기 백악기	후기 백악기	제3기
고지자기 복각	+25°	+36°	+44°	+50°
진북 방향	지괴, 63°	35°	17°	0°

(←--- 진북 방향 ← 고지자기로 추정한 진북방향)

이 지괴에 대한 설명으로 옳은 것만을 <보기>에서 있는 대로 고른 것은? (단, 진북의 위치는 변하지 않았다.)

<보 기>

ㄱ. 제3기에 북반구에 위치하였다.
ㄴ. 백악기 동안 고위도 방향으로 이동하였다.
ㄷ. 쥐라기 이후 시계 방향으로 회전하였다.

① ㄱ ② ㄷ ③ ㄱ, ㄴ ④ ㄴ, ㄷ ⑤ ㄱ, ㄴ, ㄷ

39 지II 2016학년도 6월 모의평가 20번

그림 (가)는 어느 화산암체에 대한 고지자기 및 절대 연령 측정결과이고, (나)는 최근 360만 년 동안의 고지자기 연대표이다.

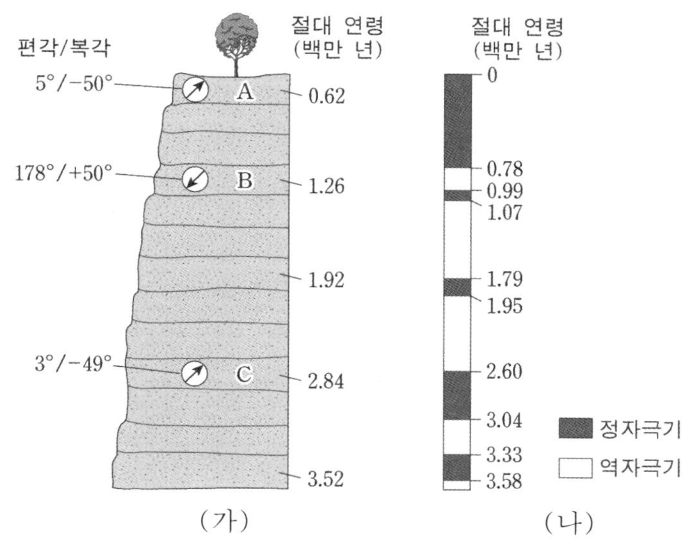

(가) (나)

화산암 A, B, C에 대한 설명으로 옳은 것만을 <보기>에서 있는 대로 고른 것은? [3점]

<보 기>

ㄱ. A가 형성될 당시에 이 화산암체는 남반구에 위치하였다.
ㄴ. B가 형성된 이후 이 화산암체는 북반구에서 남반구로 이동하였다.
ㄷ. C가 형성된 이후 현재까지 역자극기는 3회 있었다.

① ㄱ ② ㄴ ③ ㄱ, ㄷ ④ ㄴ, ㄷ ⑤ ㄱ, ㄴ, ㄷ

40 2021학년도 대학수학능력시험 12번

다음은 고지자기 자료를 이용하여 대륙의 과거 위치를 알아보기 위한 탐구 활동이다.

[가정]

○ 고지자기극은 고지자기 방향으로 추정한 지리상 북극이고, 지리상 북극은 변하지 않았다.

○ 현재 지자기 북극은 지리상 북극과 일치한다.

[탐구 과정]

(가) 대륙 A의 현재 위치, 1억 년 전 A의 고지자기극 위치, 회전 중심이 표시된 지구본을 준비한다.

(나) 오른쪽 그림과 같이 회전 중심을 중심으로 1억 년 전 A의 고지자기극과 지리상 북극 사이의 각(h)을 측정한다.

(다) 회전 중심을 중심으로 A를 θ만큼 회전시키고, 1억 년 전 A의 위치를 표시한 후, 현재와 1억 년 전 A의 위치를 비교한다. 회전 방향은 1억 년 전 A의 고지자기극이 (㉠)을/를 향하는 방향이다.

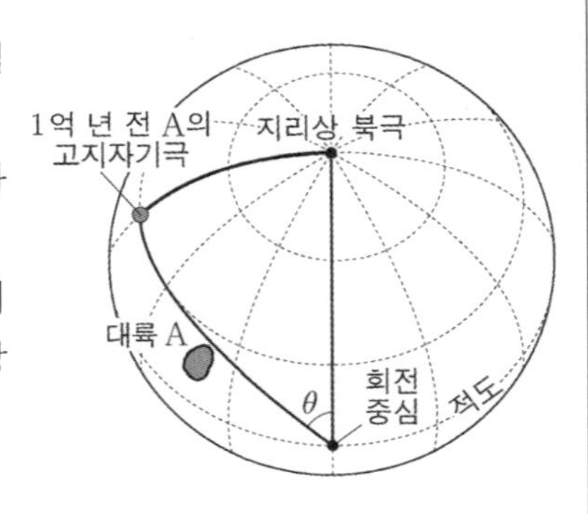

[탐구 결과]

○ 각(h) : (　　)

○ 대륙 A의 위치 비교 : 1억 년 전 A의 위치는 현재보다 (㉡)에 위치한다.

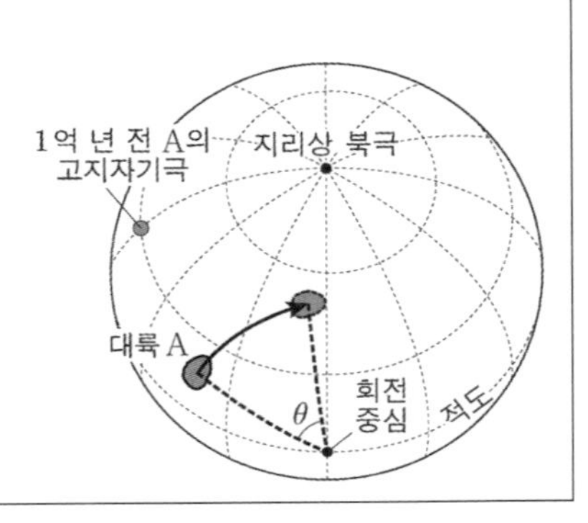

이에 대한 설명으로 옳은 것만을 <보기>에서 있는 대로 고른 것은? [3점]

<보 기>

ㄱ. 지리상 북극은 ㉠에 해당한다.

ㄴ. 고위도는 ㉡에 해당한다.

ㄷ. A의 고지자기 복각은 1억 년 전이 현재보다 작다.

① ㄱ　② ㄷ　③ ㄱ, ㄴ　④ ㄴ, ㄷ　⑤ ㄱ, ㄴ, ㄷ

41 2022학년도 9월 모의평가 19번

그림은 남아메리카 대륙의 현재 위치와 시기별 고지자기극의 위치를 나타낸 것이다. 고지자기극은 남아메리카 대륙의 고지자기 방향으로 추정한 지리상 남극이고, 지리상 남극은 변하지 않았다. 현재 지자기 남극은 지리상 남극과 일치한다.

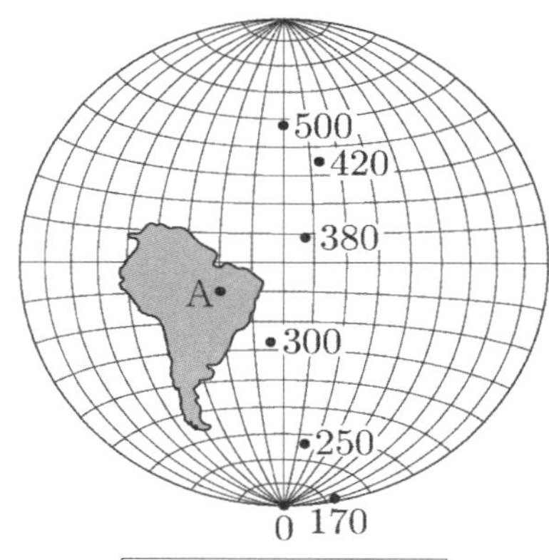

단위: 백만 년 전(Ma)

대륙 위의 지점 A에 대한 설명으로 옳은 것만을 <보기>에서 있는 대로 고른 것은?

<보 기>

ㄱ. 500Ma에는 북반구에 위치하였다.

ㄴ. 복각의 절댓값은 300Ma일 때가 250Ma일 때 보다 컸다.

ㄷ. 250Ma일 때는 170Ma일 때보다 북쪽에 위치 하였다.

① ㄱ ② ㄴ ③ ㄷ ④ ㄱ, ㄴ ⑤ ㄱ, ㄷ

42 2022학년도 대학수학능력시험 19번

그림은 고정된 열점에서 형성된 화산섬 A, B, C를, 표는 A, B, C의 연령, 위도, 고지자기 복각을 나타낸 것이다. A, B, C는 동일 경도에 위치한다.

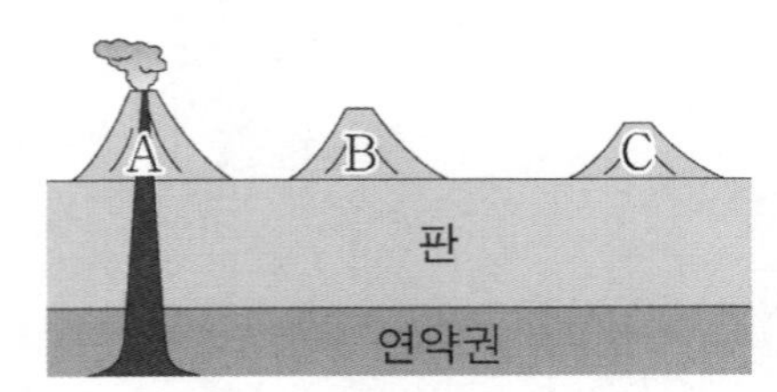

화산섬	A	B	C
연령(백만 년)	0	15	40
위도	10°N	20°N	40°N
고지자기 복각	(　)	(㉠)	(㉡)

이 자료에 대한 설명으로 옳은 것만을 <보기>에서 있는 대로 고른 것은? (단, 고지자기극은 고지자기 방향으로 추정한 지리상 북극이고, 지리상 북극은 변하지 않았다.) [3점]

<보 기>

ㄱ. ㉠은 ㉡보다 작다.
ㄴ. 판의 이동 방향은 북쪽이다.
ㄷ. B에서 구한 고지자기극의 위도는 80°N이다.

① ㄱ　② ㄴ　③ ㄱ, ㄷ　④ ㄴ, ㄷ　⑤ ㄱ, ㄴ, ㄷ

Theme

02

지구의 역사

Chapter

01 퇴적암과 퇴적 환경

퇴적암과 퇴적 환경 - 퇴적암

1. 퇴적암

퇴적암이란 지표의 암석이 풍화, 침식 작용을 받아 생성된 퇴적물이 다져지고 굳어져서 만들어진 암석이다.

2. 속성 작용

퇴적물이 쌓인 후 압력에 의해서 퇴적암이 되기까지의 과정으로 다짐 작용과 교결 작용이 있다.

(1) 다짐 작용

퇴적물이 쌓이면서 압력에 의해 퇴적물 사이의 공간인 공극이 줄어들고 부피가 감소하여 다져지는 작용을 의미한다. 다짐 작용을 거치면서 퇴적물의 부피가 감소하므로 밀도가 증가한다.

(2) 교결 작용

압축된 퇴적물 속 수분이나 지하수에 녹아있던 석회질 물질, 규질 물질, 산화철 등이 퇴적 입자 사이에 침전되어 퇴적물 알갱이들을 단단히 붙게 하여 굳어지게 하는 작용이다.

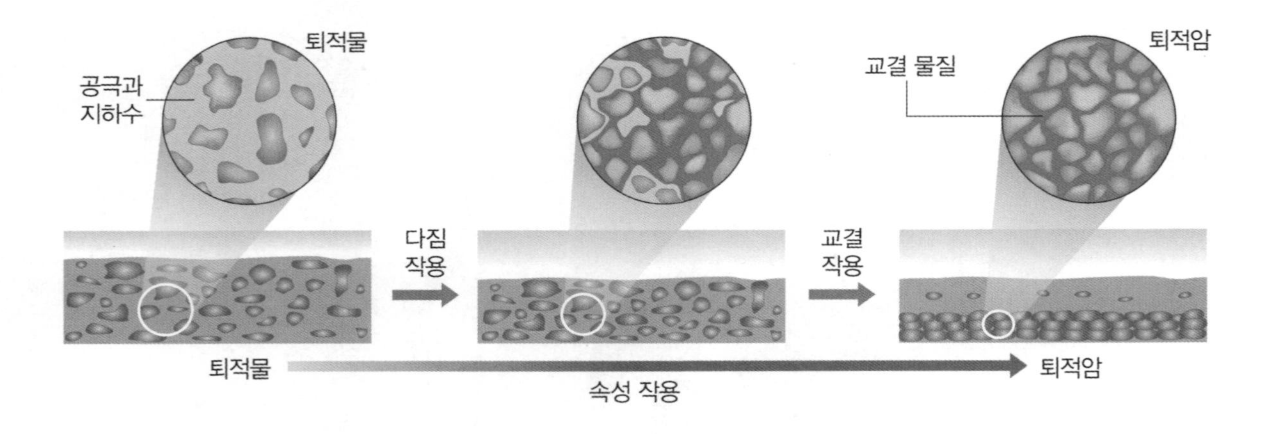

3. 퇴적암의 종류

퇴적물의 기원에 따라서 쇄설성 퇴적암, 화학적 퇴적암, 유기적 퇴적암으로 구분한다.

(1) 쇄설성 퇴적암

암석이 풍화, 침식 작용을 받아 생성된 쇄설성 퇴적물이나 화산재와 같은 화산 쇄설물이 쌓여서 생성된 퇴적암이다.

	주요 퇴적물	퇴적암		주요 퇴적물	퇴적암
풍화, 침식 작용	자갈(2mm 이상)	역암	화산 분출	화산탄, 화산암괴 (64mm 이상)	집괴암 (화산 각력암)
	모래($\frac{1}{16}$~2mm)	사암		화산력(2~64mm)	라필리 응회암
	실트, 점토($\frac{1}{16}\mathrm{mm}$ 이하)	이암, 셰일		화산재(2mm 이하)	응회암

(2) 화학적 퇴적암

호수나 바다 등에서 물에 녹아 있던 물질이 화학적으로 침전되거나 물이 증발함에 따라 잔류하여 만들어진 퇴적암이다.

	주요 퇴적물	퇴적암
침전 작용	$CaCO_3$	석회암
	SiO_2	처트
	$NaCl$	암염

(3) 유기적 퇴적암

생물의 유해나 골격의 일부가 쌓여서 만들어진 퇴적암이다.

	주요 퇴적물	퇴적암
생물의 유해나 골격 퇴적	석회질 생물체(산호, 유공충 등)	석회암
	규질 생물체	처트, 규조토
	식물체	석탄

▲ 역암 ▲ 사암 ▲ 셰일 ▲ 응회암

▲ 석회암 ▲ 처트 ▲ 암염 ▲ 석탄

퇴적암과 퇴적 환경 - 퇴적 구조

퇴적이 일어나는 장소와 퇴적 당시의 환경에 따라 특징적인 퇴적 구조가 형성된다. 이를 통해 지층의 역전 여부를 판단할 수 있다.

종류	내용	형성 과정
(1) 사층리 	• 층리가 나란하지 않고 비스듬히 **기울어지거나 엇갈려 나타나는 퇴적 구조** • 수심이 얕은 물밑이나 바람의 방향이 자주 바뀌는 곳에서 형성된다.	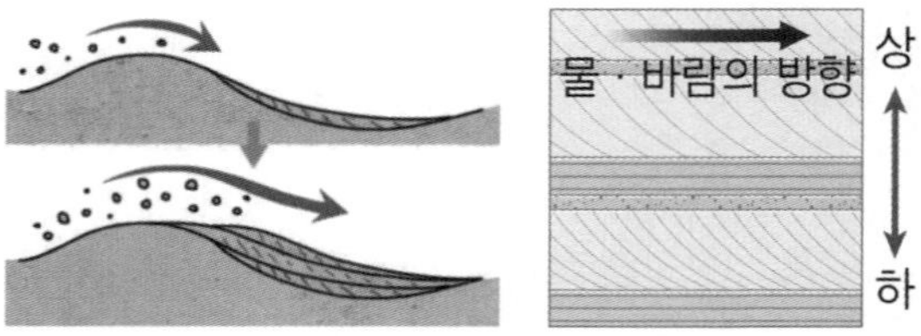 물 · 바람의 방향 / 상 / 하 바람이 불거나 물이 흘러가는 방향으로 입자가 쌓일 때 형성된다. 따라서 과거에 암석이 형성될 때 물이나 바람이 흘렀던 방향을 알 수 있다.
(2) 연흔 	• 물결 모양의 흔적이 지층에 남아 있는 퇴적 구조 • 수심이 얕은 물밑에서 퇴적될 때 **물결의 영향을 받아 형성된다**.	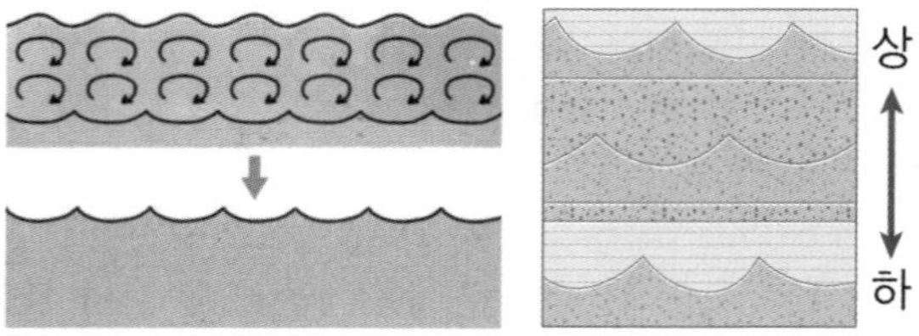 상 / 하 수심이 얕은 물밑에서 물결의 흔적이 퇴적물 표면에 남아 형성된다.
(3) 건열 	• 퇴적층의 표면이 갈라져서 쐐기 모양의 틈이 생긴 퇴적 구조 • 퇴적물의 표면이 **대기에 노출되어 건조해지면** 갈라지면서 형성된다.	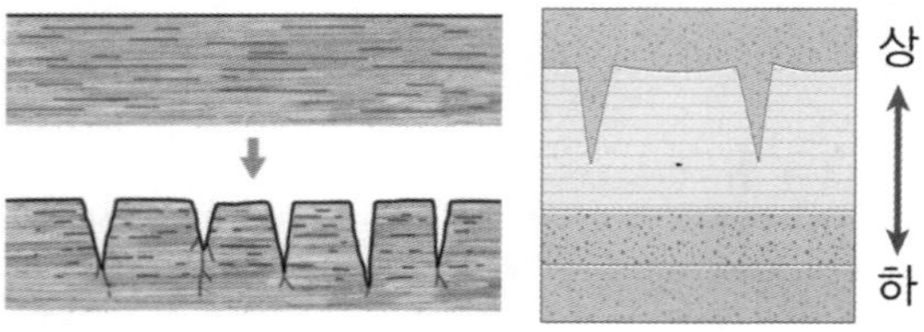 상 / 하 증발이나 융기로 표면이 대기에 노출되면서 균열이 형성된다.
(4) 점이 층리 	• 한 지층 내에서 위로 갈수록 **입자의 크기가 점점 작아지는** 퇴적 구조 • 큰 입자가 먼저 가라앉고 작은 입자는 천천히 가라앉아 형성된다. • 주로 **깊은 호수**나 **바다**에서 형성된다.	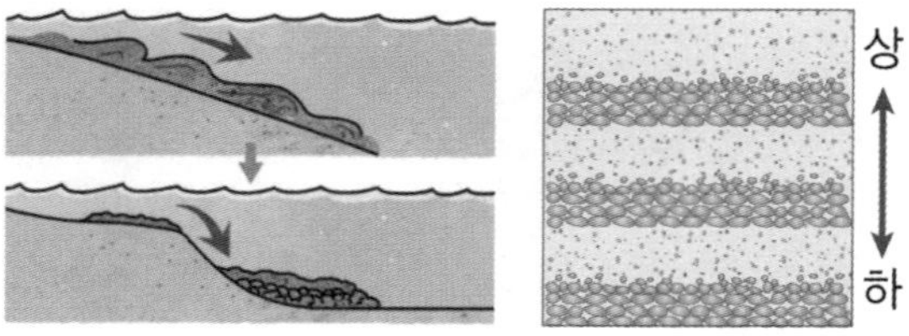 상 / 하 수심이 깊은 곳에서 퇴적물이 한꺼번에 쌓일 때 형성된다.

퇴적암과 퇴적 환경 - 퇴적 환경

1. 퇴적 환경

퇴적암이 생성되는 퇴적 환경은 크게 육상 환경, 연안 환경, 해양 환경으로 구분할 수 있다.

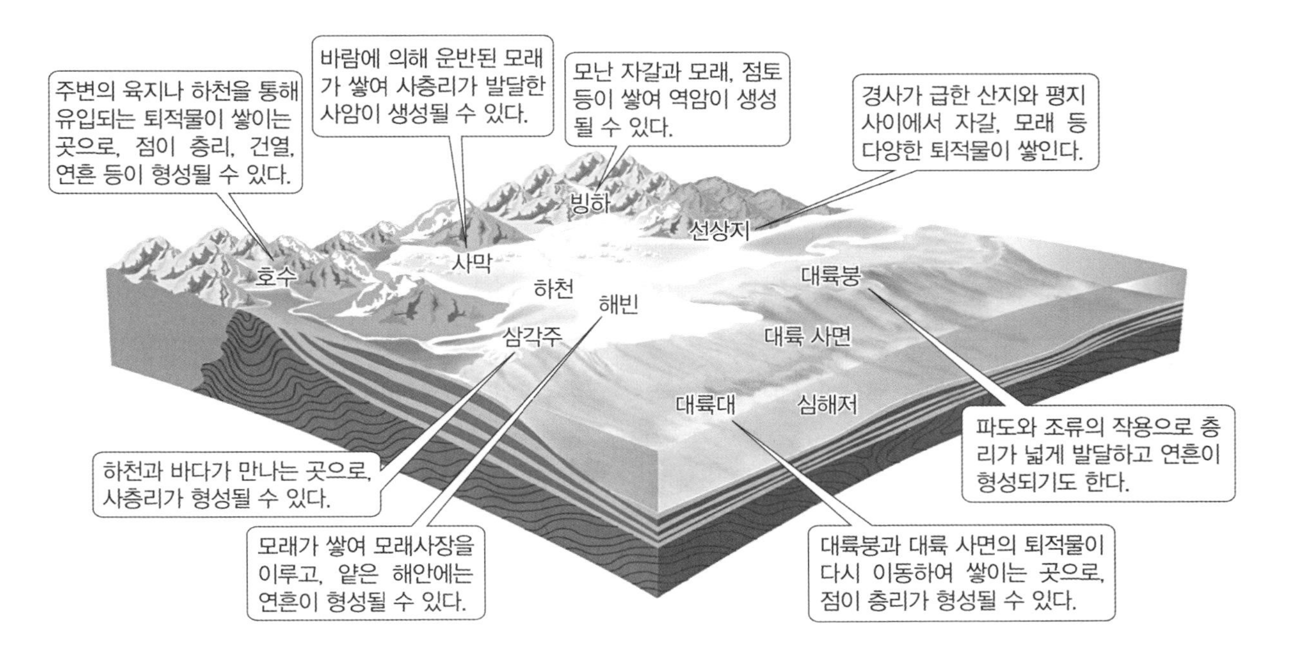

(1) 육상 환경

육상 환경의 종류로는 선상지, 하천, 호수, 사막, 빙하 등이 있으며 육지에서는 주로 침식이 일어나지만, 지대가 낮은 일부 지역에서는 퇴적이 일어나 주로 쇄설성 퇴적암이 생성된다.

(2) 연안 환경

연안 환경의 종류로는 삼각주, 조간대, 해빈, 사주, 석호 등이 있으며 육상 환경과 해양 환경이 만나는 곳에서 퇴적된다.

(3) 해양 환경

해양 환경의 종류로는 대륙붕, 대륙 사면, 대륙대, 심해저 평원 등이 있으며 바다 밑에서 퇴적암이 만들어진다.

+ 시야 넓히기 : 삼각주와 선상지

▲ 삼각주의 모습

▲ 선상지의 모습

- 위 두 자료는 삼각주와 선상지의 모습이다. **두 퇴적 환경은 모두 유속이 급격히 감소하며 형성된다는 공통점이 있다.**
- 삼각주는 유속이 빠른 강물을 따라 흐르던 작은 입자들이 바다와 만나는 장소에서 유속이 급격히 느려지며 형성된다.
- 선상지는 경사가 가파른 산에서 물을 따라 흐르던 입자들이 넓은 평야로 나와 유속이 급격히 느려지며 형성된다.

2. 한반도의 퇴적 지형

(1) 강원도 태백시 구문소

고생대 바다에서 퇴적된 석회암으로 주로 이루어져 있고, **삼엽충**과 완족류 화석 등이 발견된다.

(2) 경상남도 고성군 덕명리

중생대 호수에서 퇴적된 셰일층으로 이루어졌으며, 다양한 **공룡 발자국 화석이 발견**된다.

(3) 전라북도 진안군 마이산

중생대 호수에서 퇴적된 역암, 사암, 셰일 등으로 이루어졌다.

(4) 제주도 한경면 수월봉

신생대 화산 활동으로 분출된 화산재가 두껍게 쌓인 **응회암**으로 이루어져 있으며, **층리**가 잘 발달해 있다.

2023학년도 수능 지Ⅰ 4번

다음은 퇴적암이 형성되는 과정의 일부를 알아보기 위한 실험이다.

〔실험 목표〕
○ 퇴적암이 형성되는 과정 중 (㉠)을/를 설명할 수 있다.

〔실험 과정〕
(가) 입자 크기 2mm 정도인 퇴적물 250mL가 담긴 원통에 물 250mL를 넣는다.
(나) 물의 높이가 퇴적물의 높이와 같아질 때까지 물을 추출한 뒤, 추출된 물의 부피를 측정한다.
(다) 그림과 같이 원형 판 1개를 원통에 넣어 퇴적물을 압축시킨다.
(라) 물의 높이가 퇴적물의 높이와 같아질 때까지 물을 추출하고, 그 물의 부피를 측정한다.
(마) 동일한 원형 판의 개수를 1개씩 증가시키면서 (라)의 과정을 반복한다.

(바) 원형 판의 개수와 추출된 물의 부피와의 관계를 정리한다.

〔실험 결과〕
○ 과정 (나)에서 추출된 물의 부피: 100mL
○ 과정 (다)~(마)에서 원형 판의 개수에 따른 추출된 물의 부피

원형 판 개수(개)	1	2	3	4	5
추출된 물의 부피(mL)	27.5	8.0	6.5	5.3	4.5

이 자료에 대한 설명으로 옳은 것만을 <보기>에서 있는 대로 고른 것은?

<보 기>

ㄱ. '다짐 작용'은 ㉠에 해당한다.
ㄴ. 과정 (나)에서 원통 속에 남아 있는 물의 부피는 222.5mL이다.
ㄷ. 원형 판의 개수가 증가할수록 단위 부피당 퇴적물 입자의 개수는 증가한다.

① ㄱ ② ㄴ ③ ㄷ ④ ㄱ, ㄴ ⑤ ㄱ, ㄷ

추가로 물어볼 수 있는 선지

1. 속성 작용에 의해 퇴적물의 부피가 줄어들고 밀도가 커진다. (O , X)
2. 퇴적물로부터 퇴적암이 되기까지의 전체 과정을 속성 작용이라고 한다. (O , X)
3. 크고 작은 자갈과 모래 알갱이 사이를 교결 물질이 메우고 있는 암석은 분급이 대체로 양호하다. (O , X)

정답 : 1. (O), 2. (O), 3. (X)

01 2023학년도 수능 지Ⅰ 4번

KEY POINT #퇴적암, #다짐 작용, #단위 부피

문항의 발문 해석하기

퇴적암의 종류에 대해서 생각해야 한다.

문항의 자료 해석하기

[실험 목표]
○ 퇴적암이 형성되는 과정 중 (㉠)을/를 설명할 수 있다.

[실험 과정]
(가) 입자 크기 2mm 정도인 퇴적물 250mL가 담긴 원통에 물 250mL를 넣는다.
(나) 물의 높이가 퇴적물의 높이와 같아질 때까지 물을 추출한 뒤, 추출된 물의 부피를 측정한다.
(다) 그림과 같이 원형 판 1개를 원통에 넣어 퇴적물을 압축시킨다.
(라) 물의 높이가 퇴적물의 높이와 같아질 때까지 물을 추출하고, 그 물의 부피를 측정한다.
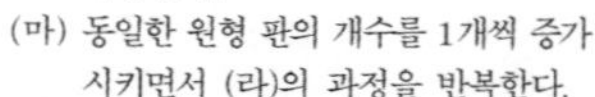
(마) 동일한 원형 판의 개수를 1개씩 증가시키면서 (라)의 과정을 반복한다.
(바) 원형 판의 개수와 추출된 물의 부피와의 관계를 정리한다.

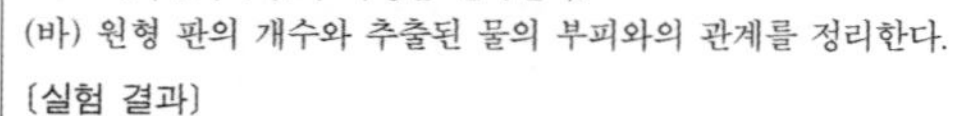
[실험 결과]
○ 과정 (나)에서 추출된 물의 부피 : 100mL
○ 과정 (다)~(마)에서 원형 판의 개수에 따른 추출된 물의 부피

원형 판 개수(개)	1	2	3	4	5
추출된 물의 부피(mL)	27.5	8.0	6.5	5.3	4.5

1. (가)에서 입자의 크기가 2mm정도인 퇴적물을 넣는다고 했으니 생성되는 퇴적암은 주로 '자갈'로 이루어진 역암일 것이다.
2. 실험 과정 중 계속해서 원형 판을 원통에 넣어 퇴적물을 압축하고 있다. 따라서 퇴적물 입자 사이의 간격인 공극이 좁아질 것이므로 ㉠은 다짐 작용일 것이다.

선지 판단하기

ㄱ 선지 '다짐 작용'은 ㉠에 해당한다. (O)

퇴적물을 원형 판을 넣어 압축하고 있으므로 다짐 작용은 ㉠에 해당한다.

ㄴ 선지 과정 (나)에서 원통 속에 남아 있는 물의 부피는 222.5mL이다. (X)

(가)에서 물 250mL를 넣은 후 실험 결과를 통해 100mL가 추출된 것을 알 수 있다. 따라서 남아있는 물의 부피는 150mL일 것이다.

ㄷ 선지 원형 판의 개수가 증가할수록 단위 부피당 퇴적물 입자의 개수는 증가한다. (O)

원통 속에는 250mL의 퇴적물이 담겨있다. 이때 퇴적물의 개수를 n개라 하자. 원형 판을 넣으면서 원통 속 물질의 부피는 372.5mL → 364.5mL →358mL → 352.7mL → 348.2mL로 점점 줄고 있다.

이때 단위 부피당(같은 부피당) 들어있는 퇴적물 입자의 개수는

$\frac{n}{372.5mL} \rightarrow \frac{n}{364.5mL} \rightarrow \frac{n}{358mL} \rightarrow \frac{n}{352.7mL} \rightarrow \frac{n}{348.2mL}$이므로 점점 증가하고 있다.

또는 밀도가 증가하고 있으므로 단위 부피당 퇴적물 입자의 개수는 증가한다고 볼 수도 있다.

기출문항에서 가져가야 할 부분

1. 퇴적암이 형성되는 과정 이해하기
2. 실험 과정 문제가 출제된다면 꼼꼼히 읽기
3. 단위 부피당 ~ 에 대한 선지는 밀도를 이용해 해석할 수 있음을 알기

▍기출 문제로 알아보는 유형별 정리

[퇴적암의 생성 과정]

1 퇴적암의 형성 및 종류

① 속성 작용 　　　　　　　　　　　　　　　　　　　　　　　　　　　　지Ⅱ 2019년 4월 학력평가 7번

그림은 모래로 이루어진 퇴적물로부터 퇴적암이 생성되는 과정을 나타낸 것이다.

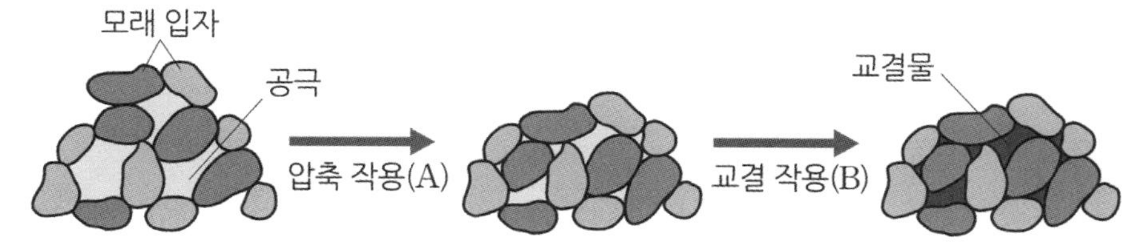

ㄱ. A에 의해 공극이 감소한다. (O)

- A는 압축 작용(다짐 작용)으로 입자들이 다져지면서 입자 사이의 빈 공간인 공극이 감소한다.
- 퇴적물은 **다짐 작용**과 **교결 작용**을 거치며 **공극이 줄어들면서 단단한 퇴적암**이 된다.

② 퇴적암의 종류 　　　　　　　　　　　　　　　　　　　　　　　　　　지Ⅱ 2017년 4월 학력평가 15번

그림은 퇴적암을 쇄설성, 유기적, 화학적 퇴적암으로 분류하고, 그 예를 나타낸 것이다.

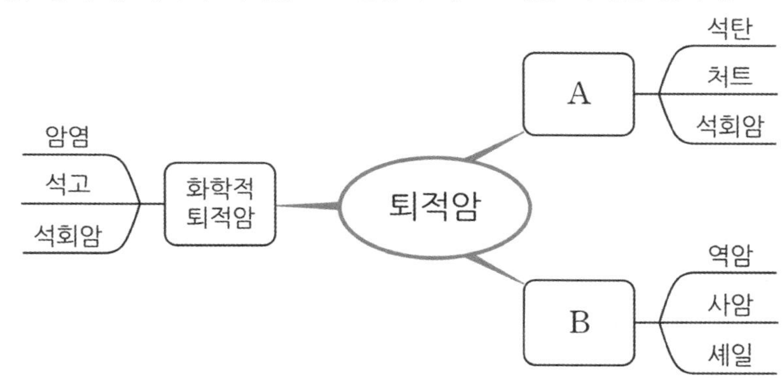

ㄴ. 응회암은 B의 예이다. (O)

- **응회암은 화산재가 쌓여 형성된 쇄설성 퇴적암**이다. 역암, 사암, 셰일이 포함된 B는 쇄설성 퇴적암이므로 맞는 선지이다.
- 다음과 같은 퇴적암의 종류를 암기할 수 있도록 하자.
  쇄설성 퇴적암 : 역암, 사암, 셰일, 응회암
  화학적 퇴적암 : 석회암, 처트, 암염
  유기적 퇴적암 : 석탄, 석회암, 처트

③ 쇄설성 퇴적암 입자의 크기 2021학년도 9월 모의평가 1번

표는 퇴적물의 기원에 따른 퇴적암의 종류를 나타낸 것이다.

구분	퇴적물	퇴적암
A	식물	석탄
	규조	처트
B	모래	㉠
	㉡	역암

ㄷ. 자갈은 ㉡에 해당한다. (O)

- 역암은 주로 자갈이 퇴적되어 형성되므로 ㉡에 해당한다.
- 쇄설성 퇴적암을 이루는 입자의 크기에 대해서 함께 알아두자.

  자갈 : 2mm 이상, 모래 : 2mm ~ $\frac{1}{16}$mm, 점토 : $\frac{1}{16}$mm 이하

2 해수면과 퇴적작용

① 해수면의 높이 2022년 4월 학력평가 4번

그림 (가)는 해성층 A, B, C로 이루어진 어느 지역의 지층 단면과 A의 일부에서 발견된 퇴적 구조를, (나)는 A의 퇴적이 완료된 이후 해수면에 대한 ⓐ 지점의 상대적 높이 변화를 나타낸 것이다.

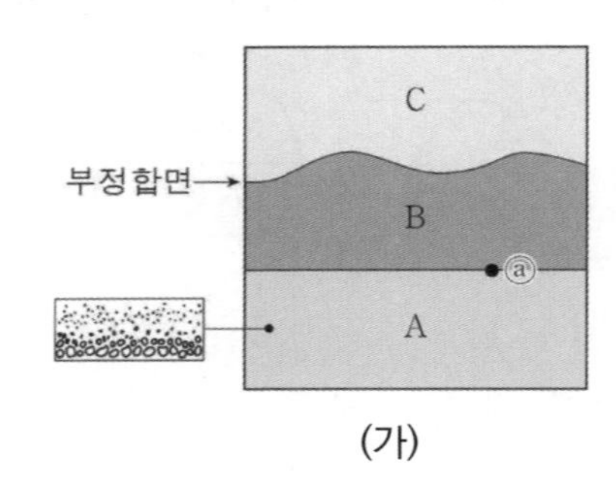

(가)

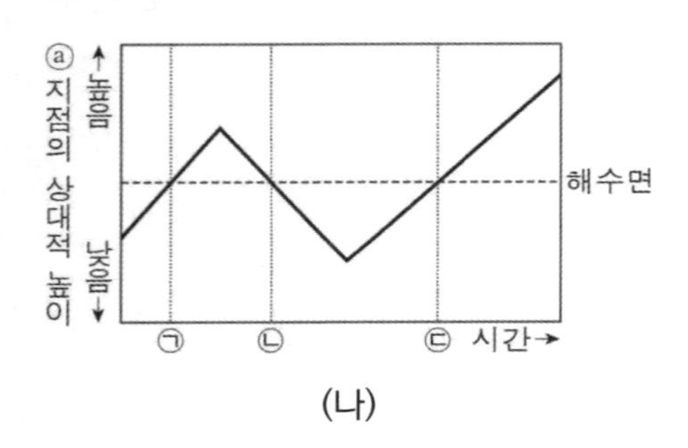

(나)

ㄴ. B의 두께는 ㉠ 시기보다 ㉡ 시기에 두꺼웠다. (X)

- B는 해성층이므로 해수면 아래에서 퇴적된 지층이다. 따라서 해수면보다 높게 위치했던 시기에는 퇴적이 되지 않았을 것이다. 따라서 ㉠과 ㉡ 사이에는 퇴적이 일어나지 않았을 뿐만 아니라 수면 위로 올라와 **풍화 침식 작용을 함께 받을 것**이므로 B의 두께는 ㉠ 시기보다 ㉡ 시기에 두꺼울 리 없다.
- 해성층은 해수면 아래에서 형성되고 육성층은 해수면 위 육지에서 형성된다는 것을 알아두자.

추가로 물어볼 수 있는 선지 해설

1. 속성 작용에 의해 다짐 작용과 교결 작용이 일어나면서 퇴적물의 부피와 공극이 줄어들어 밀도가 커진다.
2. 속성 작용에 의해 퇴적물이 퇴적암이 되면서 단단해진다.
3. 분급이 양호하다는 것은 입자의 크기가 대체로 고르다는 뜻이다. 그러나 크고 작은 자갈이 포함된 암석은 분급이 불량하다.

2021학년도 수능 지Ⅰ 6번

그림 (가)는 해수면이 하강하는 과정에서 형성된 퇴적층의 단면이고, (나)는 (가)의 퇴적층에서 나타나는 퇴적 구조 A와 B이다.

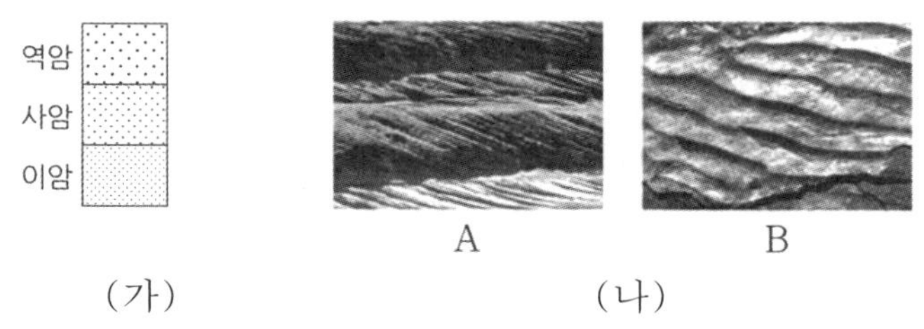

(가) (나)

이 모형에 대한 설명으로 옳은 것만을 <보기>에서 있는 대로 고른 것은?

<보 기>

ㄱ. (가)의 퇴적층 중 가장 얕은 수심에서 형성된 것은 이암층이다.
ㄴ. (나)의 A와 B는 주로 역암층에서 관찰된다.
ㄷ. (나)의 A와 B 중 층리면에서 관찰되는 퇴적 구조는 B이다.

① ㄱ ② ㄴ ③ ㄷ ④ ㄱ, ㄴ ⑤ ㄱ, ㄷ

추가로 물어볼 수 있는 선지

1. B는 층리단면을 관찰한 모습이다. (O , X)
2. 건열은 횡압력에 의해 형성되었다. (O , X)
3. 점이 층리는 경사가 급한 해저에서 빠르게 이동할 때 퇴적물의 유속이 갑자기 빨라지면서 퇴적되는 현상에 의해 형성된다. (O , X)

정답 : 1. (X), 2. (X), 3. (O)

02 2021학년도 수능 지Ⅰ 6번

KEY POINT #해수면 하강, #층리면, #퇴적 구조

문항의 발문 해석하기

해수면이 하강한다는 것은 지층이 융기하고 있다고 해석할 수 있다. 또한, 퇴적 구조 4가지에 대해서 생각할 수 있어야 한다.

문항의 자료 해석하기

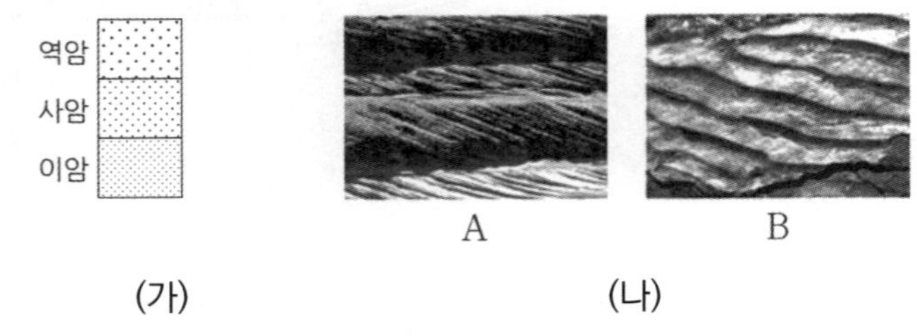

(가) (나)

1. (가) 자료에서 퇴적 순서는 이암 → 사암 → 역암 순으로 쌓였다. 이 지역은 해수면이 하강하는 중이었으므로 가장 깊은 수심에서 쌓인 지층은 이암층, 가장 얕은 수심에 쌓인 지층은 역암층이다.
2. (나) 자료에서 A는 사층리이고 B는 연흔이다.

선지 판단하기

ㄱ 선지 (가)의 퇴적층 중 가장 얕은 수심에서 형성된 것은 이암층이다. (X)

가장 얕은 수심에서 형성된 것은 가장 나중에 형성된 역암층이다.

ㄴ 선지 (나)의 A와 B는 주로 역암층에서 관찰된다. (X)

사층리와 연흔은 모두 입자의 크기가 모래나 점토처럼 작은 사암층이나 이암층에서 형성되었을 것이다. 역암층은 크고 작은 자갈이 섞여 있어 특정 구조가 형성되기 어렵다.

ㄷ 선지 (나)의 A와 B 중 층리면에서 관찰되는 퇴적 구조는 B이다. (O)

층리면은 퇴적물을 상공에서 내려다 볼 때 보이므로 층리면에서 관찰되는 퇴적 구조는 B이다. A처럼 옆에서 바라봐야 보이는 사층리나 점이 층리는 층리단면에서 관찰된다.

기출문항에서 가져가야 할 부분

1. 해수면 하강의 의미 이해하기
2. 사층리, 연흔, 건열은 역암층에서 관찰되지 않음을 이해하기
3. 층리면과 층리단면 구분하기

기출 문제로 알아보는 유형별 정리

[퇴적 구조]

1 퇴적 구조

① 점이층리 지Ⅱ 2016년 4월 학력평가 12번

다음은 어떤 퇴적 구조의 형성 과정을 설명하기 위한 실험이다.

[실험 과정]
(가) 긴 원통에 물을 채우고, 다양한 크기의 입자로 구성된 흙을 원통에 부은 후 모두 가라앉을 때까지 기다린다.
(나) 원통의 입구를 마개로 막고 원통의 상하를 빠르게 뒤집은 후 흙이 쌓인 모습을 관찰한다.

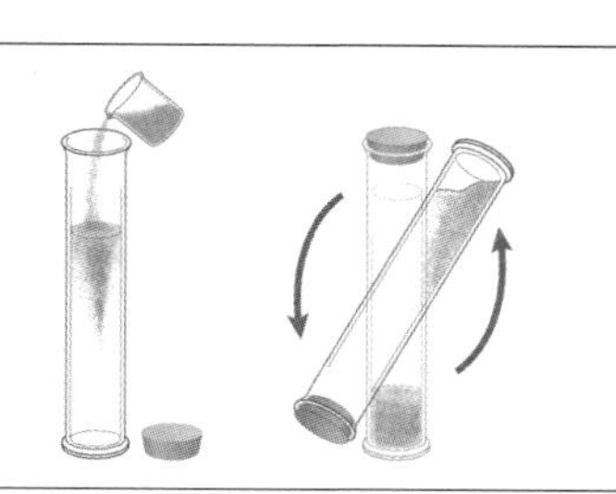

ㄷ. 이 퇴적 구조는 심해 환경에서 만들어질 수 있다. (O)

- 실험 과정을 통해 다양한 입자로 구성된 흙이 **중력에 의해 밑으로 떨어지는 것**을 확인할 수 있다. 이때, **무거운 입자의 낙하 속도가 더 빠르므로 아래에는 무거운 입자가, 위에는 가벼운 입자**가 쌓이는 점이층리가 만들어진다. 점이층리는 수심이 깊은 심해 환경에서 만들어질 수 있다.
- 점이층리는 **수심이 깊은 환경에서 입자의 무게 차이로 인한 낙하 속도 차이로 형성**된다는 것을 알아두자.

② 사층리 지Ⅱ 2018년 4월 학력평가 10번

그림 (가)와 (나)는 물 밑에서 형성된 서로 다른 퇴적 구조를 나타낸 것이다.

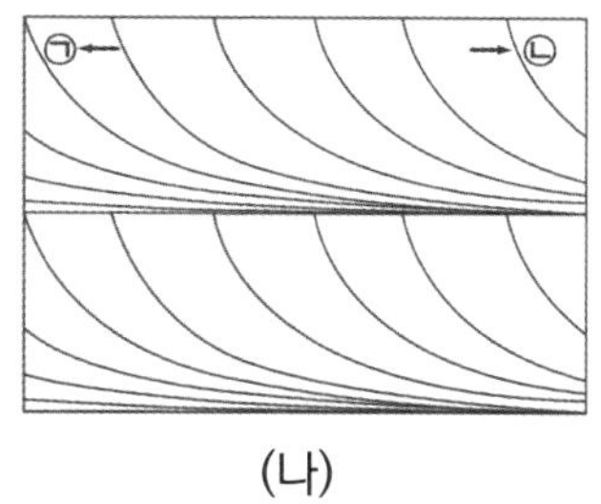

(나)

ㄴ. (나)의 퇴적 당시 퇴적물 이동 방향은 ㉠이다. (X)

- (나)는 사층리다. 사층리는 퇴적물이 지층에 쌓일 때 바람이나 흐르는 물의 영향으로 비스듬히 쌓여 생성되는 지층이다. 퇴적물은 ㉡ 방향으로 이동해야 위 자료처럼 사층리가 형성될 수 있다.
- 사층리의 모습을 보고 퇴적물의 이동 방향을 추정할 수 있어야 한다.

③ 연흔 지II 2015학년도 6월 모의평가 4번

다음은 지질 답사에서 촬영한 퇴적 구조와 관찰 결과이다.

(나)

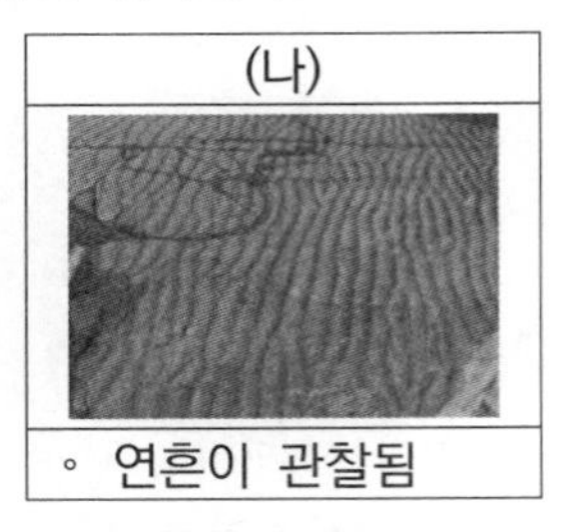

◦ 연흔이 관찰됨

ㄴ. (나)는 얕은 물밑이나 바람의 영향을 받는 환경에서 형성되었다. (O)

- (나) 자료에는 연흔이 관찰되고 있다. 연흔은 얕은 물밑이나 바람의 영향을 받아 형성되는 물결 모양이 나타난 퇴적 구조이다.

④ 건열 2023학년도 9월 모의평가 4번

다음은 어느 퇴적 구조가 형성되는 원리를 알아보기 위한 실험이다.

[실험 목표]
○ (㉠)의 형성 원리를 설명할 수 있다.

[실험 과정]
(가) 100mL의 물이 담긴 원통형 유리 접시에 입자 크기가 $\frac{1}{16}$mm 이하인 점토 100g을 고르게 붓는다.
(나) 그림과 같이 백열전등 아래에 원통형 유리 접시를 놓고 전등 빛을 비춘다.
(다) ㉡ 전등 빛을 충분히 비추었을 때 변화된 점토 표면의 모습을 관찰하여 그 결과를 스케치한다.

[실험 결과]

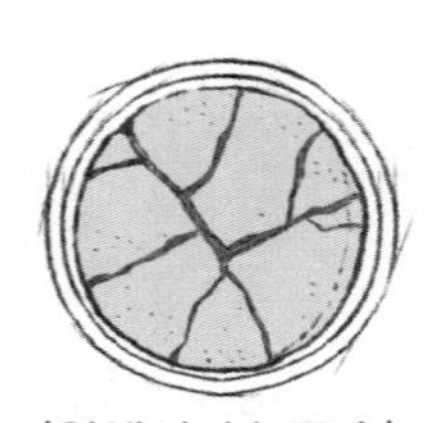

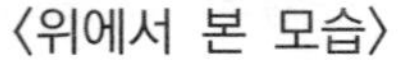

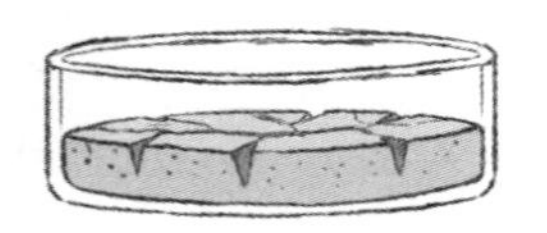

〈위에서 본 모습〉 〈옆에서 본 모습〉

ㄴ. 건조한 환경에 노출되어 퇴적물의 표면이 갈라진 모습은 ㉡에 해당한다. (O)

- 위 퇴적 구조는 건조한 환경에서 형성되는 건열이다. 건열은 건조한 환경에서 V자 모양으로 표면이 갈라지며 형성되므로 ㉡에 해당한다.
- 또한, 건열은 땅이 갈라지는 모습이 확연히 드러나야 하기 때문에 **자갈과 같이 입자의 크기가 큰 역암층에서는 나타나지 않는다**.

2 층리면과 층리 단면

① 층리면에서의 관측 2022년 7월 학력평가 6번

그림 (가)와 (나)는 퇴적 구조를 나타낸 것이다.

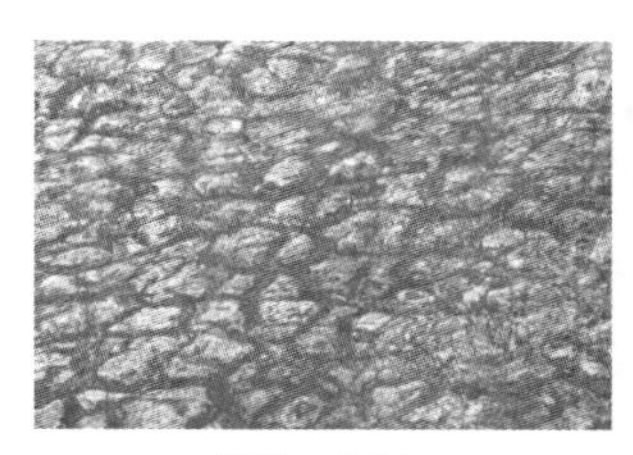
(가) 건열

(나) 연흔

ㄷ. (가)와 (나)는 모두 층리면을 관찰한 것이다. (O)

- (가)와 (나)는 모두 위에서 퇴적 구조를 내려다본 자료이다. 따라서 층리면을 관측한 것이다.
- **층리면은 퇴적 구조를 위에서 내려다본 것**이라는 사실을 알아두자.

② 층리단면에서의 관측 2021년 7월 학력평가 3번

그림 (가)와 (나)는 서로 다른 퇴적 구조를 나타낸 것이다.

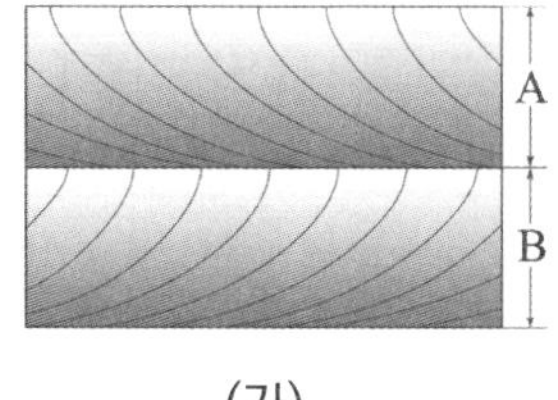

(가)

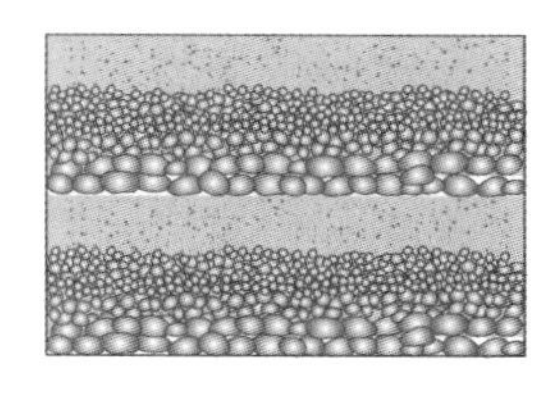
(나)

- (가)와 (나)는 모두 퇴적 구조를 옆에서 바라봤을 때 나타나는 자료이다.
  이는 층리단면을 관측한 것으로, **층리단면은 퇴적 구조를 옆에서 바라본 것**이라는 사실을 알아두자.

추가로 물어볼 수 있는 선지 해설

1. B는 연흔을 위에서 바라본 모습이다. 따라서 층리면을 촬영한 모습이다.
2. 건열은 건조한 환경에서 형성되는 퇴적 구조이다. 횡압력과는 큰 상관이 없다.
3. 점이 층리는 수심이 깊은 바다나 호수 등의 환경에서 입자의 크기 차이로 인한 낙하 속도 차이로 형성되는 퇴적 구조이다. 유속이 갑자기 빨라지는 저탁류에 의해서 형성된다.

Chapter

02 지질 구조

지질 구조 - 여러 가지 지질 구조

1. 지질 구조

지층이나 암석이 지진이나 화산 등의 **지각 변동을 받으면 여러 모양으로 변형되거나 변성되기도 하는데** 이러한 상황이 발생한 지역에서 나타나는 구조를 **지질 구조**라 한다. 지질 구조를 통해 과거에 일어났던 지각 변동에 대해서 알 수 있다.

2. 단층

단층이란 대체로 **지표 부근의 얕은 곳**에서 지층이 **장력**이나 **횡압력**에 의해서 균열이 발생하여 **끊어진 지질 구조**이다. 단층에 작용하는 힘의 종류에 따라 단층의 종류를 3가지로 나눌 수 있다.

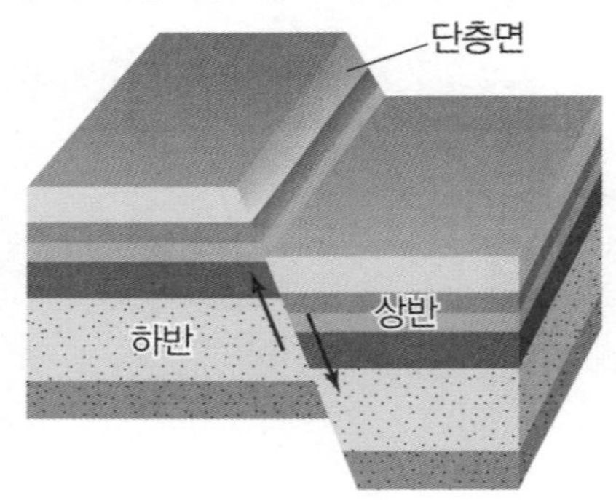

- 단층면 : 지층이 끊어진 기울어진 면이다.
- 상반 : 단층면을 기준으로 위쪽 부분을 상반이라 한다.
- 하반 : 단층면을 기준으로 아래쪽 부분을 하반이라 한다.

① **정단층** : 지층이 멀어질 때 발생하는 힘인 **장력**을 받아 형성된 단층이다.
- 상반이 하반에 대해서 아래쪽으로 내려갔다. **지층이 서로 멀어지니 자연스럽게** 단층면을 따라 상반이 내려간 것이다.

② **역단층** : 지층이 가까워질 때 발생하는 힘인 **횡압력**을 받아 형성된 단층이다.
- 상반이 하반에 대해서 위쪽으로 솟아올랐다. **지층이 서로 가까워지니 자연스럽게** 단층면을 따라 상반이 위로 올라간 것이다.

③ **주향 이동 단층** : 지층이 서로 수평으로 이동할 때 어긋나면서 형성된 단층이다.

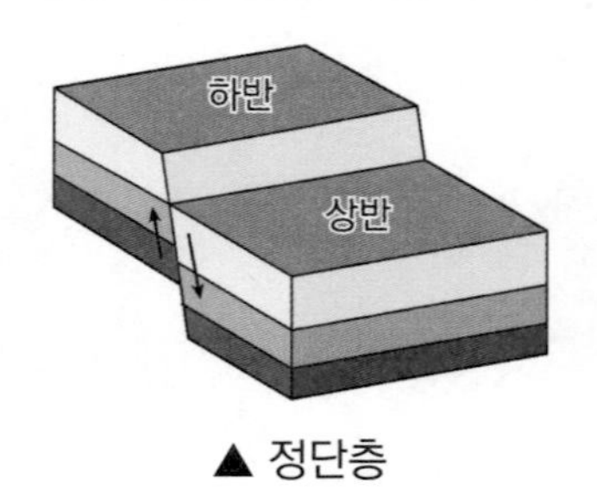

▲ 정단층

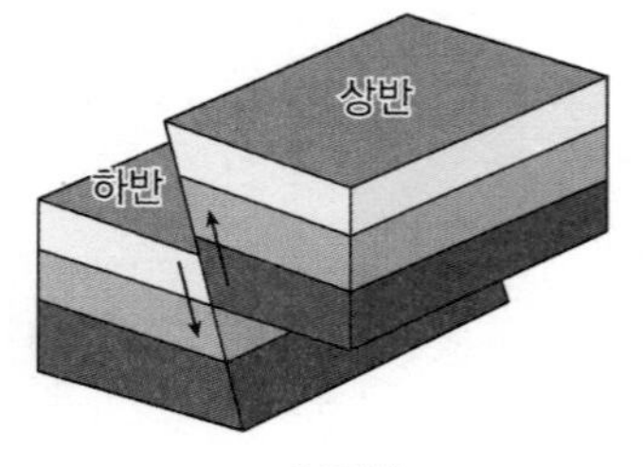

▲ 역단층

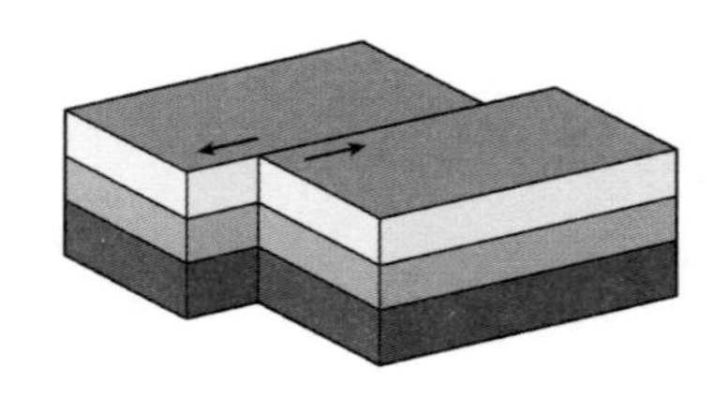
▲ 주향 이동 단층

3. 습곡

습곡이란 **깊은 지하의 고온의 환경**에서 **횡압력**을 받아 **휘어진 지질 구조**이다. 단층과는 달리 고온의 환경에서 생성되었기 때문에 지층이 끊어지지 않고 휘어진다. 습곡은 **습곡축면**이 수평면에 대해 기울어진 정도에 따라 습곡을 3가지로 분류할 수 있다.

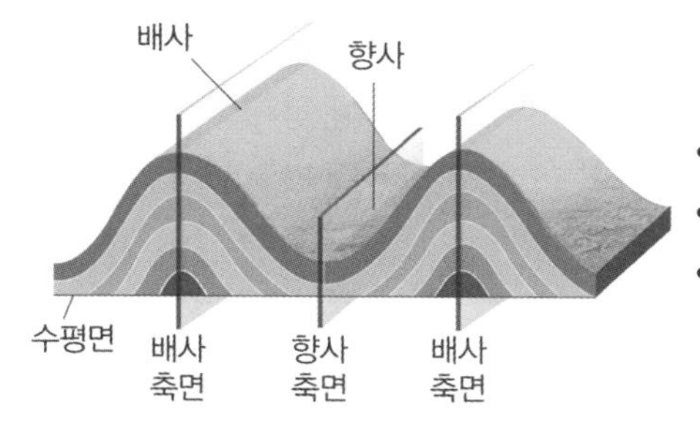

- 습곡축면 : 지층이 가장 많이 휘어진 중앙의 축을 포함하는 면이다.
- 배사 : 지층이 위쪽으로 볼록하게 휘어진 부분이다.
- 향사 : 지층이 아래쪽으로 볼록하게 휘어진 부분이다.

① **정습곡** : 습곡축면이 수평면에 대해서 거의 수직인 습곡이다. **고도가 일정한 지역**에서 **배사축에 가까운 지층의 나이**는 **증가**하고, **향사축에 가까운 지층의 나이**는 **감소**한다.

② **경사 습곡** : 습곡축면이 수평면에 대해서 기울어진 습곡이다.

③ **횡와 습곡** : 습곡축면이 수평면에 대해서 거의 수평으로 누운 습곡이다. 지층이 완전히 기울어졌기 때문에 먼저 쌓인 지층이 위로, 나중에 쌓인 지층이 위로 가는 **지층의 역전**이 발생하는 지역이 있다.

▲ 정습곡 ▲ 경사 습곡 ▲ 횡와 습곡

4. 절리

절리는 **암석에 생긴 틈이나 균열**이다. 주로 온도나 압력이 급격히 변화할 때 생성된다.

- **주상 절리** : 지표로 분출함 용암이 대기와 맞닿아 **빠르게 식을 때** 암석의 **부피가 급격히 수축**하여 **다각형의 긴 기둥 모양으로 쪼개지며 생성되는 구조**이다. 주상 절리는 주로 **화산암**에서 잘 나타난다.
- **판상 절리** : 지하 깊은 곳에 있던 **지층이 융기하는 과정**에서 **압력이 감소**하며 **부피가 증가할 때** 암석이 팽창하며 **겹겹이 쪼개진 구조**이다. 판상 절리는 주로 **심성암**에서 잘 나타난다.

▲ 주상 절리

▲ 판상 절리

+ 시야 넓히기 : 절리의 형성 과정

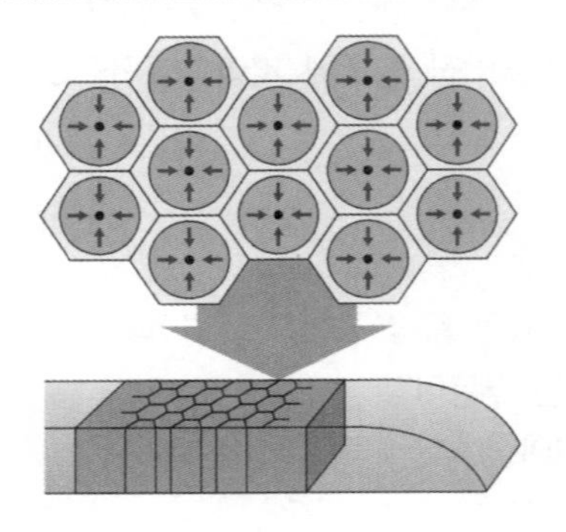

- 지표 근처에서 차갑게 식은 암석 내부가 위 자료처럼 다각형 모양으로 쪼개지며 주상 절리가 형성된다.

- 지하 깊은 곳에 있는 심성암이 지표로 융기하는 과정에서 외부의 압력이 감소하여 부피가 팽창한다.
- 팽창하는 과정에서 넓은 판 모양으로 쪼개져 판상 구조가 형성된다.

5. 관입과 포획

(1) 관입

- 관입이란 **마그마가 주변의 지층이나 암석의 약한 부분을 뚫고 들어가는 과정**을 의미한다.
- 이때 관입한 마그마가 식어서 만들어지는 암석을 관입암이라 한다. 마그마는 주변 암석에 비해서 온도가 높으므로 **관입암 주변의 암석은 열에 의한 변성 작용을** 받으며 이 과정에서 변성암이 생성될 수 있다.

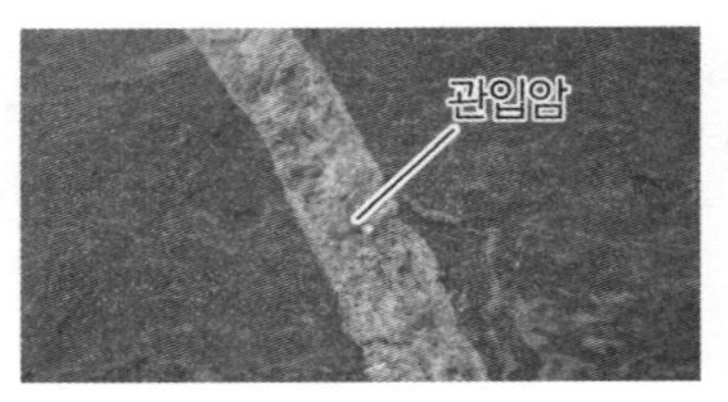

▲ 관입

(2) 포획

- 마그마가 관입할 때 주변의 암석을 녹이면서 관입을 진행한다. 이때, **주변 암석의 일부가 떨어져 나와 마그마 속에 남게 되는 것**을 포획이라 한다.
- 이렇게 포획된 암석을 포획암이라 한다. 포획암은 관입된 지층에 있던 암석이므로 관입암보다 먼저 형성된 암석이다.

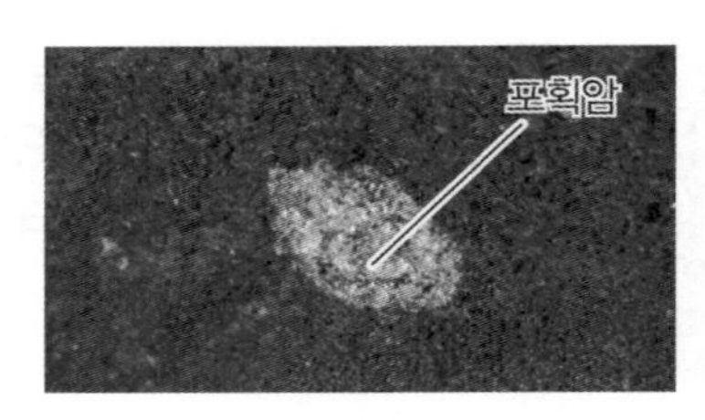

▲ 포획

6. 부정합

지층이 시간 순서대로 연속적으로 쌓였을 때 상하 지층 사이의 관계를 정합이라고 한다. **부정합**은 정합 관계가 아닌 **상하 지층이 불연속적으로 쌓여 두 지층 간의 시간 차이가 클 때의 상하 지층 관계를 의미한다**. 부정합의 종류는 3가지로 나누어진다.

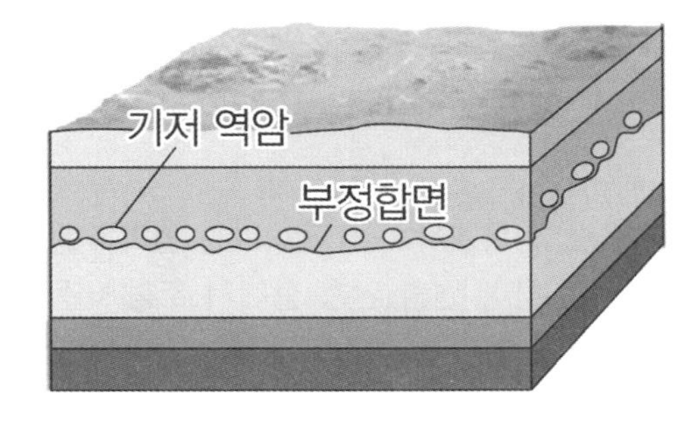

① **부정합면** : 부정합 관계인 두 지층 사이를 부정합면이라 한다. 부정합면을 경계로 큰 시간 간격이 존재한다.

② **기저 역암** : 기저 역암은 부정합의 형성 과정에서 풍화 및 침식 작용에 의해서 생성된 암석이다. 부정합면을 경계로 기저 역암이 포함된 지층은 그렇지 않은 지층보다 나이가 적다.

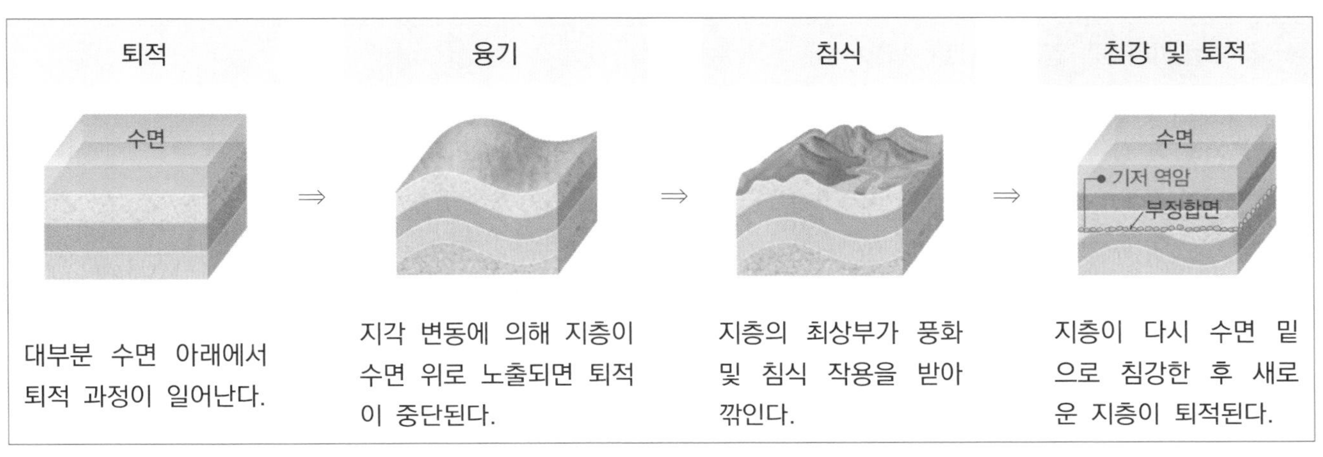

③ **평행 부정합** : 부정합면을 경계로 상하 지층의 층리가 나란한 부정합이다. 대부분 조륙 운동을 받은 지층에서 잘 나타난다. 지층이 기울어져 있다 하더라도 부정합면을 경계로 위 아래 지층의 층리가 나란하다면 평행 부정합이다.

④ **경사 부정합** : 부정합면을 경계로 상하 지층의 층리가 경사진 부정합이다. 대부분 조산 운동을 받은 지층에서 잘 나타난다.

⑤ **난정합** : 부정합 형성 과정에서 부정합면 아래의 심성암이 **마그마가 지표로 분출한 후 풍화 및 침식 작용을 받아 생성**되는 부정합이다.

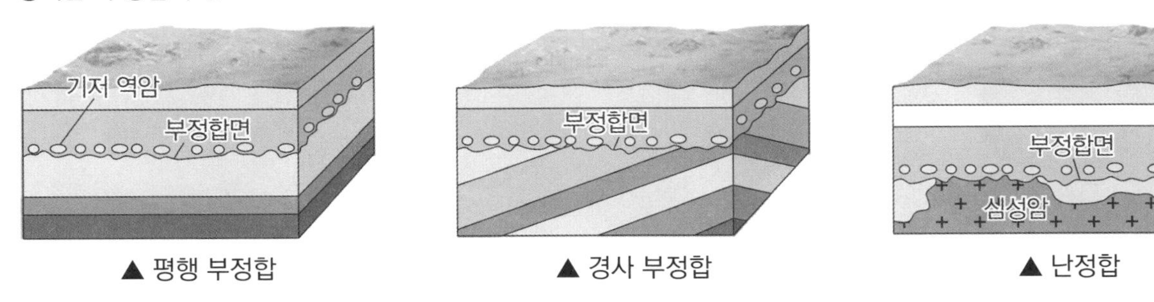

▲ 평행 부정합　▲ 경사 부정합　▲ 난정합

❙ 지질 구조 - 판의 운동과 지질 구조

앞서 판 경계에서 발달하는 지형에 대해서 배운 적 있다. 판 경계 문제와 연계되어 출제되는 부분이므로 지질 구조 또한 함께 알아두자.

발산형 경계	수렴형 경계	보존형 경계
• 양쪽에서 잡아당기는 힘인 장력이 발달하여 해령, 열곡대 등에서 정단층이 잘 발견된다.	• 양쪽에서 미는 힘인 횡압력이 발달하여 해구, 습곡 산맥 등에서 습곡과 역단층이 잘 발견된다.	• 양쪽에서 스쳐 지나가는 힘이 작용하여 변환 단층 등에서 주향 이동 단층이 잘 발견된다.

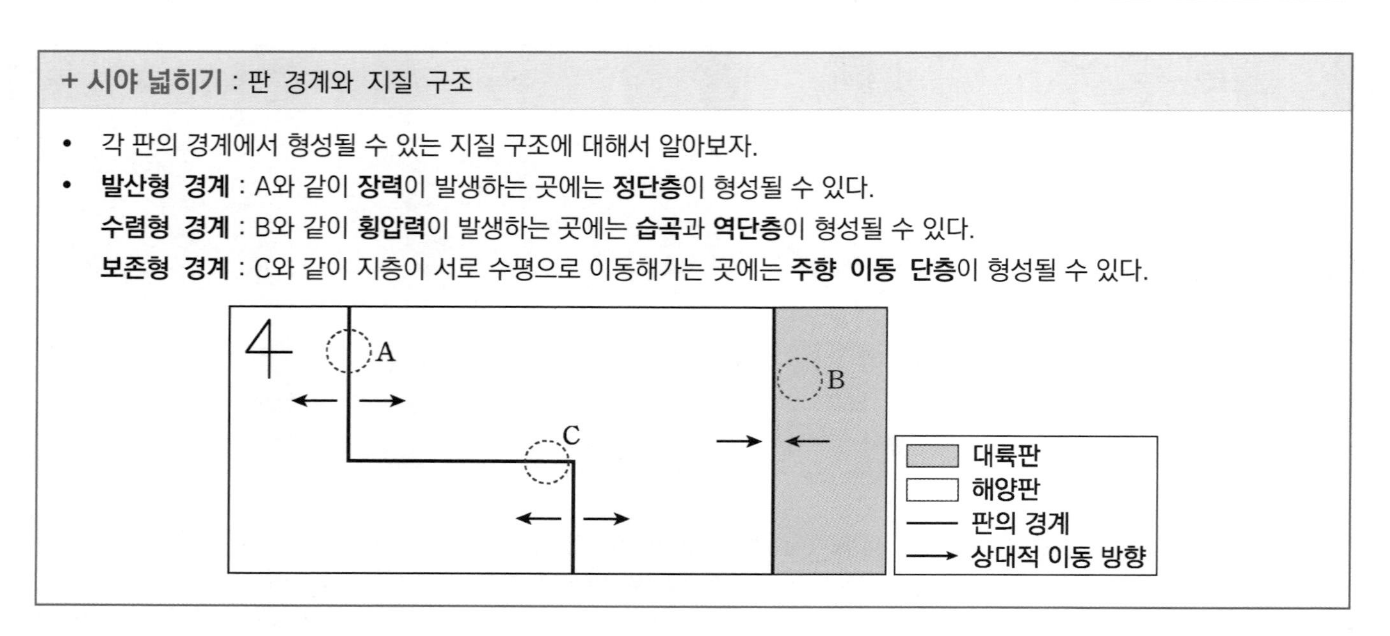

+ 시야 넓히기 : 판 경계와 지질 구조

- 각 판의 경계에서 형성될 수 있는 지질 구조에 대해서 알아보자.
- **발산형 경계** : A와 같이 **장력**이 발생하는 곳에는 **정단층**이 형성될 수 있다.
  수렴형 경계 : B와 같이 **횡압력**이 발생하는 곳에는 **습곡**과 **역단층**이 형성될 수 있다.
  보존형 경계 : C와 같이 지층이 서로 수평으로 이동해가는 곳에는 **주향 이동 단층**이 형성될 수 있다.

2023학년도 6월 모의평가 지Ⅰ 6번

그림 (가)는 판의 경계를, (나)는 어느 단층 구조를 나타낸 것이다.

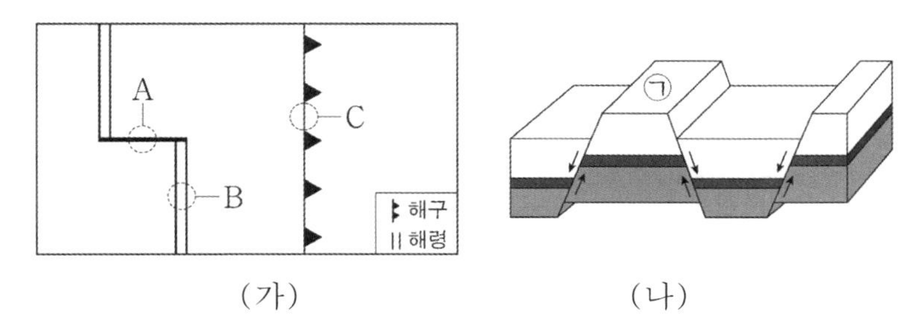

(가) (나)

이에 대한 설명으로 옳은 것만을 <보기>에서 있는 대로 고른 것은?

<보 기>

ㄱ. A 지역에서는 주향 이동 단층이 발달한다.
ㄴ. ㉠은 상반이다.
ㄷ. (나)는 C 지역에서가 B 지역에서보다 잘 나타난다.

① ㄱ ② ㄴ ③ ㄱ, ㄷ ④ ㄴ, ㄷ ⑤ ㄱ, ㄴ, ㄷ

추가로 물어볼 수 있는 선지

1. 지층이 횡압력을 받아 생성된 단층에서는 단층면을 따라 상반이 아래로 내려간다. (O , X)
2. 판상 절리는 용암이 급격히 냉각 수축하는 과정에서 형성된다. (O , X)
3. 습곡은 주상 절리보다 깊은 곳에서 형성되었다. (O , X)

정답 : 1. (X), 2. (X), 3. (O)

01 2023학년도 6월 모의평가 지Ⅰ 6번

KEY POINT #주향 이동 단층, #상반, #단층

문항의 발문 해석하기

판 경계에서 나타나는 지질 구조를 떠올려야 한다.

문항의 자료 해석하기

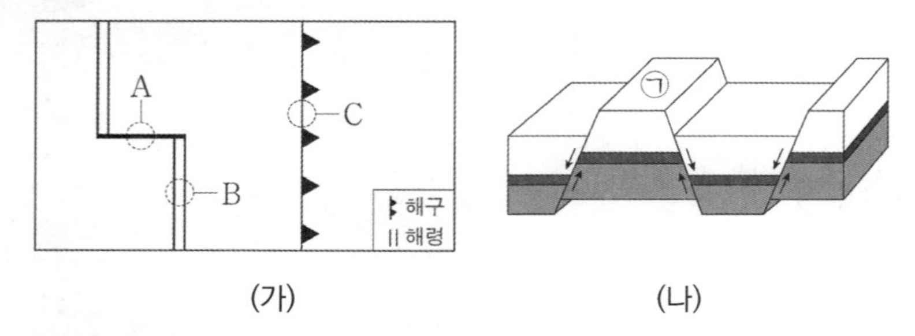

1. (가) 자료에서 A는 변환 단층, B는 해령, C는 해구라는 것을 확인해야 한다.
   변환 단층에서는 주향 이동 단층이, 해령에서는 정단층이, 해구에서는 습곡과 역단층이 잘 나타난다.
2. (나) 자료에서 단층면을 따라 상반이 하반에 비해서 내려간 정단층이 나타나 있다.

선지 판단하기

ㄱ 선지 A 지역에서는 주향 이동 단층이 발달한다. (O)

A는 다른 판이 서로 스쳐지나가는 보존형 경계이므로 주향 이동 단층이 발달한다.

ㄴ 선지 ㉠은 상반이다. (X)

㉠은 단층면 아래에 위치해 있다. 따라서 ㉠은 하반이다.

ㄷ 선지 (나)는 C 지역에서가 B 지역에서보다 잘 나타난다. (X)

(나)의 정단층은 주로 발산형 경계에서 장력을 받아 형성된다. C 지역은 수렴형 경계인 해구이므로 정단층이 아닌 역단층이 발달할 것이다.

기출문항에서 가져가야 할 부분

1. 판 경계에서 형성될 수 있는 지질 구조를 연결 지어보기
2. 단층에서 상반과 하반을 구분하는 연습하기

▎기출 문제로 알아보는 유형별 정리

[단층, 습곡, 절리]

1 단층

① 정단층 2017년 3월 학력평가 10번

그림 (가)는 판의 경계와 서로 이웃한 두 판의 움직임을, (나)는 어떤 지질 구조를 나타낸 것이다.

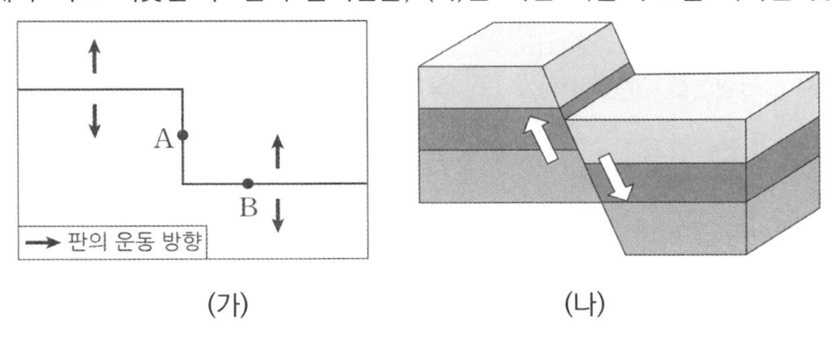

ㄷ. (나)의 지질 구조는 A보다 B에서 잘 나타난다. (O)

- (나)는 **상반이 아래로 내려간 정단층**으로 두 판이 벌어지는 발산형 경계에서 나타난다. 따라서 발산형 경계인 B에서 잘 나타난다.
- **발산형 경계**에서 **장력**의 영향으로 **정단층**이 형성된다는 것을 알아두자.

② 역단층과 주향 이동 단층 2022년 3월 학력평가 4번

그림은 어느 지괴가 서로 다른 종류의 힘 A, B를 받아 형성된 단층의 모습을 나타낸 것이다.

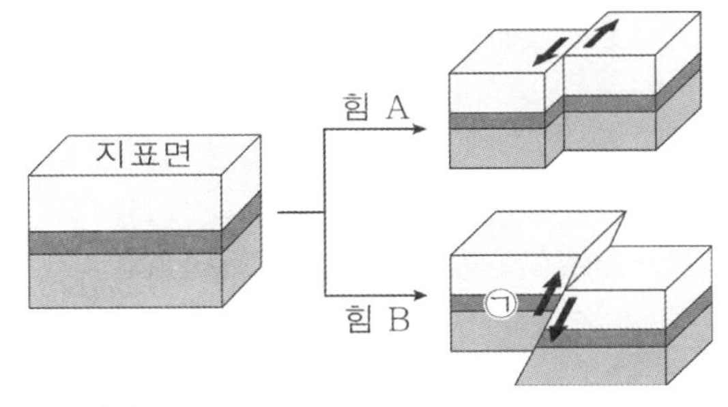

ㄱ. 힘 A에 의해 역단층이 형성되었다. (X)

- 힘 A에 의해서 형성된 단층은 서로 스쳐 지나가는 주향 이동 단층이다.
- 힘 B에 의해 형성된 단층은 상반이 위로 올라간 역단층이다. **역단층**은 주로 **수렴형 경계**에서 나타나며 **횡압력**을 받아 생성된다.
- **주향 이동 단층**은 주로 **보존형 경계**에서 나타난다. 변환 단층은 주향 이동 단층의 일종이다.

③ 정단층과 역단층의 구분 2020년 10월 학력평가 11번

그림은 어느 지역의 지질 구조를 나타낸 것이다. A는 화성암, B~E는 퇴적암이고, 단층은 C와 D층이 기울어지기 전에 형성되었다.

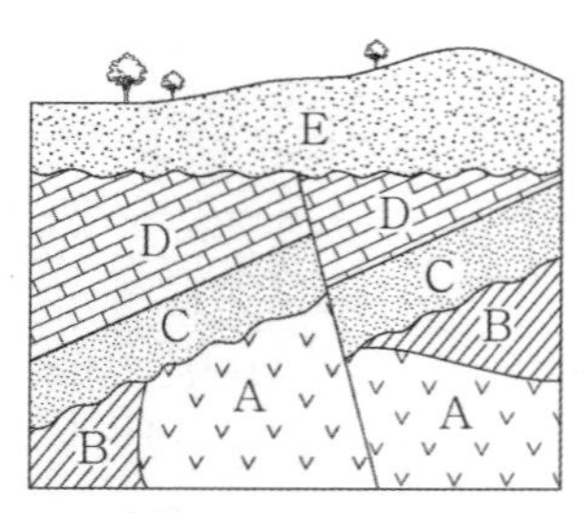

⑤ 단층은 횡압력에 의해 형성되었다. (O)

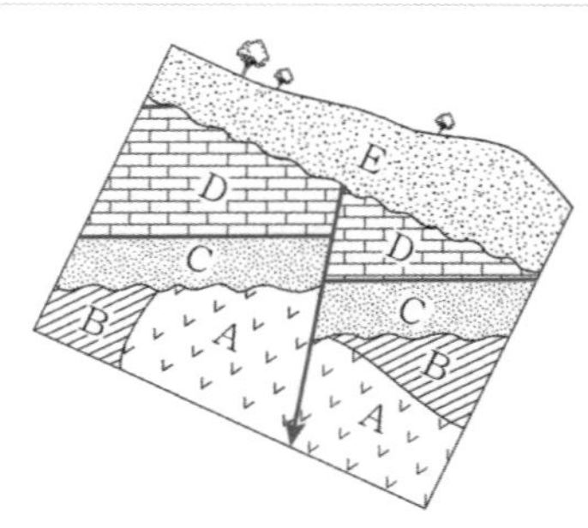

- 위 자료를 그대로 해석하면 단층의 오른쪽이 상반이라 생각하여 상반이 내려간 정단층이라고 해석될 것이다.
  그러나 단층은 최근에 형성된 것이 아닌 D와 E 사이 시기에 형성되었다. 따라서 현재의 관점에서 보는 것이 아닌 **지층이 기울어지기 전** 오른쪽 그림의 **관점에서 봐야 한다.** 따라서 단층의 왼쪽이 상반이고, 상반이 올라간 역단층으로 해석해야 한다.
- 위 자료처럼 **단층이 형성된 후 지층이 기울어졌을 때** 정단층, 역단층을 구분하기 위해서는 **단층이 형성되었을 때의 관점으로 해석**해야 함을 반드시 기억하자.

2 습곡

① 습곡의 배사 및 향사 지II 2017년 4월 학력평가 20번

그림 (가)~(다)는 서로 다른 지역에서 발견되는 지질 구조를 나타낸 것이다.

(가)

ㄱ. (가)에서는 배사 구조가 나타난다. (O)

- (가) 자료를 보면 지층이 위로 볼록하게 형성된 것을 확인할 수 있다. 이는 지층이 횡압력을 받아 휘어지며 형성된 습곡이며 배사 구조가 나타난다.
- 습곡이 **위로 볼록**하게 형성된 부분은 **배사, 아래로 볼록**하게 형성된 부분은 **향사**라는 것을 기억하자.
- 또한 **습곡은 단층보다 깊은 곳에서 형성**된다. 왜냐하면 지층이 끊어진 구조인 단층과는 달리 지하 깊은 곳에서 형성되는 습곡은 지층의 온도가 높아 휘어지기 때문이다.

② 횡와 습곡에서의 역전? 지II 2017년 7월 학력평가 10번

그림은 어느 지역의 지질 단면도를 나타낸 것이다. (단, 지층의 역전은 없었다.)

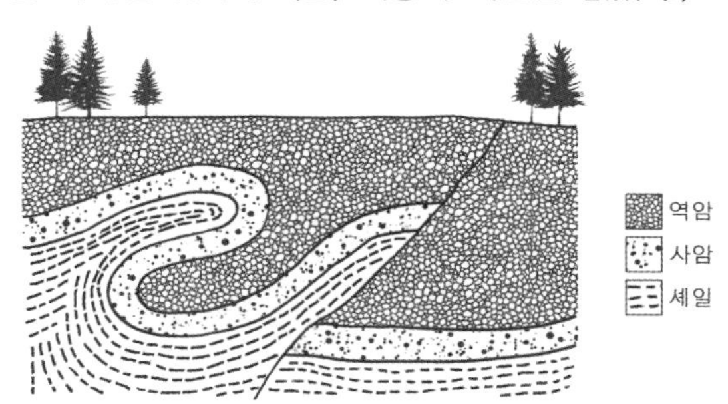

ㄱ. 정습곡이 나타난다. (X)

- 자료는 **습곡축면이 완전히 누워버린 횡와 습곡**이 나타나 있다.
- **횡와 습곡에서는 역전이 발생할 수 있다**는 사실을 알아두자.
  지층이 완전히 누웠기 때문에 오른쪽 그림처럼 A 지역에서는 지층의 역전이 발생하는 것이다.

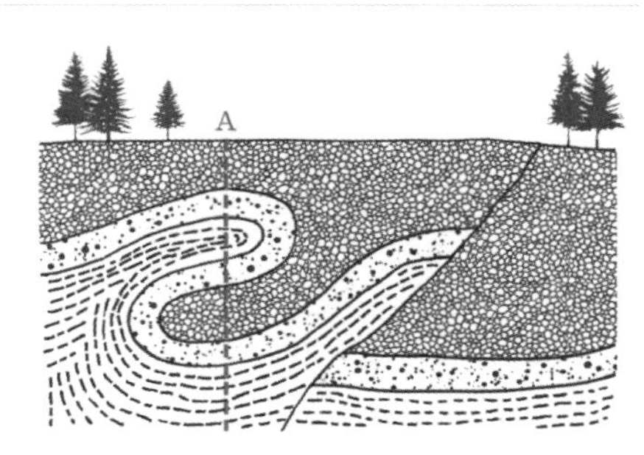

3 절리

① 주상 절리 2019학년도 9월 모의평가 2번

다음은 영희가 제주도 서귀포시의 어느 지질 명소에 대하여 조사한 탐구 활동의 일부이다.

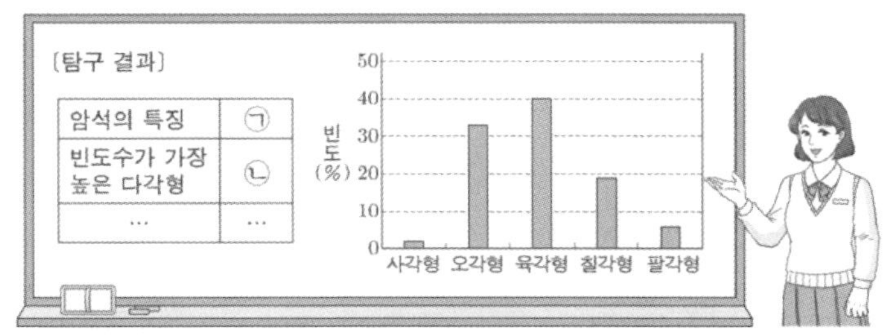

ㄷ. 기둥 모양을 형성하는 절리는 용암이 급격히 냉각 수축하는 과정에서 만들어진다. (O)

- 위 자료는 육각형 모양의 주상 절리에 대한 설명을 나타내고 있다. **주상 절리**는 지표 근처에서 빠르게 식은 **마그마가 급격히 수축**하여 다각형 모양으로 쪼개지면서 나타난다.
- 주상 절리는 주로 **화산암**에서 나타나는 형태라는 것을 기억하자.

② 판상 절리 2021년 3월 학력평가 2번

그림 (가)는 화성암의 생성 위치를, (나)는 북한산 인수봉의 모습을 나타낸 것이다.

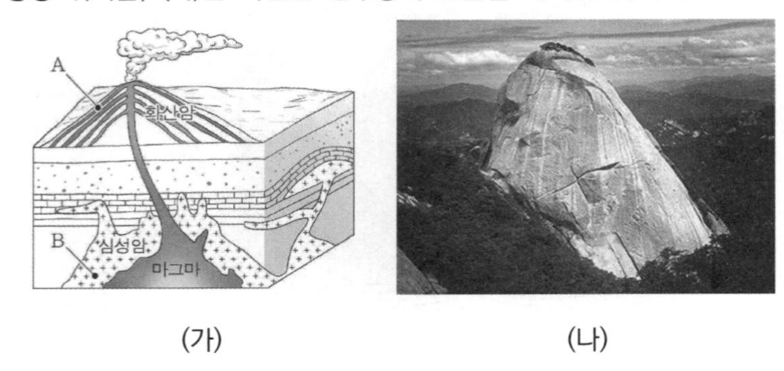

(가) (나)

ㄴ. (나)의 암석은 A에서 생성되었다. (X)

- (나)의 암석은 주로 중생대 화강암으로 이루어져 있다. **화강암**은 심성암의 종류 중 하나로 **지하 깊은 곳에서 천천히 식으면서 만들어진다**. 따라서 B에서 형성된다.
- (나)와 같은 화강암은 지하 깊은 곳에서 형성된다. 이후 지층이 융기하여 현재의 북한산과 같은 형태가 된 것이다. **지층이 융기하는 과정**에서 암석은 **압력이 감소**하여 **부피가 팽창**한다. 부피가 팽창하면서 **판 모양으로 쪼개지면 판상 절리**가 나타난다.

추가로 물어볼 수 있는 선지 해설

1. 지층이 횡압력을 받아 단층이 생성되는 곳에서는 단층면을 따라 상반이 위로 올라가는 역단층이 생성된다.
2. 판상 절리는 암석이 융기하는 과정에서 압력이 줄어들면서 부피가 팽창하는 환경에서 만들어진다.
   ⇒ 용암이 급격히 수축하면서 만들어지는 지질 구조는 주상 절리이다.
3. 습곡은 높은 온도에서 휘어지며 만들어진 지질 구조이다. 주상 절리는 얕은 곳에서 마그마가 빠르게 식는 과정으로 형성된 지질 구조이다.

지Ⅱ 2019년 4월 학력평가 16번

그림 (가)와 (나)는 서로 다른 두 지역의 지질 단면도를 나타낸 것이다.

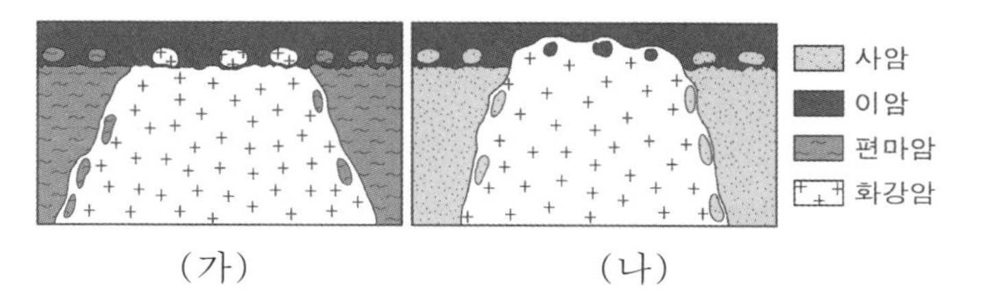

(가) (나)

이에 대한 설명으로 옳은 것만을 <보기>에서 있는 대로 고른 것은?

<보 기>

ㄱ. (가)에서 편마암은 화강암보다 먼저 생성되었다.
ㄴ. (나)의 화강암에서는 사암과 이암이 포획암으로 나타난다.
ㄷ. (가)와 (나)에는 모두 난정합이 나타난다.

① ㄱ ② ㄷ ③ ㄱ, ㄴ ④ ㄴ, ㄷ ⑤ ㄱ, ㄴ, ㄷ

추가로 물어볼 수 있는 선지
1. (나)에서 난정합이 나타나지 않는 까닭은 부정합이 형성된 후 마그마의 관입이 일어났기 때문이다. (O , X)
2. (가)에서 화강암과 편마암의 경계부에서는 변성암이 산출될 수 있다. (O , X)
3. 포획암은 관입을 당한 암석과 구조가 비슷하다. (O , X)

정답 : 1. (O), 2. (O), 3. (O)

02 지II 2019년 4월 학력평가 16번

KEY POINT #포획암, #난정합

문항의 발문 해석하기

지질 단면도에서 각 지층의 생성 순서를 파악할 준비를 해야 한다.

문항의 자료 해석하기

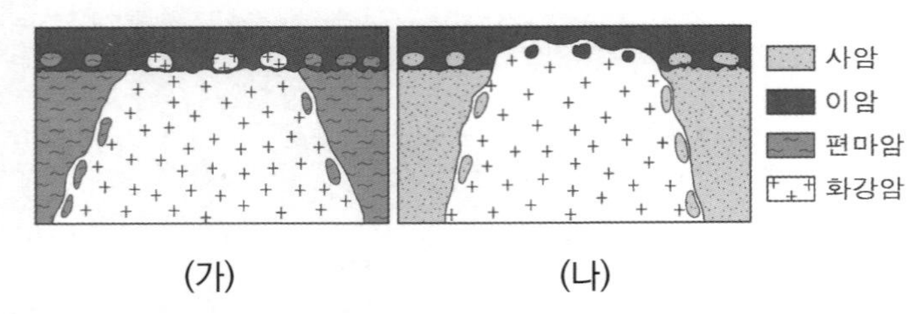

1. (가) 자료에서 화강암 속 편마암이 포획되어 있으므로 화강암이 편마암을 관입하고 있다. 이암층에는 편마암과 화강암이 기저 역암의 형태로 남아 있으므로 부정합이 일어났다.
   따라서 지층의 생성 순서는 편마암 → 화강암 → 이암이다.
2. (나) 자료에서 이암층에 사암이 기저 역암의 형태로 남아 있으므로 부정합이 일어났다. 그리고 화강암 속 사암과 이암이 포획되어 있으므로 화강암이 사암과 이암을 모두 관입하고 있다.
   따라서 지층의 생성 순서는 사암 → 이암 → 화강암이다.

선지 판단하기

ㄱ 선지 (가)에서 편마암은 화강암보다 먼저 생성되었다. (O)

화강암이 편마암을 관입하고 있으므로 원래 있던 암석인 편마암이 먼저 생성된 것이다.

ㄴ 선지 (나)의 화강암에서는 사암과 이암이 포획암으로 나타난다. (O)

(나)를 보면 화강암 속으로 사암과 이암이 포획된 것을 확인할 수 있다.

ㄷ 선지 (가)와 (나)에는 모두 난정합이 나타난다. (X)

(가)는 관입한 화강암이 기저 역암의 형태로 남아 있으므로 난정합이 일어났다.
그러나 (나)는 부정합이 형성된 후 화강암의 관입이 일어났으므로 난정합이 아니다.

기출문항에서 가져가야 할 부분

1. 지층의 생성 순서 파악하기
2. 평행 부정합 및 경사 부정합과 난정합 차이점 알기
3. 기저 역암과 포획암 차이 알기

▎기출 문제로 알아보는 유형별 정리

[부정합, 관입, 포획]

1 부정합을 찾는 방법

① 기저 역암으로 판단하기 2021년 7월 학력평가 5번

그림은 어느 지역의 지질 단면도를, 표는 화성암 P와 Q에 포함된 방사성 원소 X와 이 원소가 붕괴되어 생성된 자원소의 함량을 나타낸 것이다.

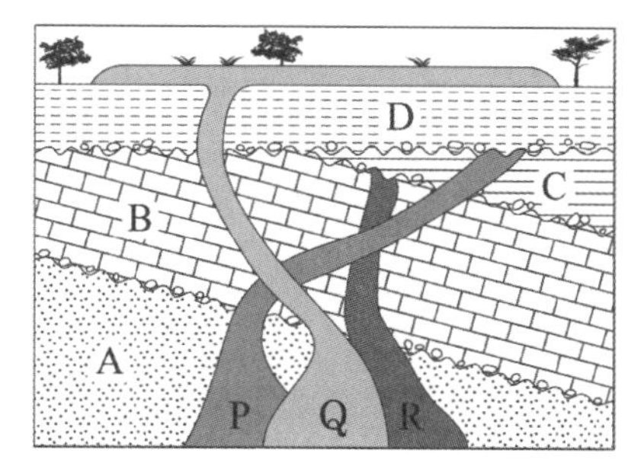

- 위 자료에서 부정합은 A와 B 사이, B와 C 사이, C와 D 사이 **총 3번** 있었다. 그 이유는 각 지층에 **기저 역암이 포함**되어 있기 때문이다. 이는 부정합을 판단하는 가장 간단한 방법이다.

② 변성 흔적으로 판단하기 2021학년도 6월 모의평가 14번

그림 (가)는 어느 지역의 지질 단면을, (나)는 방사성 원소 X에 의해 생성된 자원소 Y의 함량을 시간에 따라 나타낸 것이다. 화성암 A, B, C에는 X와 Y가 포함되어 있으며, Y는 모두 X의 붕괴 결과 생성되었다. 현재 C에 있는 X와 Y의 함량은 같다.

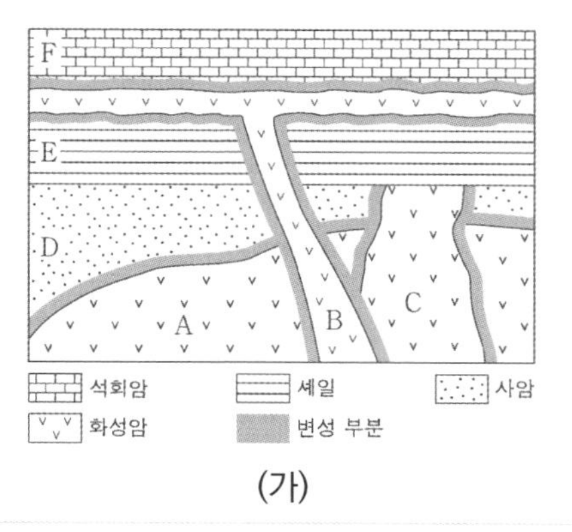

(가)

- 위 자료에서 **부정합은 D와 E 사이에 존재**한다. 부정합이 존재한다고 판단할 수 있는 이유는 D는 C에 의해 변성되었지만, E는 C에 의해 변성되지 않았기 때문이다.
- 이는 C가 형성된 이후 C의 마그마가 다 식은 후 풍화 작용과 침식 작용이 일어나 그 위에 쌓인 E에는 변성 흔적이 나타나지 않은 것이다.

③ 표준 화석으로 판단하기 　　지Ⅱ 2015학년도 수능 2번

그림은 어느 지역의 지질 단면과 지층 A, B, C에서 발견되는 화석을 나타낸 것이다.

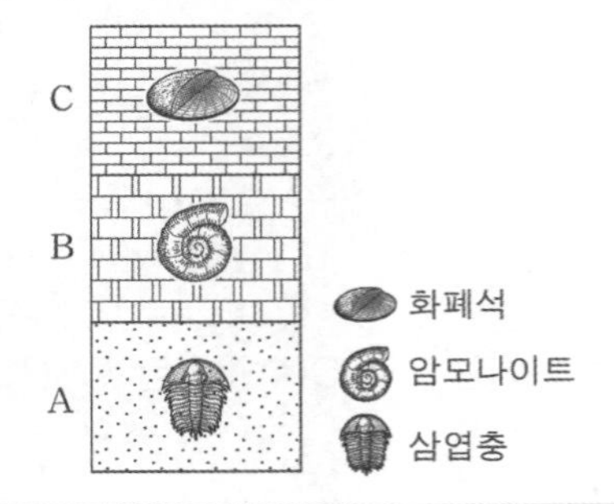

- 지층은 A → B → C 순으로 쌓였다. 그러나 각 지층은 정합 관계가 아닌 부정합 관계이다.
  고생대 → 중생대, 중생대 → 신생대의 지층이 연속적으로 나타날 수 없기 때문이다.
  따라서 각 지층 사이에 긴 시간 간격이 있는 부정합이라고 판단해야 한다.

④ 모양을 보고 판단하기 　　2020년 7월 학력평가 10번

그림은 어느 지역의 지질 단면도이다. 관입암 P와 Q에 포함된 방사성 원소 X의 양은 처음의 $\frac{1}{8}$, $\frac{1}{64}$이고, 방사성 원소 X의 반감기는 1억 년이다.

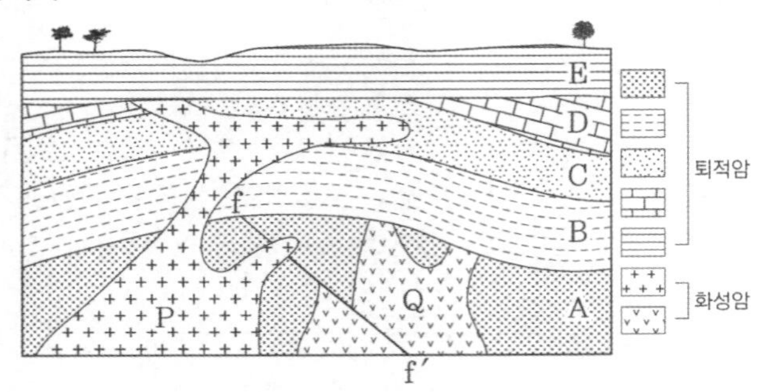

- 위 자료에서 부정합은 A와 B 사이, D와 E 사이 총 2번 존재한다. 기저 역암, 변성 흔적, 화석 등의 자료가 전혀 없을 때 이용할 수 있는 방법이다. 바로 모양을 보고 판단하는 것이다.
  Q의 모양을 보면 A에서는 잘 관입하고 있지만 B에는 관입하지 못하고 **깔끔하게 깎여진 모습**을 볼 수 있다. 이는 **풍화 침식 작용**을 받아서 부정합이 형성되었기 때문이라고 볼 수 있다.
  또한, P와 D의 모양을 보면 E 지층과 비교했을 때 **깔끔하게 깎여진 모습**을 볼 수 있다. 마찬가지로 **풍화 침식 작용**에 의해 부정합이 형성된 것이다.

⑤ 육성층과 해성층은 연속적으로 쌓일 수 없다. 2023년 3월 학력평가 7번

그림은 어느 지역의 지질 단면과 산출 화석을 나타낸 것이다.

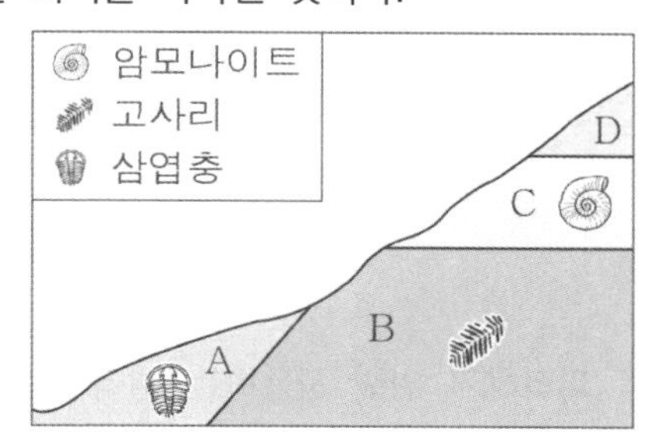

ㄴ. B층과 C층은 부정합 관계이다. (O)

- B는 고사리가 존재하므로 육성층, C는 암모나이트가 존재하므로 해성층이다. 따라서 B층과 C층은 부정합 관계이다.
- **육성층과 해성층은 연속적으로 쌓일 수 없다**는 것은 부정합을 판단하는 근거 중 하나이다.
  '지층이 융기하다 보면 그럴 수 있지 않을까?'라는 생각은 하지 않도록 하자.

2 포획암

① 포획암과 관입암의 생성 순서 지Ⅱ 2019년 7월 학력평가 2번

다음은 어느 지역의 지질 단면도와 관찰 내용이다. (단, 지층은 역전되지 않았다.)

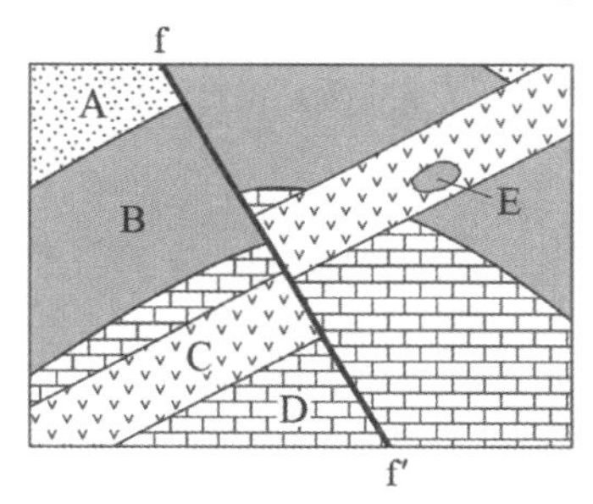

- C는 화성암임
- 습곡이 나타남
- B와 E는 동일 암석임
- f–f′를 경계로 암석이 어긋남

ㄷ. C보다 E가 먼저 형성되었다. (O)

- 화성암 C가 주변 암석을 관입하고 있다. 이때, B와 E는 동일 암석이므로 C가 관입하던 도중 E가 포획된 것이다.
  따라서 E가 먼저 형성된 암석이다.
- 포획암의 존재를 통해 지층의 선후 관계를 파악할 수 있다는 것을 알아두자.

추가로 물어볼 수 있는 선지 해설

1. 난정합은 지층의 형태를 알아볼 수 없을 정도로 마그마에 의한 변성 작용을 심하게 받은 후 부정합 과정이 일어나야 한다. 그러나 (나)에서는 부정합이 형성된 후 마그마의 관입이 일어났기 때문에 난정합이 존재한다고 볼 수 없다.
2. 변성암은 암석이 마그마에 의해 변성되면 만들어지므로 화강암과 편마암의 경계부에는 변성암이 형성될 수 있다.
3. 포획암은 원래 있던 암석이 관입에 의해 관입한 마그마에 갇히면서 만들어지는 암석이다. 따라서 관입을 당한 암석과 구조는 비슷할 것이다.
   ⇒ '비슷하다'고 말하는 이유는 변성 작용을 심하게 받았을 수 있기 때문이다.

Chapter

03 지사학 법칙과 연령 측정

❙ 지사학 법칙과 연령 측정 - 지사학 법칙

1. 지사학 법칙

지사학 법칙이란 **지층 사이의 선후 관계를 파악하기 위해** 사용하는 원리이다. 현재 지각에서 발생하는 지질학적 사건들은 조건이 동일하다면 과거에도 당연하게 일어났을 것이라는 동일 과정의 원리를 바탕으로 5가지의 법칙을 이용하여 지층의 생성 순서를 파악한다.

① **수평 퇴적의 법칙** : 퇴적물이 쌓일 때 중력의 영향으로 수평으로 쌓인다. 만약 어떤 지층이 수평면에 대해서 기울어져 있거나 휘어져 있다면 퇴적물이 쌓인 후 지각 변동을 받았다는 것을 알 수 있다.

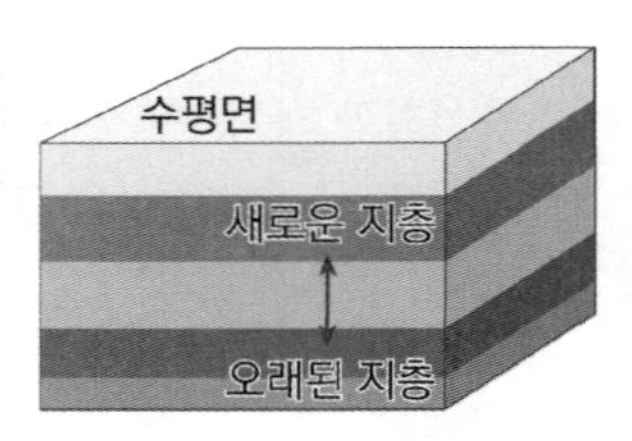

▲ 수평 퇴적의 법칙

② **지층 누중의 법칙** : 퇴적물이 지층에 쌓일 때 중력에 의해 아래쪽부터 쌓인다. 지각 변동에 의한 지층의 역전이 발생하지 않았다면 아래에 있는 지층은 위에 있는 지층보다 먼저 퇴적되었다. 지층의 역전 여부는 앞서 배운 퇴적 구조, 화석의 종류 등을 통해 알아낼 수 있다.

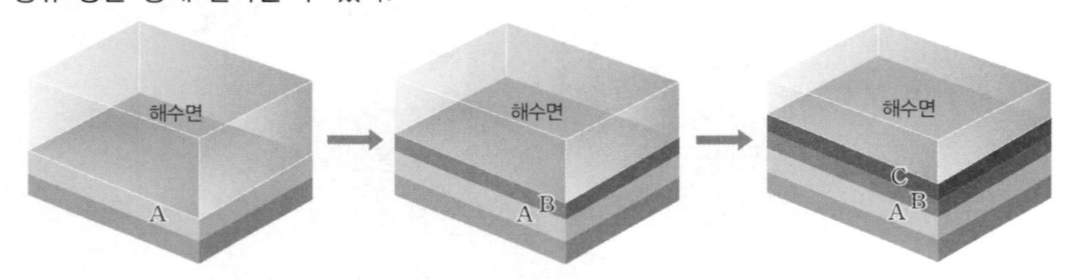

▲ 지층 누중의 법칙 : A→B→C 순으로 쌓였다.

③ **동물군 천이의 법칙** : 과거에 쌓인 지층에서 최근에 쌓인 지층으로 갈수록 더욱 진화된 생물의 화석이 발견된다.
특정 시대에만 살았던 화석을 **표준 화석**이라 하는데 표준 화석을 통해 지층의 생성 순서를 파악할 수 있다.
예를 들어 공룡(중생대)이 포함된 지층과 삼엽충(고생대)이 포함된 지층이 있다면 삼엽충이 포함된 지층이 먼저 쌓였으리라는 것을 유추할 수 있다. (표준 화석에 대한 자세한 설명은 Theme 2-4에서 등장한다.)

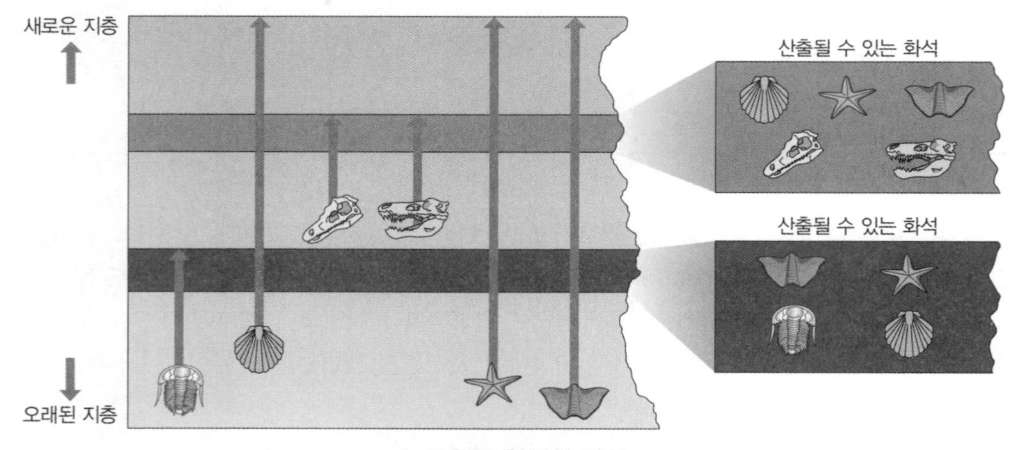

▲ 동물군 천이의 법칙

④ **부정합의 법칙** : 부정합면을 경계로 상하 지층의 퇴적 시기 사이에는 큰 시간적 간격이 존재한다. 부정합은 퇴적이 중단되어 풍화◦침식 작용이 일어난 후 다시 퇴적이 일어나면서 만들어진다. 따라서 상하 지층의 모양, 암석의 종류, 화석 등 여러 가지가 다른 경우가 많고, 부정합면 위에는 암석의 파편인 기저 역암이 존재할 수 있다.
(부정합면을 찾는 방법은 앞서 Theme 2-2에서 배웠으므로 참고하자.)

⑤ **관입의 법칙** : 관입한 암석은 관입을 당한 암석보다 나중에 생성되었다. 관입이란 마그마가 땅을 뚫고 들어가는 과정이므로 당연히 먼저 쌓인 지층을 뚫고 들어가는 것이기 때문이다. 관입하는 과정에서 마그마 주위의 암석은 마그마의 높은 온도에 의해 변성된다. 이때 변성의 흔적을 통해서도 지층 사이의 선후 관계를 파악할 수 있다.

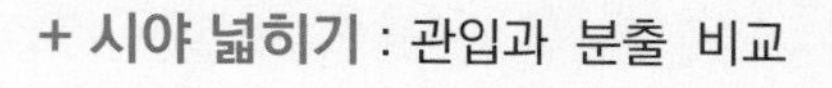

+ 시야 넓히기 : 관입과 분출 비교

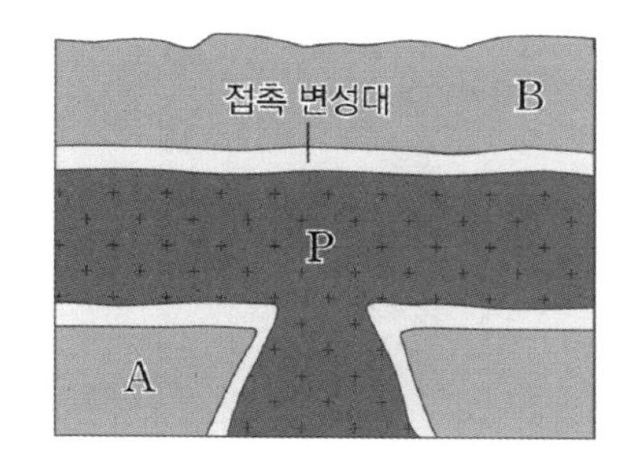

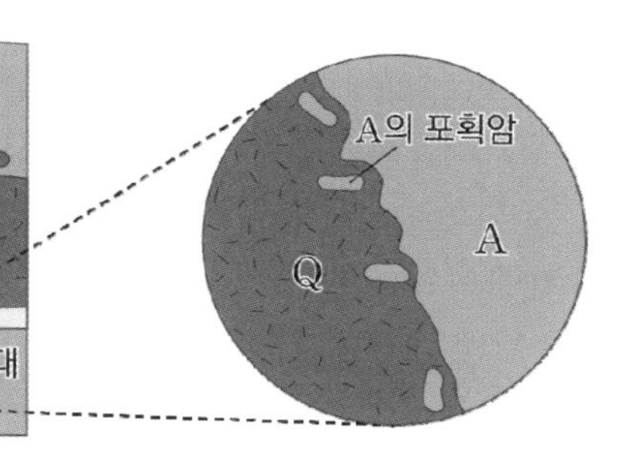

관입 : 생성 순서 : A→B→P	**분출** : 생성 순서 : A→Q→B	포획암
변성 흔적이 A와 B 모두에 나타나므로 A와 B가 쌓인 후에 P가 **관입한 것**으로 볼 수 있다.	변성 흔적이 A에서만 나타나고 있다. Q는 기저 역암의 형태로 B 지층 속에 있으므로 **분출했다는 것**을 알 수 있다.	포획암은 원래 지층의 존재하던 암석이므로 관입암보다 먼저 형성된 것이라는 걸 알 수 있다.

지사학 법칙과 연령 측정 - 상대 연령과 지층 대비

1. 상대 연령

상대 연령이란 **지층의 생성 시기와 지질학적 사건의 발생 순서를** 상대적으로 나타낸 것을 의미한다. 이번 단원에서는 지사학 법칙을 이용하여 지질학적 사건의 순서를 판단하는 능력과 지층의 모양을 보고 판단하는 직관적인 능력이 필요하다. 상대 연령 측정을 통해서는 '상대적'인 연령만 알 수 있을 뿐 지층이 정확히 언제 생성되었는지는 알 수 없다.

+ 시야 넓히기 : 암석의 생성 순서 파악하기

[지사학 법칙을 이용하여 순서 판단하기]

지층 누중의 법칙에 따라

석회암 → 셰일 → 역암 순으로 쌓였다.

화성암은 석회암, 셰일, 역암을 관입한 후 분출했다.

사암층에서 역암, 화성암, 셰일로 구성된 기저 역암이 발견된다.

따라서 지층의 생성 순서는

석회암 → 셰일 → 역암 → 화성암 관입 → 부정합 → 사암 이다.

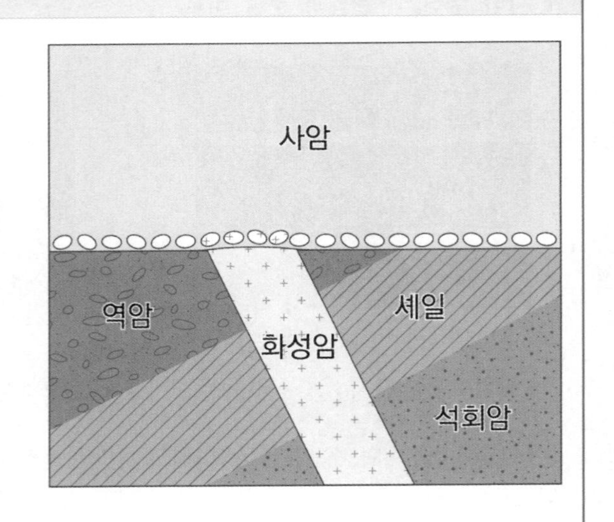

[TIP!]

어떤 지사학 법칙을 우선으로 적용하는지의 방법은 개인마다 차이가 있을 수밖에 없다. 따라서 여러 가지의 문제를 풀어보고 적용해보는 것이 가장 좋은 방법이지만 대체로 이런 순서를 적용하면 문제를 빨리 판단할 수 있다.

2. 지층 대비

지층 대비란 서로 다른 지역의 지층을 비교하여 퇴적 시기의 선후 관계를 파악하는 것을 말한다. 지층 대비 방법에는 암상에 의한 대비와 화석에 의한 대비 두 가지 방법이 있다.

(1) 암상에 의한 대비

- **비교적 가까운 지층**의 **선후 관계를 판단할 때 이용**되며 지질 구조, 암석의 종류, 조직 등의 특징들을 비교하여 판단한다. 이때 지층을 대비할 때 기준이 되는 지층을 건층(열쇠층)이라 한다.
- **건층(열쇠층)** : 넓은 지역에 짧은 시간 동안 빠르게 생성되는 지층이다. 응회암층이나 석탄층이 주로 이용된다.
  응회암층은 화산이 폭발하면서 분출하는 화산재에 의해 생성된 것이므로 넓은 지역에 한꺼번에 퇴적되며 생성된다.
  석탄층은 식물이 대량으로 지층에 묻히면서 퇴적된 것이므로 넓은 지역에 한꺼번에 퇴적되며 생성된다.
  (예를 들어 한국에서 화산 폭발로 형성되는 화산재는 미국까지 날아가서 응회암층을 형성하지 않으므로 비교적 가까운 지역의 상대 연령 파악에만 열쇠층이 이용된다는 사실을 알아두자.)

(2) 화석에 의한 대비

- 특정 시대에만 살았던 **표준 화석을 이용하여** 같은 화석이 발견되는 지층은 같은 시기에 생성된 지층이라는 것을 이용하여 지층의 선후 관계를 파악할 수 있다.
- 표준 화석은 특정 시대 동안 넓은 지역에서 생존했던 생물의 화석이기 때문에 표준 화석이 포함된 지층은 특정 시대에 쌓인 지층이라고 생각할 수 있다. 또한 암상에 의한 대비와는 달리 **멀리 떨어진 지층의 선후 관계도 판단할 수 있다.**

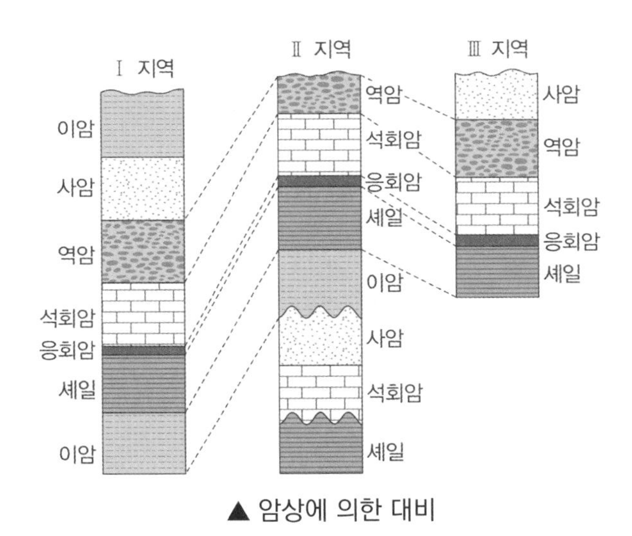

▲ 암상에 의한 대비

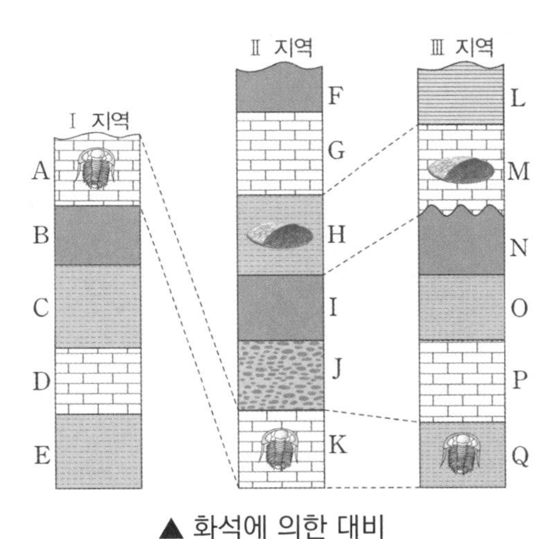

▲ 화석에 의한 대비

▍지사학 법칙과 연령 측정 - 절대 연령과 방사성 동위 원소

1. 절대 연령

절대 연령이란 지층의 생성 또는 지질학적 사건의 발생 시기를 **절대적인 수치**로 나타낸 것을 의미한다. 절대 연령은 암석 속에 포함된 방사성 동위 원소의 반감기를 이용하여 알아낼 수 있다.

2. 방사성 동위 원소

방사성 동위 원소란 상태가 불안정하기에 자발적으로 붕괴하여 안정한 상태가 되려는 원소를 의미한다. 이 과정에서 방사성 에너지를 내뿜기 때문에 방사성 동위 원소라 불린다. 이때 **붕괴하기 전의 불안정한 원소를 모원소, 붕괴해서 안정해진 원소를 자원소**라 한다.

3. 반감기

반감기란 방사성 동위 원소가 붕괴하여 처음 양의 절반으로 줄어드는 데 걸리는 시간을 의미한다. 반감기가 한 번 지날 때 모원소의 양은 절반으로 줄어들며, 줄어든 만큼 자원소의 양은 늘어난다. 반감기는 **온도나 압력의 변화와 관계없이** 일정하며 방사성 동위 원소는 각자 다른 반감기를 갖는다.

(1) 반감기와 절대 연령의 관계

- 시간이 지남에 따라 모원소의 양은 계속해서 줄어들고, 줄어든 모원소의 양만큼 자원소가 증가한다. 따라서 암석에 포함된 모원소와 자원소의 비율을 보고 반감기 경과 횟수를 알 수 있다.

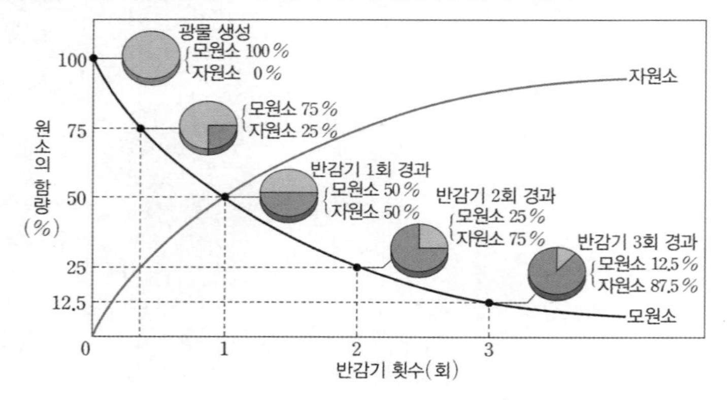

$t = n \times T$
(t : 절대 연령, n : 반감기 경과 횟수, T : 반감기)

+ 시야 넓히기 : 모원소와 자원소의 비율에 따른 반감기 횟수

- 모원소의 양과 모원소와 자원소의 비율을 보고 반감기가 몇 번 지났는지 알 수 있어야 한다.

모원소 : 자원소	처음에 포함된 모원소의 양	처음에 포함된 모원소의 양	반감기
1 : 1	$\frac{1}{2}$	50%	1회
1 : 3	$\frac{1}{4}$	25%	2회
1 : 7	$\frac{1}{8}$	12.5%	3회
1 : 15	$\frac{1}{16}$	6.25%	4회

4. 암석의 절대 연령 측정

방사성 동위 원소를 포함하는 암석은 모두 절대 연령을 구할 수 있다. 그러나 측정된 절대 연령이 항상 **암석의 생성 시기를 나타내 주는 것은 아니다**.

(1) 화성암의 절대 연령

- **화성암**에서 측정한 **절대 연령은 암석의 생성 시기**를 나타낸다.
- 마그마 속 방사성 동위 원소는 마그마가 식어 화성암이 되는 순간부터 붕괴를 시작하므로 암석의 절대 연령이 암석의 생성 시기와 같은 것이다.

(2) 변성암의 절대 연령

- **변성암**은 본래 존재하던 암석이 주변의 열로 인해 변성 작용을 받아 형성된 암석이다.
- 이때, 변성암에서 측정한 절대 연령은 본래 있던 암석의 생성 시기가 아닌, **변성된 시기의 절대 연령**이므로 암석의 **정확한 생성 시기를 알기 어렵다**.

(3) 퇴적암의 절대 연령

- 퇴적암은 이곳저곳에서 생성된 작은 입자들이 모여 퇴적되어 만들어지는 암석이다.
- **퇴적암 속 입자들마다 생성된 시기가 다르므로 측정된 절대 연령 또한 다양하게 나타날 것**이다.
  따라서 퇴적암이 생성된 시기를 알기는 어렵고 퇴적암에서 측정한 절대 연령은 퇴적 시기의 상한선을 나타낸다.

5. 방사성 동위 원소의 이용

방사성 동위 원소의 반감기를 이용하여 과거의 지질학적 사건이 발생한 시기를 알아내거나 고고학 유적, 유물의 형성 시기 추정, 지구 환경 변화 연구 등을 할 수 있다.

모원소	자원소	반감기
^{238}U	^{206}Pb	약 45억 년
^{235}U	^{207}Pb	약 7억 년
^{232}Th	^{208}Pb	약 141억 년
^{87}Rb	^{87}Sr	약 492억 년
^{40}K	^{40}Ar	약 13억 년
^{14}C	^{14}N	약 5730년

- 오래 전에 형성된 암석의 절대 연령은 반감기가 긴 방사성 동위 원소를 이용하여 측정하고, 비교적 최근에 생성된 암석의 절대 연령은 반감기가 짧은 방사성 동위 원소를 이용하여 측정한다.

- 방사성 탄소(^{14}C)의 반감기는 약 5730년으로 다른 방사성 원소에 비해서 짧기 때문에 비교적 최근에 생성된 지층 속에 들어 있는 화석이나 고고학적 유물의 연대 측정에 주로 이용된다.

memo

2021학년도 6월 모의평가 지Ⅰ 14번

그림 (가)는 어느 지역의 지질 단면을, (나)는 방사성 원소 X에 의해 생성된 자원소 Y의 함량을 시간에 따라 나타낸 것이다. 화성암 A, B, C에는 X와 Y가 포함되어 있으며, Y는 모두 X의 붕괴 결과 생성되었다. 현재 C에 있는 X와 Y의 함량은 같다.

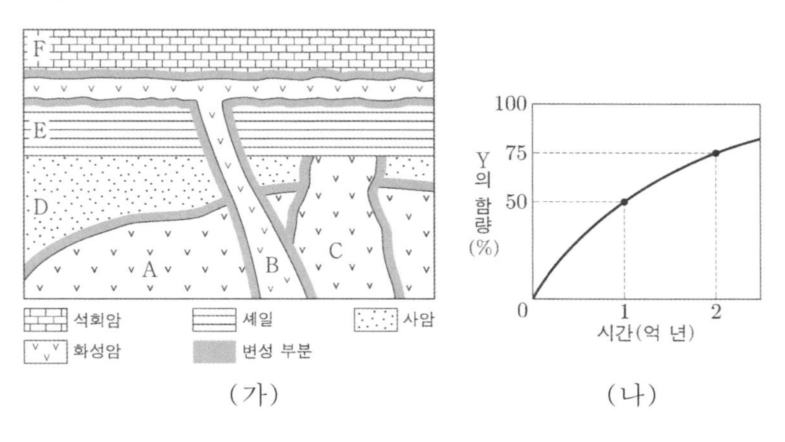

(가) (나)

이 모형에 대한 설명으로 옳은 것만을 <보기>에서 있는 대로 고른 것은?

<보 기>

ㄱ. D는 화폐석이 번성하던 시대에 생성되었다.

ㄴ. $\frac{\text{Y의 함량}}{\text{X의 함량}}$은 A가 B보다 크다.

ㄷ. 암석의 생성 순서는 D → A → C → E → B → F이다.

① ㄱ ② ㄴ ③ ㄷ ④ ㄱ, ㄴ ⑤ ㄴ, ㄷ

추가로 물어볼 수 있는 선지

1. 수면 위로 융기해 있는 지역에 부정합이 2개가 있으면 그 지역은 수면 위로 최소 3번 이상 융기하였다. (O , X)
2. 이 지역에 2억 년 전 단층이 형성되었다면 B는 단층에 의해 어긋나있을 것이다. (O , X)
3. 5000만 년 전에 C에 있는 Y의 함량은 75%였다. (O , X)

정답 : 1. (O), 2. (X), 3. (X)

01 2021학년도 6월 모의평가 지 I 14번

KEY POINT #변성 부분, #암석 생성 순서

문항의 발문 해석하기

화성암 A, B, C에 들어있는 방사성 동위 원소는 모두 X임을 기억하자. C에 포함된 모원소와 자원소의 함량이 동일하므로 반감기가 1번 지났다는 것을 알 수 있다.

문항의 자료 해석하기

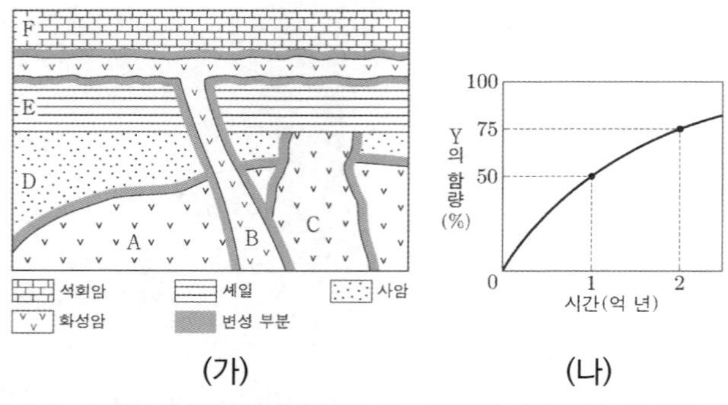

(가) (나)

1. (가) 자료를 보고 바로 지층의 생성 순서부터 파악하자. 지사학 법칙에 의하여 지층의 생성 순서는 D → A → C → E → F → B이다. 관입에 의한 변성 흔적을 보고 순서를 잘 파악하자.
2. (나) 자료는 X의 자원소인 Y의 시간에 따른 함량 비율을 나타내고 있다. 자원소의 함량이 50%인 지점은 모원소의 함량도 50%일 것이다. 이는 반감기가 1회 경과했음을 의미하며 X의 반감기는 1억 년일 것이다. 이때 C의 나이는 1억 년인 것을 알 수 있다.

TIP.

(가) 자료와 같이 지층의 생성 순서를 파악해야 하는 문제라는 것을 알 수 있다면 방사성 원소로 알아낸 반감기와 함께 지문 옆에 슬그머니 순서를 적어두도록 하자.

ex. D → A(추정 불가) → C(1억 년) → E → F → B(추정 불가)

선지 판단하기

ㄱ 선지 D는 화폐석이 번성하던 시대에 생성되었다. (X)

C의 절대 연령은 1억 년이다. D는 C보다 먼저 형성되었으므로 신생대 표준 화석인 화폐석이 형성될 수 없다.

ㄴ 선지 $\frac{\text{Y의 함량}}{\text{X의 함량}}$은 A가 B보다 크다. (O)

X는 모원소, Y는 자원소다. 이때, A는 B보다 나이가 많으므로 자원소의 함량이 더 높을 것이다.

따라서 $\frac{\text{Y의 함량}}{\text{X의 함량}}$은 A가 B보다 크다.

ㄷ 선지 암석의 생성 순서는 D → A → C → E → B → F이다. (X)

암석의 생성 순서는 D → A → C → E → F → B이다. F에 B에 의한 변성 흔적이 있다.

기출문항에서 가져가야 할 부분

1. 지층의 생성 순서 파악하기
2. 방사성 동위 원소와 자원소의 관계 이해하기
3. 각 지질 시대의 시기와 표준 화석 암기하기

▍기출 문제로 알아보는 유형별 정리

[지층 해석]

1 지층 대비

① 암상에 의한 대비 지Ⅱ 2014학년도 6월 모의평가 7번

그림은 인접한 세 지역 A, B, C의 지질 주상도이다. 이 지역에는 동일한 시기에 분출된 화산재가 쌓여 만들어진 암석이 있다.

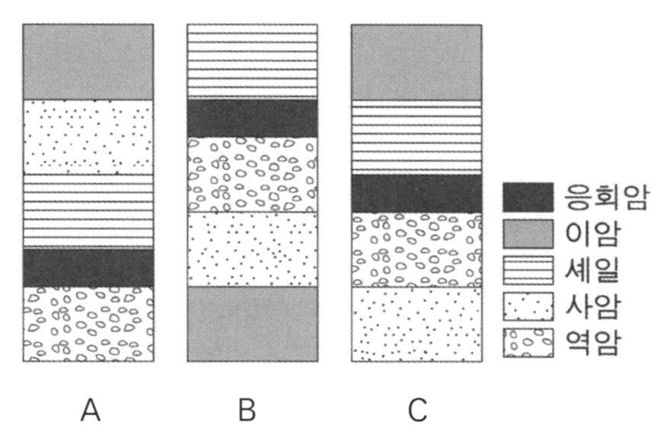

ㄱ. A와 C의 사암층은 같은 시기에 퇴적되었다. (X)

- 세 지역의 지층은 모두 응회암이 나타나 있다. **응회암은 화산재가 퇴적되어 형성되는 퇴적암**으로 과거 근처 지역에 화산 활동이 있었다는 것을 의미한다.
  따라서 응회암을 기준으로 **위아래 쌓인 지층은 세 지역 모두 같은 시기에 형성된 지층**이라는 것을 알아야 한다. 이때, A 지역의 사암은 응회암층 위에, C 지역의 사암은 응회암층 아래에 쌓인 것을 확인할 수 있다. 따라서 **두 지역의 사암층은 다른 시기에 퇴적된 것**이다.
- 응회암층처럼 서로 다른 지역 지층의 생성 순서를 결정할 때 이용되는 것을 열쇠층(건층)이라 한다.
  열쇠층의 종류는 응회암층과 석탄층이 있다.

② 화석에 의한 대비   지Ⅱ 2020학년도 6월 모의평가 4번

그림 (가)는 지질 시대 Ⅰ~Ⅴ에 생존했던 생물의 화석 a~d를, (나)는 세 지역 ㉠, ㉡, ㉢의 각 지층에서 산출되는 화석을 나타낸 것이다. Ⅰ~Ⅴ는 오래된 지질 시대 순이다. (단, 지층은 역전되지 않았다.)

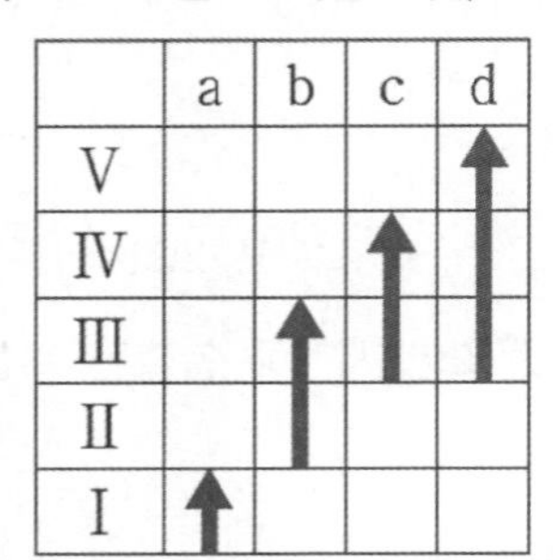

지역 ㉠
c d
d
b d

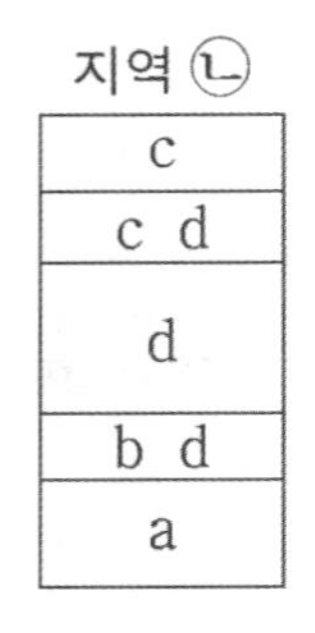

지역 ㉢
b d
b
a

ㄷ. 지역 ㉡에서는 Ⅴ시대에 살았던 d가 산출된다. (X)

- 지역 ㉡의 지층에서는 화석 d가 산출되고 있다. 그러나 화석 d는 화석 b, 화석 c와 같은 지층에서 산출됐다. 따라서 **b와 함께 산출된 지층은 Ⅲ 시대 지층, c와 함께 산출된 지층은 Ⅳ 시대 지층**이라고 봐야 한다. 따라서 Ⅴ시대에 살았던 d는 존재하지 않는다.
- 산출되는 화석의 종류를 통해 지층의 생성 시기를 판단할 수 있어야 한다.

#2 지층의 생성 순서

① 지층 경계를 통과할 때 변화하는 연령   2024학년도 6월 모의평가 11번

그림은 어느 지역의 지질 단면을 나타낸 것이다.

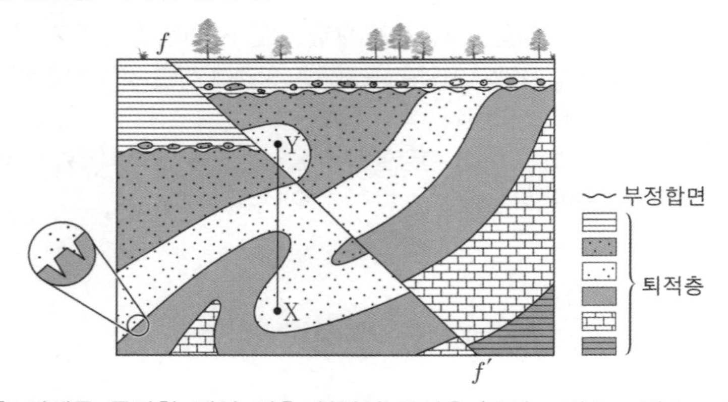

ㄷ. X→Y를 따라 각 지층 경계를 통과할 때의 지층 연령의 증감은 '증가→감소→감소→증가'이다. (O)

- X-Y 구간을 살펴보면 오른쪽 그림과 같이 나타낼 때 X→Y로 갈수록 변화하는 각 지층 경계의 나이 변화를 파악해보자
  ① → ② : 증가, ② → ③ : 감소,
  ③ → ④ : 감소, ④ → ⑤ : 증가
  따라서 지층 연령의 증감은 '증가→감소→감소→증가'이다.
- 오른쪽 그림처럼 **각 구간의 번호를 설정**한 후 지층의 생성 순서를 판단하여 변화하는 연령의 증감을 표현할 수 있어야 한다.

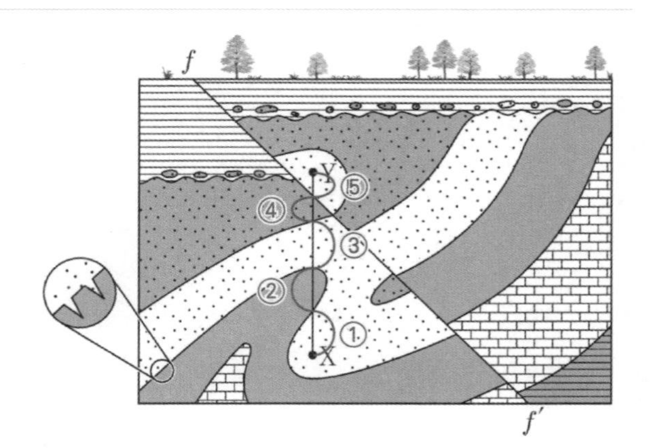

3 지층의 최소 융기 횟수

① 육상으로 드러난 지층은 부정합 횟수 +1회 융기하였다. 2021년 7월 학력평가 5번

그림은 어느 지역의 지질 단면도를, 표는 화성암 P와 Q에 포함된 방사성 원소 X와 이 원소가 붕괴되어 생성된 자원소의 함량을 나타낸 것이다.

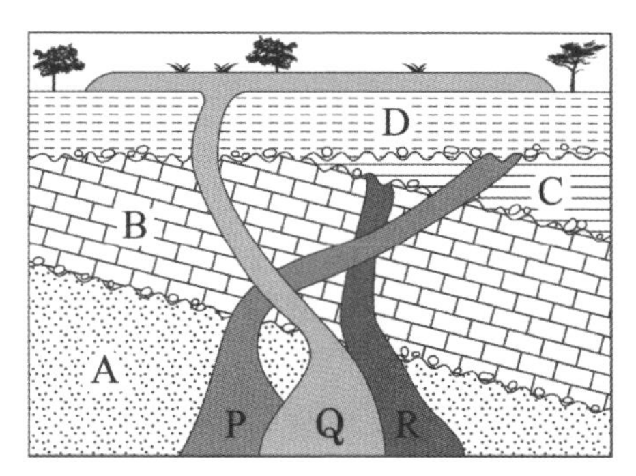

ㄱ. 이 지역에서는 최소한 4회 이상의 융기가 있었다. (O)

- 자료를 통해 알 수 있는 **부정합 횟수는 총 3회**이다. 모두 기저 역암을 통해 부정합이 있다고 판단할 수 있다.
  이때 **부정합이 형성될 때 최소한 1번의 융기**가 일어나 풍화 침식 작용을 받아야 한다. 또한, 자료의 지역은 지표에 나무 등이 있는 것으로 보아 D가 쌓인 후 **수면 위로 융기**했다고 봐야 한다.
  따라서 이 지역에선 **최소한 4회 이상의 융기**가 일어난 것이다.
- 위 문제와 같이 지표로 드러난 지층이라는 근거가 있다면 최소한의 융기 횟수 = 부정합 횟수 + 1회라고 생각하자.

② 최소 n회 이상 융기하였다. 2020년 3월 학력평가 6번

그림 (가)는 어느 지역의 지질 단면도이고, (나)는 방사성 동위 원소 X의 붕괴 곡선이다. 화성암 C와 D에 포함되어 있는 X의 양은 각각 처음 양의 $\frac{1}{4}$과 $\frac{1}{16}$이다.

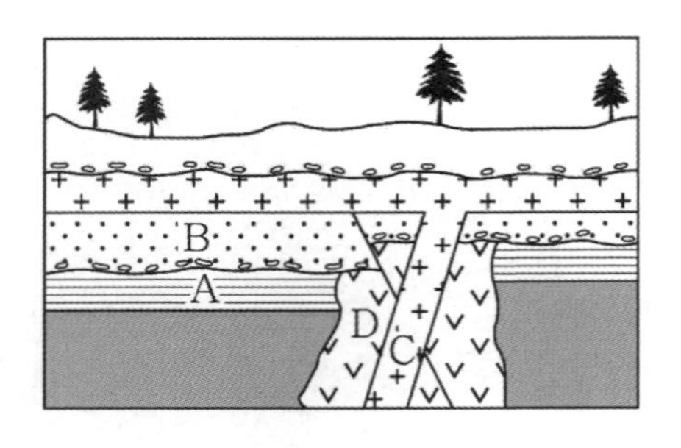

(가)

ㄷ. 이 지역은 현재까지 2회 융기하였다. (X)

- (가) 자료에서 **부정합 횟수는 총 2회**이다. 또한 이 지역은 **수면 위로 드러난 지층**이므로 **최소한 3회 이상의 융기**가 일어났을 것이다.
- **'최소한'**이라는 용어를 붙이는 이유는 말 그대로 부정합이 형성될 때 정확히 **수면 위로 몇 번이나 융기했는 지는 알 수 없기 때문**이다. 따라서 지층의 융기 횟수를 판단할 때 '최소한'이라는 단어가 없다면 이와 같은 개념을 생각하자.

추가로 물어볼 수 있는 선지 해설

1. 수면 위로 융기한 지역에서 부정합이 n번 있었다면 융기 횟수는 최소 n+1번이다.
2. B의 절대 연령은 1억 년이므로 2억 년 전에 단층이 생겨도 전혀 관련 없을 것이다.
3. C의 절대 연령은 1억 년이다. 따라서 5000만 년 전 즉, 절대 연령이 5000만 년일 때 Y의 함량은 절반인 50%보다 적을 것이다. 이때 모원소 함량의 그래프는 일차 함수가 아니므로 모원소 함량은 75%보다 작다.

Theme 02 - 3 지사학 법칙과 연령 측정

2023학년도 6월 모의평가 지Ⅰ 19번

방사성 동위 원소 X, Y가 포함된 어느 화강암에서, 현재 X의 자원소 함량은 X 함량의 3배이고, Y의 자원소 함량은 Y 함량과 같다. 자원소는 모두 각각의 모원소가 붕괴하여 생성된다.

이에 대한 설명으로 옳은 것만을 <보기>에서 있는 대로 고른 것은?

<보 기>

ㄱ. 화강암의 절대 연령은 Y의 반감기와 같다.

ㄴ. 화강암 생성 당시부터 현재까지 $\frac{\text{모원소 함량}}{\text{모원소 함량 + 자원소 함량}}$의 감소량은 X가 Y의 2배이다.

ㄷ. Y의 함량이 현재의 $\frac{1}{2}$이 될 때, X의 자원소 함량은 X 함량의 7배이다.

① ㄱ　② ㄴ　③ ㄷ　④ ㄱ, ㄴ　⑤ ㄱ, ㄷ

추가로 물어볼 수 있는 선지
1. 자원소의 함량이 20%에서 60%로 늘었다면 반감기는 1번 지나갔다. (O , X)
2. 반감기가 1억 년인 A의 $\frac{\text{자원소 함량}}{\text{모원소 함량}}$이 $\frac{1}{3}$이 되면 A는 생성된 지 2억 년이 지났다. (O , X)
3. 어떤 암석 속 자원소의 양이 6억 년 동안 20%에서 80%로 증가했다면 이 암석의 모원소의 반감기는 3억 년이다. (O , X)

정답 : 1. (O), 2. (X), 3. (O)

02 2023학년도 6월 모의평가 지Ⅰ 19번

KEY POINT #모원소, #반감기

문항의 발문 해석하기

X : X의 자원소 = 1 : 3이므로 반감기는 2번 지났다.

Y : Y의 자원소 = 1 : 1이므로 반감기는 1번 지났다.

이때, 두 모원소는 같은 화강암 속에 들어있으므로 측정한 절대 연령이 같아야 한다. 따라서 Y의 반감기는 X의 반감기보다 2배 길어야 한다.

TIP.

발문과 선지 중 어느 곳에도 반감기와 절대 연령을 명확하게 표시해 두지 않았다.
따라서 (X의 반감기는 0.5억 년, Y의 반감기는 1억 년) 이렇게 자신만 알아볼 수 있도록 반감기를 설정하자.

선지 판단하기

ㄱ 선지 화강암의 절대 연령은 Y의 반감기와 같다. (O)

Y는 반감기가 1번 지났다. 따라서 이 화강암의 절대 연령은 Y의 반감기와 같다.

ㄴ 선지 화강암 생성 당시부터 현재까지 $\frac{\text{모원소 함량}}{\text{모원소 함량 + 자원소 함량}}$의 감소량은 X가 Y의 2배이다. (X)

X와 Y 모두 화성암이 형성되었을 당시 100개가 있었다고 가정해보자.

따라서 두 원소는 모두 $\frac{100\text{개}}{100\text{개} + 0\text{개}} = 1$의 값을 가질 것이다.

X는 반감기가 2번 지났다. 이 값은 $\frac{25\text{개}}{25\text{개} + 75\text{개}} = \frac{1}{4}$이므로 $\frac{3}{4}$만큼 감소했다.

Y는 반감기가 1번 지났다. 이 값은 $\frac{50\text{개}}{50\text{개} + 50\text{개}} = \frac{1}{2}$이므로 $\frac{1}{2}$만큼 감소했다.

따라서 이 값의 감소량은 X가 Y의 1.5배이다.

ㄷ 선지 Y의 함량이 현재의 $\frac{1}{2}$이 될 때, X의 자원소 함량은 X 함량의 7배이다. (X)

Y는 현재 반감기가 1번 지났으므로 처음 양의 50%만 남아있다.

이 값이 $\frac{1}{2}$배로 줄면 25%이므로 반감기는 2번 지난 것이다.

Y의 반감기가 2번 지났다면 X의 반감기는 4번 지났을 것이므로 X : X 자원소 = 1 : 15이다.

기출문항에서 가져가야 할 부분

1. 같은 화성암 속 서로 다른 모원소 사이의 반감기 및 절대 연령 관계 파악하기
2. 화성암의 생성 당시와 현재의 모원소 및 자원소 관계 파악하기
3. 반감기가 지난 횟수와 모원소, 자원소 비율 이해하기

▎기출 문제로 알아보는 유형별 정리

[절대 연령]

1 방사성 동위 원소 그래프 해석

① 모원소 그래프 해석 　　　　　　　　　　　　　　　　　　　지II 2019학년도 9월 모의평가 2번

그림은 서로 다른 방사성 원소 A, B, C의 붕괴 곡선을 나타낸 것이다.

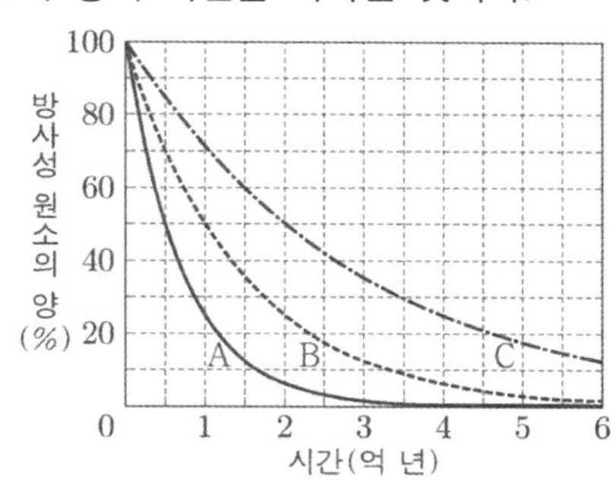

ㄱ. 반감기는 C가 A의 3배이다. (X)

- 각 방사성 원소의 반감기를 알기 위해선 처음 양의 50%가 되는 시간을 보자. A, B, C의 반감기는 각각 0.5억 년, 1억 년, 2억 년이다. 따라서 반감기는 C가 A의 4배이다.
- 이처럼 방사성 원소의 붕괴 곡선을 자료로 준다면 **50%에서 가로선을 그어 각각의 반감기를 쉽게 찾을 수 있도록 하자**.

② 자원소 그래프 해석 　　　　　　　　　　　　　　　　　　　　　　2022년 10월 학력평가 18번

그림 (가)는 현재 어느 화성암에 포함된 방사성 원소 X, Y와 각각의 자원소 X′, Y′의 함량을 ○, □, ●, ■의 개수로 나타낸 것이고, (나)는 X′와 Y′의 시간에 따른 함량 변화를 ㉠과 ㉡으로 순서 없이 나타낸 것이다.

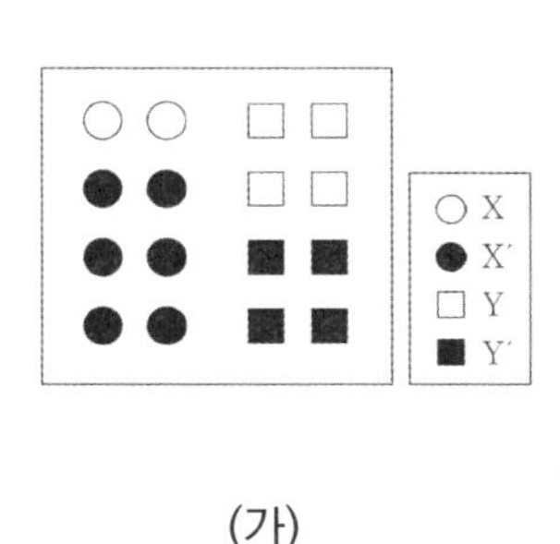

(가)

자원소의 함량(%)
100
75
50
25
0
㉠
㉡
1
2
3
4
시간(억 년)

(나)

ㄱ. ㉠은 X′의 함량 변화를 나타낸 것이다. (O)

- (가)에 나타난 두 방사성 원소는 **같은 화성암에 포함**되어 있으므로 **절대 연령이 동일**하다.

  X는 처음 양의 $\frac{1}{4}$이므로 반감기 2회, Y는 처음 양의 $\frac{1}{2}$이므로 반감기 1회가 지난 것이다.

  이때, 두 모원소의 절대 연령은 동일해야 하고 ㉠과 ㉡이 **50%가 되는 지점은 반감기와 동일**하므로 ㉠은 반감기 2회를 지난 X′, ㉡은 반감기 1회를 지난 Y′이다.
- 모원소와 마찬가지로 **50%에서 가로선**을 그어 각각의 반감기를 찾을 수 있어야 한다.

2 모원소와 자원소 함량비

① 모원소의 양은 처음 양의 ~% 2021년 10월 학력평가 17번

그림 (가)는 어느 지역의 지질 단면을, (나)는 방사성 원소 X와 Y의 붕괴 곡선을 나타낸 것이다. 화성암 P와 Q 중 하나에는 X가, 다른 하나에는 Y가 포함되어 있다. X와 Y의 처음 양은 같았으며, P와 Q에 포함되어 있는 방사성 원소의 양은 각각 처음 양의 25%와 50%이다.

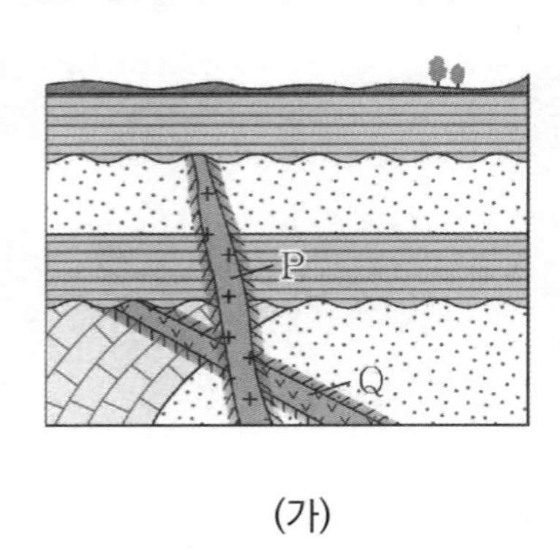

(가)

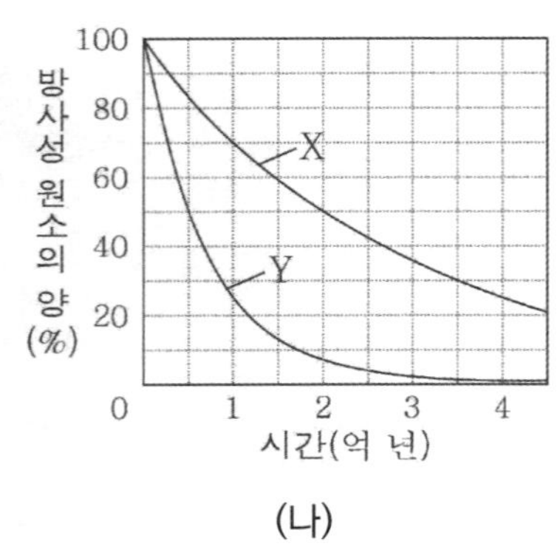

(나)

ㄴ. P에 포함되어 있는 방사성 원소는 X이다. (X)

- (가)에서 Q가 형성된 이후 P가 형성된 것을 알 수 있다. 이때, P에 포함된 방사성 원소는 **25%이므로 반감기가 2회** 지난 것을 알 수 있다. Q는 **50%이므로 반감기가 1회** 지났다.
  이때, (나) 자료에서 X의 반감기는 2억 년, Y의 반감기는 0.5억 년인 것을 알 수 있다.
  따라서 P에 해당하는 방사성 원소는 Y이므로 절대 연령은 1억 년, Q에 해당하는 방사성 원소는 X이므로 절대 연령은 2억 년이다.
  만약, 반대의 경우라면 P에 해당하는 방사성 동위 원소가 X, Q에 해당하는 방사성 동위 원소가 Y라면 P의 절대 연령은 4억 년, Q의 절대 연령은 0.5억 년이므로 생성 순서와 맞지 않는다.
- 모원소의 양이 처음의 몇 %인지를 보고 반감기를 찾을 수 있어야 한다.

처음에 포함된 모원소의 양	반감기
50%	1회
25%	2회
12.5%	3회
6.25%	4회

② 모원소의 양은 처음 양의 $\frac{1}{n}$

2020년 7월 학력평가 10번

그림은 어느 지역의 지질 단면도이다. 관입암 P와 Q에 포함된 방사성 원소 X의 양은 각각 처음의 $\frac{1}{8}$, $\frac{1}{64}$이고, 방사성 원소 X의 반감기는 1억 년이다.

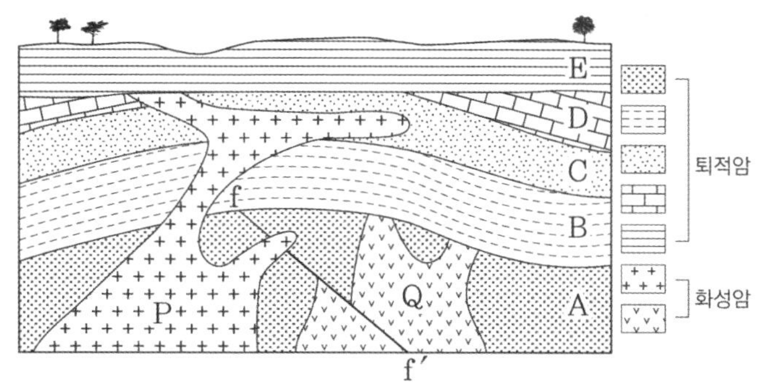

① P는 3억 년 전에 생성되었다. (O)

- P에 포함된 방사성 원소 X의 양은 처음 양의 $\frac{1}{8}$이므로 반감기는 3회 지났다.

  Q는 처음 양의 $\frac{1}{64}$이므로 반감기는 6번 지났다.

  따라서 P의 절대 연령은 3억 년, Q의 절대 연령은 6억 년인 것을 알 수 있다.
- 이처럼 처음 양의 $\frac{1}{n}$ 자료를 보고 반감기가 몇 번 지났는지 알 수 있어야 한다,

처음에 포함된 모원소의 양	반감기
$\frac{1}{2}$	1회
$\frac{1}{4}$	2회
$\frac{1}{8}$	3회
$\frac{1}{16}$	4회
$\frac{1}{32}$	5회

③ 모원소 : 자원소 　　　　　지II 2018학년도 수능 4번

그림은 어느 지역의 지질 단면도를, 표는 화성암 D와 F에 포함된 방사성 원소 X와 이 원소가 붕괴되어 생성된 자원소의 함량비를 나타낸 것이다.

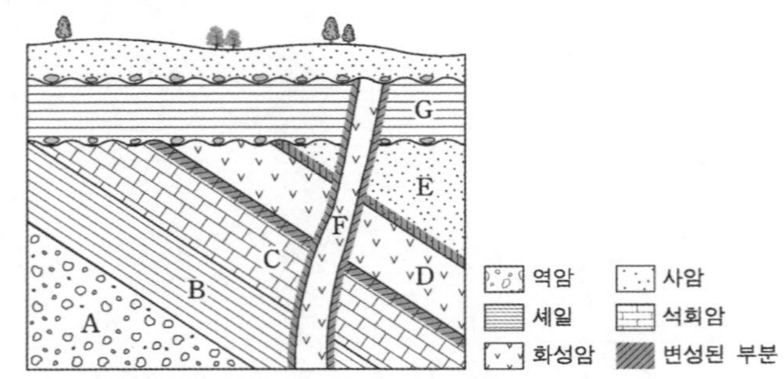

화성암	방사성 원소 X : 자원소
D	1 : 3
F	1 : 1

(X의 반감기 : 1억 년)

ㄷ. G는 속씨식물이 번성한 시대에 생성되었다. (X)

- 암석의 생성 순서는 A → B → C → E → D → G → F이다. 이때 D는 반감기 2회, F는 반감기 1회가 지난 것을 알 수 있다. 따라서 G의 생성 시기는 2억 년 전 ~ 1억 년 전이므로 속씨식물이 번성한 신생대가 아니다.
- 모원소 : 자원소의 비율을 보고 반감기를 찾을 수 있어야 한다.

모원소 : 자원소	반감기
1 : 1	1회
1 : 3	2회
1 : 7	3회
1 : 15	4회

#3 방사성 동위 원소 그래프의 특징

① 방사성 동위 원소 그래프의 비율 관계 2023년 10월 학력평가 17번

그림은 화성암 A에 포함된 방사성 동위 원소 X의 붕괴 곡선을 나타낸 것이다. Y는 X의 자원소이다.

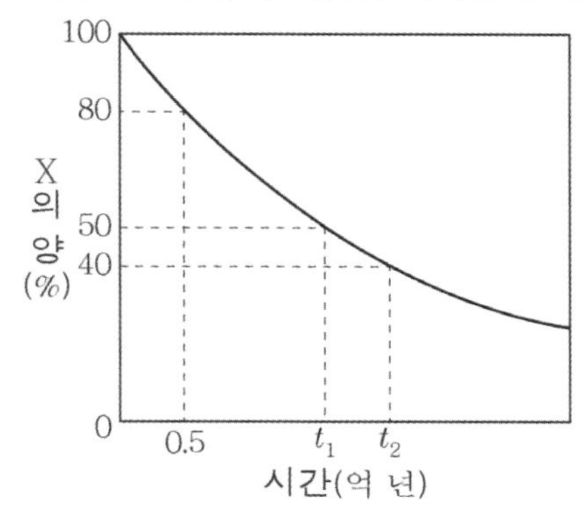

ㄷ. A가 생성된 후 1억 년이 지났을 때 X의 양은 60%보다 크다. (O)

- 화성암 A의 방사성 동위 원소가 100%에서 80%로 줄어드는 데 걸리는 시간은 0.5억 년이다.
  따라서 A가 형성된 후 1억 년이 지나면 X의 양은 64%가 된다.
- 다음의 내용을 암기한 후 이러한 유형을 특히 주의하도록 하자.
  100%에서 80%로 줄어들 때 0.5억 년이 지났으므로 '20% 감소=0.5억 년'이 아니라,
  100%에서 80%로 줄어들 때 0.5억 년이 지났으므로 '$\frac{4}{5}$ **배로 감소=0.5억 년**'이다.
  따라서 위 문제의 정답은 $80\% \times \frac{4}{5} = 64\%$ 가 되는 것이다.
- 이처럼 방사성 동위 원소는 **같은 시간이 지나면 같은 비율만큼 붕괴**한다는 것을 알 수 있다.

② 방사성 동위 원소 함량 그래프는 아래로 볼록하다. 2024학년도 6월 모의평가 19번

그림은 방사성 동위 원소 X의 붕괴 곡선의 일부를 나타낸 것이다. 화성암에 포함된 X의 자원소 Y는 모두 X가 붕괴하여 생성되었다.

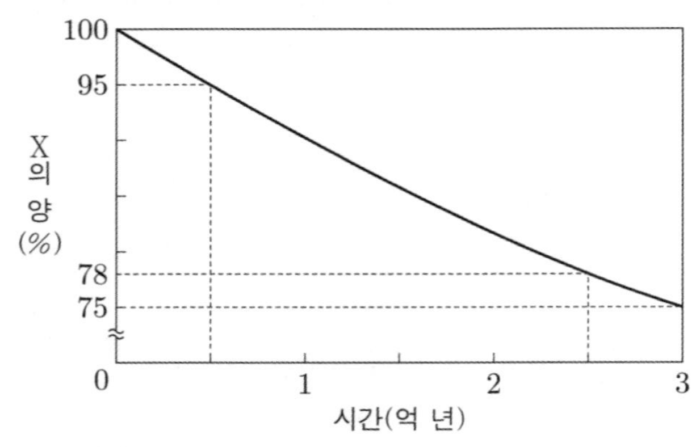

ㄴ. X의 반감기는 6억 년보다 길다. (O)

- X의 함량이 75%가 될 때까지 3억 년이 걸렸다. 방사성 동위 원소 그래프는 아래로 볼록한 함수 그래프이므로 **처음과 같은 양이 줄어들 때 걸리는 시간은 시간이 지나며 더 오래 걸린다**.
  따라서 100%에서 75%가 되는데 3억 년이 지났으므로 75%에서 50%가 되는데 3억 년보다 더 걸린다. 즉, X의 반감기는 6억 년보다 길다는 것을 알 수 있다.
- 위 자료와 같이 **방사성 동위 원소 함량 그래프는 아래로 볼록**하다는 성질을 이용하여 주어지지 않은 모원소의 양에 따른 시간을 구할 수 있어야 한다.
- 방사성 동위 원소 그래프의 비율 관계(p.153)처럼 100%에서 75% 즉, $\frac{3}{4}$배로 감소하는 시간은 75%에서 50% 즉, $\frac{2}{3}$배로 감소하는 시간보다 짧다고 해석할 수 있다.

추가로 물어볼 수 있는 선지 해설

1. 자원소의 함량이 20%에서 60%로 늘었다는 것은 모원소의 함량이 80%에서 40%로 줄었다는 것과 같은 말이다. 이때 모원소의 양은 절반으로 줄었으므로 반감기가 1번 지났다.
2. 모원소 : 자원소 = 1 : 3 이라면 2번의 반감기가 지난 것이다. 그러나 선지에서의 분모와 분자의 관계를 살펴본다면 모원소 : 자원소 = 3 : 1이다. 따라서 A의 절대 연령은 2억 년이 아니다.
3. 자원소의 함량이 20%에서 80%로 늘었다는 것은 모원소의 함량이 80%에서 20%로 줄었다는 것과 같은 말이다. 따라서 6억 년 동안 반감기는 2번 지났으므로 반감기는 3억 년일 것이다.

memo

Chapter

04 지질 시대의 환경과 생물

지질 시대의 환경과 생물 – 화석

1. 화석의 생성 과정

화석이란 지질 시대에 살았던 생물의 유해나 흔적이 지층 속에 단단한 암석의 형태로 보존되어 있는 것을 의미한다. 화석이 생성되기 위해서는 여러 조건을 만족해야 한다.

(1) 생물에 뼈, 이빨, 껍데기, 줄기와 같이 단단한 부분이 있어야 한다.

- 생물체는 퇴적되는 과정에서 단단한 부분이 없다면 지층의 무게를 이기지 못하고 형체가 부서질 것이다.

(2) 생물체가 분해되기 전에 빨리 지층 속에 묻혀야 한다.

- 생물체가 지층 속에 빨리 퇴적되지 않는다면 다른 생물에게 잡아먹히거나 풍화 침식 작용을 받아 생물체의 흔적이 사라질 것이다.

(3) 생물체가 포함된 퇴적암이 생성된 후 심한 지각 변동이나 변성 작용을 받지 않아야 한다.

- 지층이 지각 변동이나 변성 작용에 의해서 화석이 생성된 후 부서지면 안된다.

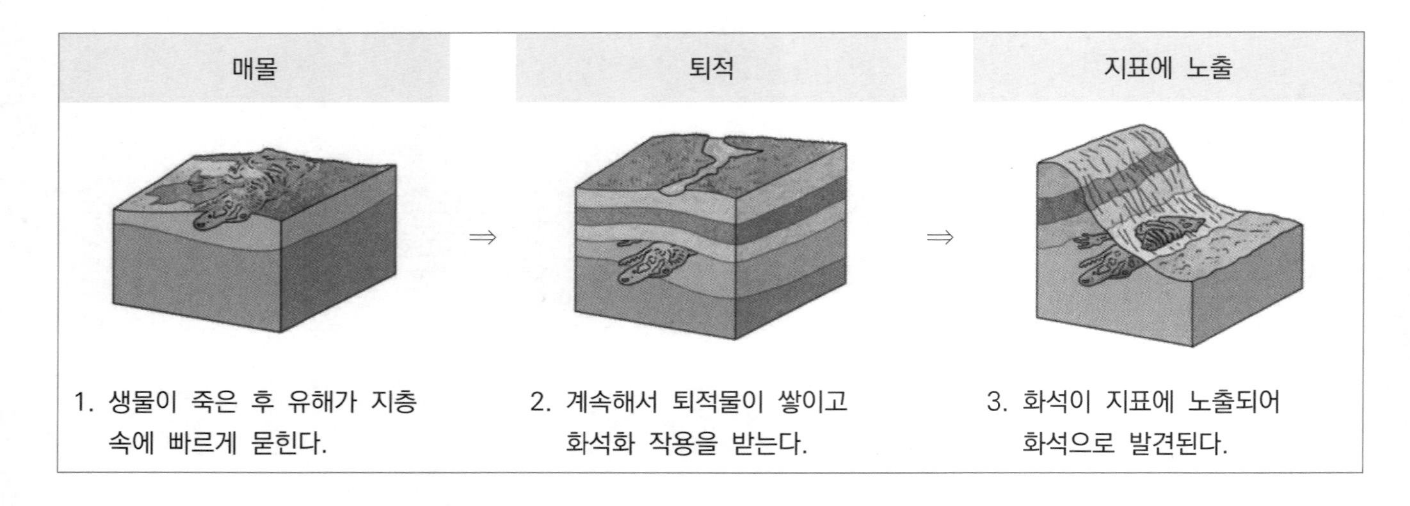

1. 생물이 죽은 후 유해가 지층 속에 빠르게 묻힌다.

2. 계속해서 퇴적물이 쌓이고 화석화 작용을 받는다.

3. 화석이 지표에 노출되어 화석으로 발견된다.

2. 표준 화석과 시상 화석

(1) 표준 화석

- 지질 시대 중 **일정 기간에만 번성했다가 멸종한 생물의 화석**이다. **지질 시대를 구분하는데 기준**이 되며 표준 화석이 산출되는 지층의 생성 시기를 알려준다.
- 표준 화석의 조건 : 특정한 시대에만 살았어야 하므로, 생존 기간이 짧고 분포면적은 넓으며 개체가 많았어야 한다는 특징이 있다. (예 고생대의 삼엽충, 중생대의 공룡 등)

(2) 시상 화석

- 생물이 살았던 **환경을 알려주는 화석**으로 퇴적된 지층의 생성 환경을 알 수 있다.
- 시상 화석의 조건 : 특정한 환경에서만 사는 생물의 화석이어야 한다.
  (예 따뜻한 바다에 서식하는 산호, 따뜻한 육지에 서식하는 고사리)

+ 시야 넓히기 : 표준 화석과 시상 화석의 구분

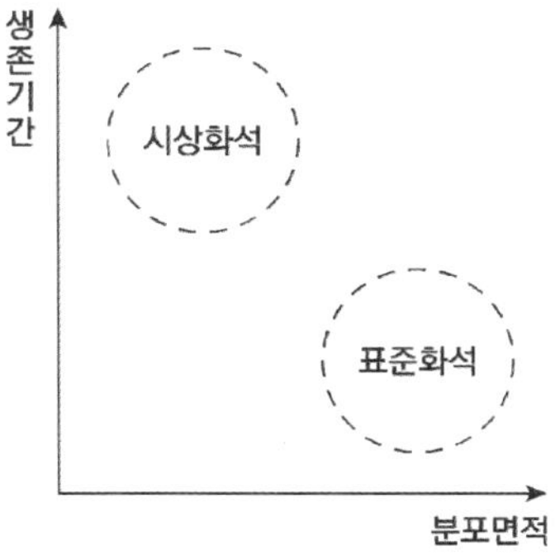

생존기간
시상화석
표준화석
분포면적

- **표준 화석**은 특정 지질 시대에만 존재한 화석이므로 **생존 기간이 짧아야** 한다. 또한, 특정 지질 시대에 **넓은 면적에서 분포**해야 한다.
- **시상 화석**은 과거부터 지금까지 특정한 환경에서 계속 살았던 생물이므로 **생존 기간은 길어야 한다**. 또한, 특정한 환경에서 살았으므로 **한정된 면적에만 존재**해야 한다.
- 표준 화석과 시상 화석은 절대적으로 정해지는 것이 아닌 상대적으로 정해진다는 사실 또한 알아두자.

지질 시대의 환경과 생물 - 고기후 연구

1. 고기후 연구 방법

과거에 지구에 나타났던 기후를 고기후라 한다. 고기후 연구를 통해 과거의 기온과 강수량 등의 정보를 알 수 있다.

(1) 화석 연구

- 시상 화석의 종류와 분포를 통해 과거 기후를 추정할 수 있다.

(2) 나무 나이테 연구

- 나무 나이테 사이의 수, 폭과 밀도를 측정하여 나무의 나이 및 과거의 기온과 강수량 변화를 추정할 수 있다.
- 나무는 따뜻하고 비가 많이 내리는 여름에 집중적으로 성장하고 겨울에는 비교적 성장하지 못한다. 이 겨울 시기에 나이테가 만들어진다. 즉 나무 나이테는 1년에 1개씩 생기며 여름에 성장을 하는 정도에 따라 나이테의 간격 및 밀도가 결정된다.

(3) 빙하 코어 분석

- 빙하가 만들어질 때 공기 방울이 생긴다. 공기 방울 속에 들어있는 공기는 빙하가 생성될 당시의 대기 성분을 그대로 포함하고 있다. 따라서 과거 대기 조성을 알 수 있고, 빙하를 구성하는 물 분자의 산소 동위 원소 비율($^{18}O/^{16}O$)로부터 기온 변화를 추정할 수 있다.

(4) 지층의 퇴적물 연구

- 지층 속에 포함되어 있는 꽃가루 등의 화석을 분석하여 퇴적물이 쌓일 당시의 환경 및 식물의 분포 등을 알 수 있다.
- 따뜻한 기후에서 서식하는 활엽수의 꽃가루와 추운 기후에서 서식하는 침엽수의 꽃가루 중 활엽수의 꽃가루 화석이 더 많이 퇴적되어 있다면 그 지역은 따뜻한 기후였다는 것을 알 수 있다.

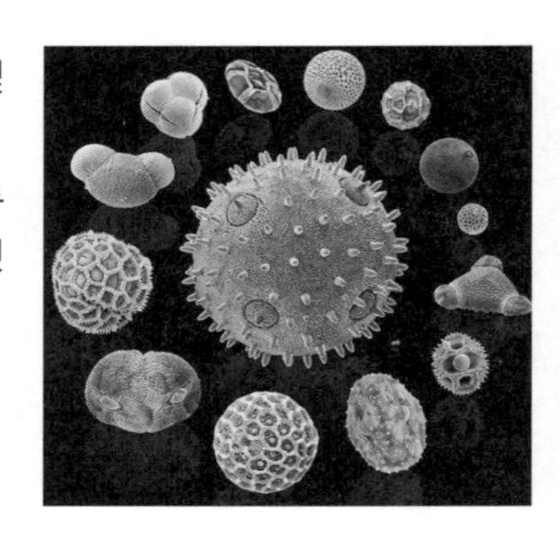

❙ 지질 시대의 환경과 생물 - 지질 시대

1. 지질 시대

지질 시대란 지구가 탄생한 약 46억 년부터 현재까지의 모든 기간을 의미한다.

2. 지질 시대 구분 기준 및 구분 단위

(1) 지질 시대 구분 기준

생물계에 일어난 큰 변화를 기준으로 구분한다. **많은 종류의 생물이 한꺼번에 출현하거나 멸종한 시기를 경계**로 지질 시대를 나눈다.
또는 대규모 지각 변동이 일어나서 상하 지층의 시간 차이가 발생하고 **화석의 종류가 뚜렷하게 달라지는 지층의 경계를 기준**으로 구분한다. (주로 부정합면을 경계로 구분한다.)

(2) 지질 시대 구분 단위

우리는 46억 년이라는 긴 지질 시대를 구분해야 하는데, 누대 - 대 - 기 등으로 구분한다.

① 누대 : 지질 시대를 나누는 가장 큰 단위로, 시생 누대 → 원생 누대 → 현생 누대 순서로 분류한다.
② 대 : 누대를 세분하는 단위로 주로 생물체가 많이 출현한 현생 누대를 고생대, 중생대, 신생대로 구분한다.
③ 기 : 대를 세분하는 단위이다.

지질 시대		절대 연대 (백만 년 전)
누대	대	
현생 누대	신생대	66.0
	중생대	252.2
	고생대	541.0
원생 누대	신원생대	1000
	중원생대	1600
	고원생대	2500
시생 누대	신시생대	2800
	중시생대	3200
	고시생대	3600
	초시생대	4000

지질 시대		절대 연대 (백만 년 전)
대	기	
신생대	제4기	2.58
	네오기	23.03
	팔레오기	66.0
중생대	백악기	145.0
	쥐라기	201.3
	트라이아스기	252.2
고생대	페름기	298.9
	석탄기	358.9
	데본기	419.2
	실루리아기	443.8
	오르도비스기	485.4
	캄브리아기	541.0

▲ 지질 시대의 구분

3. 지질 시대의 기후

지질 시대 동안 여러 번의 빙하기가 있었으며 신생대 말기에는 여러 번의 빙하기와 간빙기가 있었다. 그러나 중생대는 대체로 온난하였으며 빙하기가 없었다.

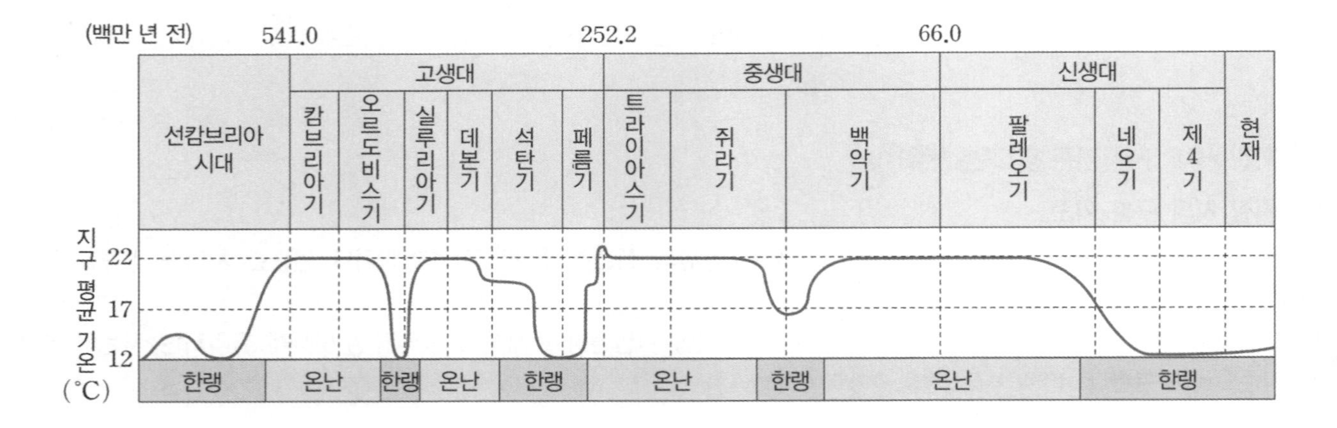

4. 지질 시대의 환경과 생물의 출현과 번성

(1) 선캄브리아 시대 (46억 년 전 ~ 5억 4100만 년 전)

- 선캄브리아 시대는 시생 누대와 원생 누대로 나눌 수 있다. 이 시대는 **거의 화석이 거의 산출되지 않는데**, 이때 형성된 지층은 오랜 지각 변동을 받았기 때문이라고 볼 수 있다. 또한 생물체의 개체 수가 많지 않았기 때문이라고 볼 수도 있다.

① **시생 누대** (40억 년 전 ~ 25억 년 전)

- 대기 중에는 산소가 거의 없었고, 태양에서 내뿜는 강한 자외선이 지표면에 그대로 도달했으므로 **육상에는 생물체가 없었다**. 따라서 자외선이 도달하지 못하는 **바다에서 최초의 생명체가 출현**하였다.
- 광합성을 하는 원핵생물(단세포 생물)인 남세균(사이아노박테리아)이 출현하여 자외선이 도달하지 못하는 얕은 바다에 **스트로마톨라이트**를 형성하였다. **남세균의 광합성으로 대기 중의 산소의 양이 점점 증가하기 시작했다.**

▲ 스트로마톨라이트

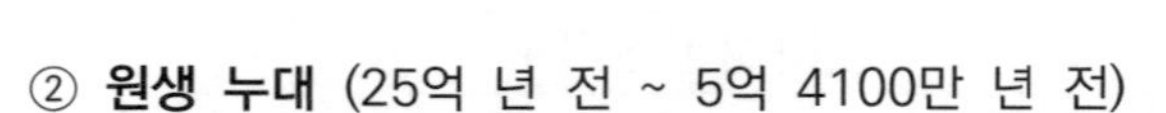

② **원생 누대** (25억 년 전 ~ 5억 4100만 년 전)

- 남세균의 광합성으로 대기 중의 산소가 점점 증가했고, 말기에 다세포 생물이 출현하였고 일부는 **에디아카라 동물군** 화석으로 남아 있다.

▲ 에디아카라 동물군

(2) 고생대 (5억 4100만 년 전 ~ 2억 5220만 년 전)

캄브리아기	• 기후가 대체로 온난해지면서 바다에 생물체들이 폭발적으로 등장하기 시작했다. • **삼엽충**, 완족류 등의 해양 무척추동물이 **번성하였다**.
오르도비스기	• **필석**이 출현 및 **번성하였다**. 또한 최초의 척추동물인 어류가 출현하였다. • 오르도비스기 말에 대멸종이 존재했다.
실루리아기	• 지구에 산소의 양이 늘어나면서 대기에 오존(O_3)으로 이루어진 **오존층이 만들어졌다**. • 오존층은 태양에서 날아오는 자외선을 막아주기 때문에 육상에는 생물체가 등장하기 시작했다. 따라서 **최초의 육상 식물인 양치식물이 먼저 등장하였다**.
데본기	• **갑주어**를 비롯한 어류들이 **번성하였다**. • 육지와 바다를 오가는 최초의 양서류가 출현하였다.
석탄기	• **방추충**(푸줄리나), 산호, 유공충 등이 **번성하였다**. • 양서류가 번성하였으며 최초의 파충류가 출현하였다. • 양치식물이 거대한 삼림을 형성하였는데 석탄기 말 멸종이 일어나 식물들이 대량으로 멸종하면서 지층에 퇴적되며 석탄이 만들어지게 되었다. (양치식물이 모두 멸종한 것은 아니다.)
페름기	• 겉씨식물(은행나무, 소철 등)이 등장했다. • 페름기 말 **초대륙인 판게아가 형성되면서 가장 큰 규모의 대멸종**이 발생하였다. 해양 생물 종의 90% 이상이 멸종하였으며 삼엽충, 방추충 등의 생물 또한 멸종하였다.

고생대의 표준 화석

▲ 삼엽충 ▲ 필석 ▲ 갑주어 ▲ 방추충

(3) 중생대 (2억 5220만 년 전 ~ 6600만 년 전)

구분	특징
트라이아스기	• 바다에는 **암모나이트가 번성하였으며**, 공룡을 비롯한 파충류와 원시 포유류가 출현하였다. • 은행과 소철 등 **겉씨식물이 번성하였다**. • 판게아가 분리되면서 대서양이 생성되었다.
쥐라기	• **공룡**을 비롯한 파충류와 암모나이트, 겉씨식물이 크게 **번성하였고**, 파충류와 조류의 특징을 모두 가진 **시조새**가 **출현하였다**.
백악기	• 말기에 **공룡**과 **암모나이트**가 멸종하였으며, 속씨식물이 출현하였다.

중생대의 표준 화석

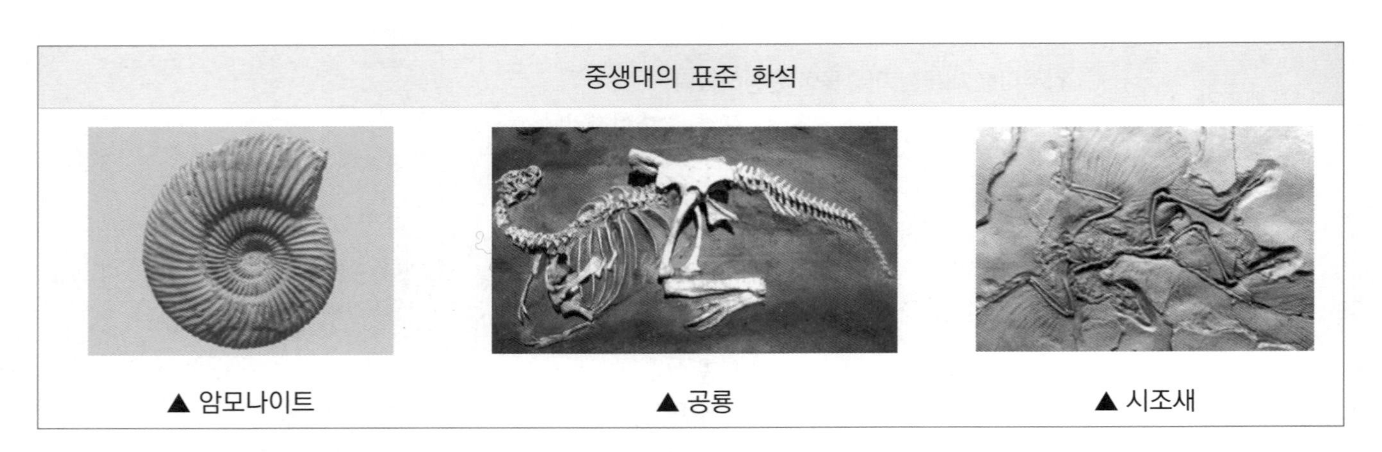

▲ 암모나이트　▲ 공룡　▲ 시조새

(4) 신생대 (6600만 년 전 ~ 현재)

구분	특징
팔레오기 네오기	• 초기에는 대체로 온난하였다. 또한 대륙이 이동하며 현재와 비슷한 수륙 분포를 이루었다. • **히말라야산맥**과 알프스산맥이 **형성되었다**. • 유공충의 종류 중 하나인 **화폐석**이 **번성하였고 속씨식물**이 **번성하였다**.
제4기	• 대체로 한랭하였으며 빙하기와 간빙기가 여러 번 반복되었다. • **매머드** 등 대형 포유류가 **번성하였고** 단풍나무, 참나무 등의 **속씨식물**도 **번성하였다**.

신생대의 표준 화석

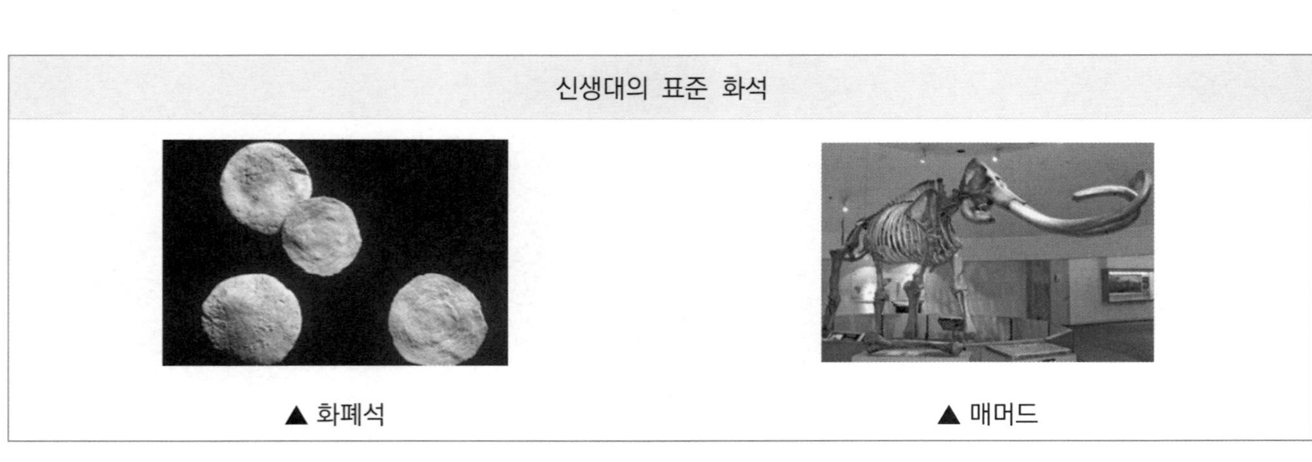

▲ 화폐석　▲ 매머드

+ 시야 넓히기 : 지질 시대의 대멸종

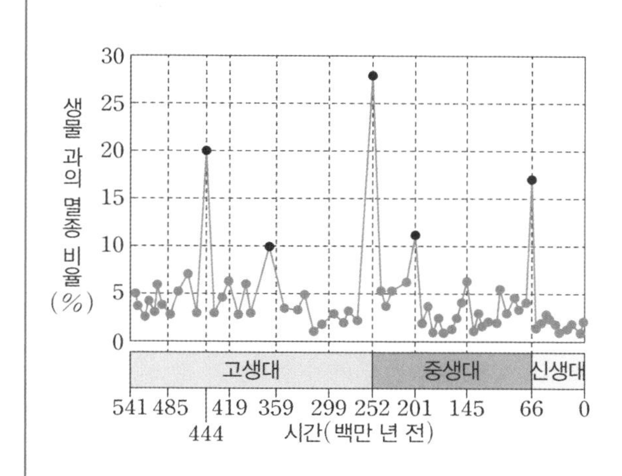

- 지질 시대에는 총 5번의 대멸종이 있었다.
  1. 오르도비스기 말
  2. 데본기 말
  3. **페름기 말**
  4. 트라이아스기 말
  5. 백악기 말

- 이들 중 가장 큰 규모의 대멸종은 고생대에서 중생대로 넘어가는 페름기 말 때 발생했다. 그 이유는 **초대륙 판게아의 형성**으로 인해 대부분의 해양 생물이 서식하는 **대륙붕의 면적이 좁아졌기 때문**이다. 그 결과 **해양 생물의 90% 이상이 멸종해버리는 사건이 발생했다.**

memo

2023학년도 수능 지Ⅰ 10번

그림 (가)는 40억 년 전부터 현재까지의 지질 시대를 구성하는 A, B, C의 지속 기간을 비율로 나타낸 것이고, (나)는 초대륙 로디니아의 모습을 나타낸 것이다. A, B, C는 각각 시생 누대, 원생 누대, 현생 누대 중 하나이다.

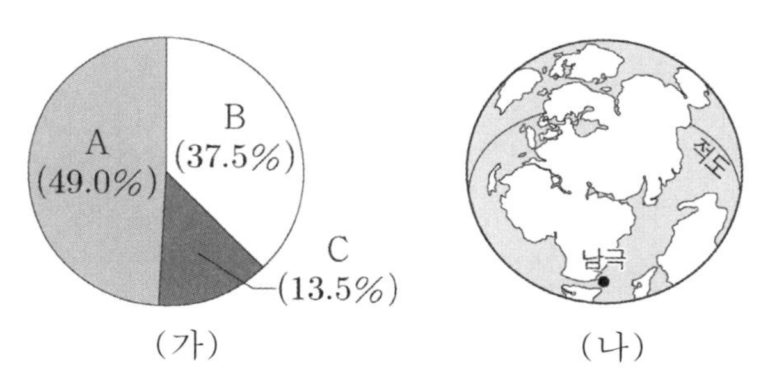

(가) (나)

이 자료에 대한 설명으로 옳은 것만을 <보기>에서 있는 대로 고른 것은?

<보 기>

ㄱ. A는 원생 누대이다.
ㄴ. (나)는 A에 나타난 대륙 분포이다.
ㄷ. 다세포 동물은 B에 출현했다.

① ㄱ ② ㄴ ③ ㄷ ④ ㄱ, ㄴ ⑤ ㄴ, ㄷ

추가로 물어볼 수 있는 선지
1. 로디니아가 형성된 시기는 에디아카라 동물군 화석이 형성된 누대와 같다. (O , X)
2. 고생대 후기에 대규모 조산 운동이 일어났다. (O , X)
3. 대서양의 면적은 현재보다 1억 년 전이 더 넓다. (O , X)

정답 : 1. (O), 2. (O), 3. (X)

01 2023학년도 수능 지Ⅰ 10번

KEY POINT #로디니아, #누대, #다세포 생물

문항의 발문 해석하기

각 누대의 지속 기간은 원생 누대, 시생 누대, 현생 누대 순인 것을 알아야 한다. 또한 로디니아는 약 12억 년 존재했던 초대륙임을 떠올려야 한다.

문항의 자료 해석하기

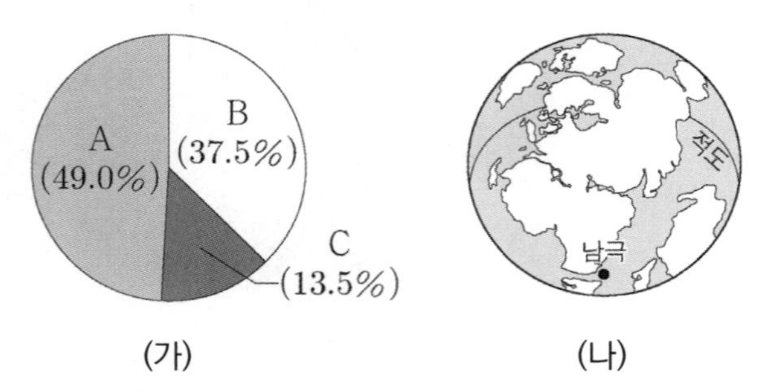

1. (가) 자료에서 가장 큰 비율을 차지하고 있는 A는 원생 누대인 것을 알아야 한다. B는 시생 누대, C는 현생 누대이다.
2. (나) 자료는 로디니아의 모습이다. 로디니아는 약 12억 년 전 존재했던 초대륙으로써, 원생 누대에 존재했음을 알 수 있어야 한다.

선지 판단하기

ㄱ 선지 A는 원생 누대이다. (O)

가장 긴 지속 기간을 가진 누대인 A는 원생 누대이다.

ㄴ 선지 (나)는 A에 나타난 대륙 분포이다. (O)

로디니아는 원생 누대인 A에 나타난 초대륙이다.

ㄷ 선지 다세포 동물은 B에 출현했다. (X)

최초의 다세포 생물은 원생 누대 말기에 출현했다.
그 일부는 에디아카라 동물군 화석으로 남아 있다. B는 시생 누대이므로 틀린 선지이다.
시생 누대 때 출현한 생물은 단세포 생물인 남세균이다.

기출문항에서 가져가야 할 부분

1. 누대별 지속 기간 암기하기 (원생 누대 〉 시생 누대 〉 현생 누대)
2. 시생 누대와 원생 누대의 생물 암기하기
3. 초대륙 로디니아의 형성 시기 암기하기

▌기출 문제로 알아보는 유형별 정리

[누대]

1 시생 누대와 원생 누대

① 시생 누대와 원생 누대의 생물 2021년 3월 학력평가 8번

그림은 지질 시대 동안 일어난 주요 사건을 나타낸 것이다.

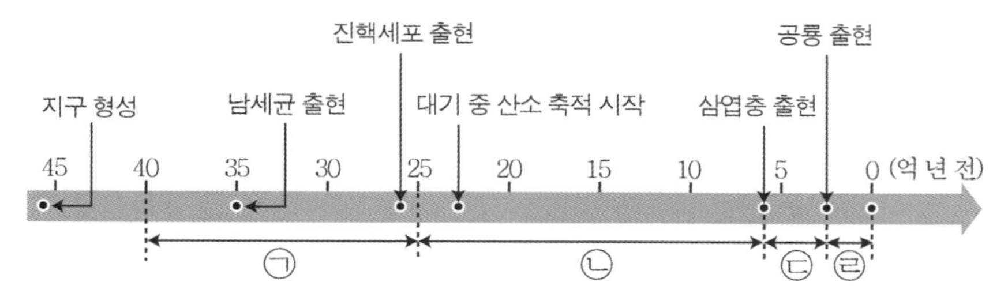

① 최초의 다세포 생물이 출현한 지질 시대는 ㉠이다. (X)

- 최초의 다세포 생물은 원생 누대 말 에디아카라 동물군 화석으로 남아 있다. ㉠은 남세균이 출현한 시생 누대이므로 틀린 선지이다.
- **시생 누대**에는 **발견된 생물체 중 가장 먼저 출현한 생물체인 남세균이 출현**했다. 남세균은 바다에서 **광합성**을 하여 대기 중 산소의 양을 늘리기 시작했다. 이들은 얕은 바다에 **스트로마톨라이트를 형성**하였다.
- **원생 누대**에는 **최초의 다세포 생물**이 출현하였으며 일부가 **에디아카라 동물군 화석**으로 남아 있다.

② 시생 누대와 원생 누대의 산소 함량 및 지속 기간 2021학년도 수능 5번

그림은 40억 년 전부터 현재까지의 지질 시대를 3개의 누대로 나타낸 것이다.

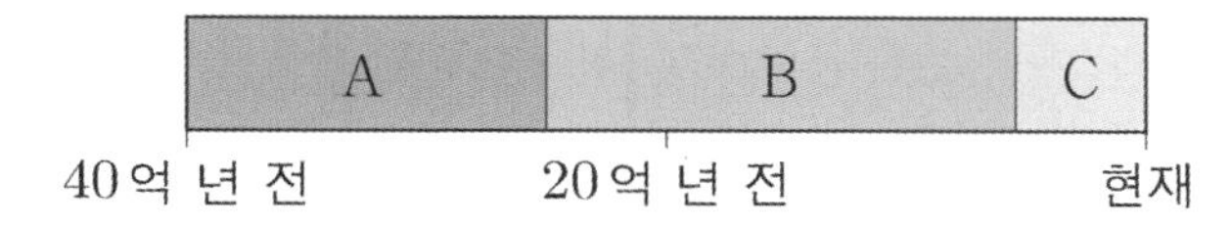

ㄱ. 대기 중 산소의 농도는 A 시기가 B 시기보다 높았다. (X)

- A는 시생 누대, B는 원생 누대이다. 시간이 지나며 대기 중 산소의 양은 광합성을 하는 생물체의 영향으로 점점 높아졌다. 따라서 대기 중 산소의 농도는 B 시기가 A 시기보다 높았다.
- **시간이 지나며** 조금씩 **산소의 양은 증가**했다는 것을 알아두자.
- 시생 누대는 약 40억 년 전 ~ 약 25억 년 전이고, 원생 누대는 약 25억 년 전 ~ 5억 4천만 년 전이다. 따라서 원생 누대가 시생 누대보다 지속 기간이 길었다.

2 표준 화석과 시상 화석

① 표준 화석과 시상 화석 비교 지Ⅱ 2018년 4월 학력평가 15번

다음은 화석에 대한 수업 장면을 나타낸 것이다.

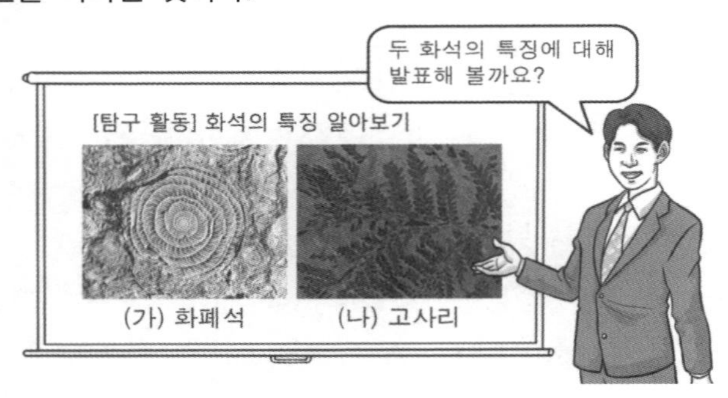

영희 : (나)는 지질 시대를 구분할 때 주로 이용해요. (X)

- (나)는 고사리로 대표적인 시상 화석이다. **시상 화석은 생물체가 살았던 자연환경을 추정하는 데 이용되는 화석**으로 지질 시대를 구분할 때 이용하지 않는다.
- **지질 시대를 구분하는 화석**은 (가)와 같은 **표준 화석**이라는 것을 알아두자.

② 화석을 통한 지질 시대 구분 지Ⅱ 2019년 7월 학력평가 11번

그림은 어느 지역의 지질 단면도와 지층에서 산출되는 화석의 범위를 나타낸 것이다.

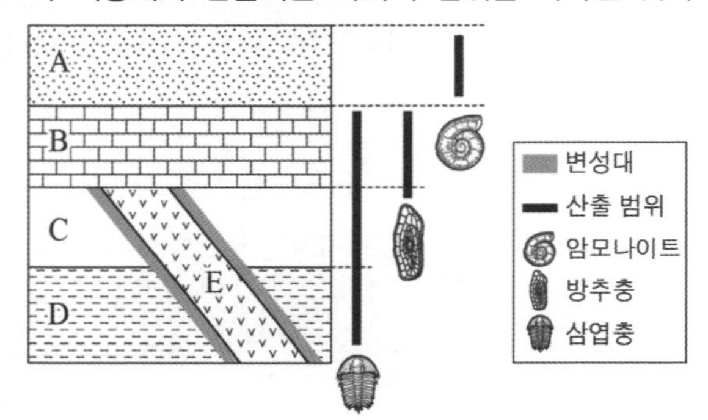

ㄱ. A~D는 해양 환경에서 퇴적된 지층이다. (O)

- 네 지층에서 나타나는 화석은 **모두 해양 생물의 화석**이다. 따라서 해양 환경에서 퇴적된 지층이라고 할 수 있다.
- 위 자료에서 A와 B층 사이를 확인해보자. **B층까지 삼엽충과 방추충이 산출**되었지만 **A층부터 두 화석은 산출되지 않고 암모나이트가 산출**되고 있다. 이를 토대로 A와 B층 사이는 산출되는 **화석의 종류가 크게 달라졌으므로 지질 시대가 바뀌었다**고 해석할 수 있다.

추가로 물어볼 수 있는 선지 해설

1. 로디니아는 약 12억 년 전 원생 누대 때 만들어졌다. 에디아카라 동물군 화석 또한 원생 누대 때 만들어졌으므로 같은 누대에서 만들어졌다고 볼 수 있다.
2. 고생대 후기에는 판게아가 형성되었으므로 대규모 조산 운동이 일어났다.
3. 대서양의 면적은 판게아 분리 이후 계속해서 커졌다. 따라서 1억 년 전보다 현재의 면적이 더 넓다.

2022학년도 9월 모의평가 지Ⅰ 1번

그림은 주요 동물군의 생존 시기를 나타낸 것이다. A, B, C는 어류, 파충류, 포유류를 순서 없이 나타낸 것이다. 이에 대한 설명으로 옳은 것만을 <보기>에서 있는 대로 고른 것은?

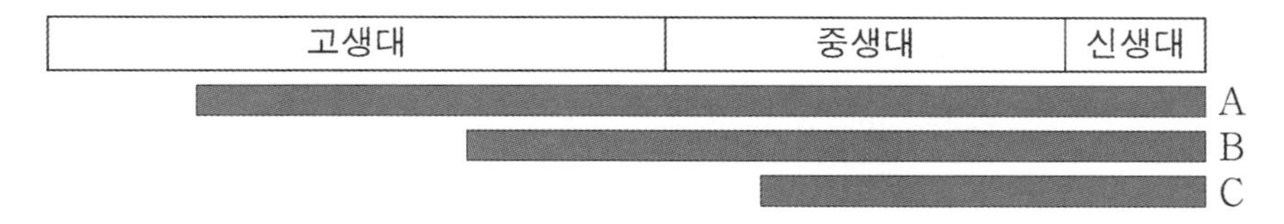

이 모형에 대한 설명으로 옳은 것만을 <보기>에서 있는 대로 고른 것은?

<보 기>

ㄱ. A는 어류이다.
ㄴ. C는 신생대에 번성하였다.
ㄷ. B가 최초로 출현한 시기와 C가 최초로 출현한 시기 사이에 히말라야 산맥이 형성되었다.

① ㄱ ② ㄴ ③ ㄷ ④ ㄱ, ㄴ ⑤ ㄴ, ㄷ

추가로 물어볼 수 있는 선지

1. 공룡이 번성했던 시기 이후에 최대 규모의 생물 대멸종이 일어나 생물 종의 수는 현재가 더 적다. (O , X)
2. 속씨식물 출현 이전에 화폐석이 번성하였다. (O , X)
3. 오존층의 형성 이후 육상 생물이 나타났다. (O , X)

정답 : 1. (X), 2. (X), 3. (O)

02 2022학년도 9월 모의평가 지Ⅰ 1번

KEY POINT #히말라야산맥, #파충류, #포유류

문항의 발문 해석하기

현생 누대에 출현한 동물군의 출현 시기를 떠올려야 한다. 어류는 고생대 오르도비스기, 파충류는 고생대 석탄기, 포유류는 중생대 트라이아스기임을 떠올리고 자료 해석을 하자.

문항의 자료 해석하기

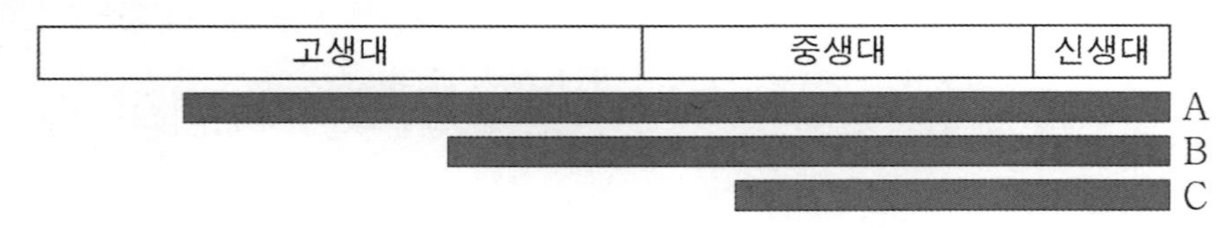

A는 고생대 초 오르도비스기에 출현한 어류, B는 고생대 중후반부 석탄기에 출현한 파충류, C는 중생대 초 트라이아스기에 출현한 포유류에 해당한다.

선지 판단하기

ㄱ 선지 A는 어류이다. (O)

A는 어류에 해당한다.

ㄴ 선지 C는 신생대에 번성하였다. (O)

C는 포유류로 신생대에 번성하였다.

ㄷ 선지 B가 최초로 출현한 시기와 C가 최초로 출현한 시기 사이에 히말라야산맥이 형성되었다. (X)

B와 C가 최초로 출현한 시기 사이는 고생대~중생대에 해당한다. 히말라야산맥은 신생대에 형성되었으므로 틀린 선지이다.

기출문항에서 가져가야 할 부분

1. 각 시기별 출현 및 번성했던 동식물 암기하기
2. 히말라야산맥은 신생대 초 북상하는 인도 대륙과 유라시아 대륙이 충돌해서 형성되었음을 암기하기

기출 문제로 알아보는 유형별 정리

[현생 누대]

1 현생 누대의 지질학적 대사건

① 오존층의 출현과 육상 생물 지Ⅱ 2016년 4월 학력평가 19번

그림은 자연사 박물관에 전시된 어떤 화석에 대한 설명판이다.

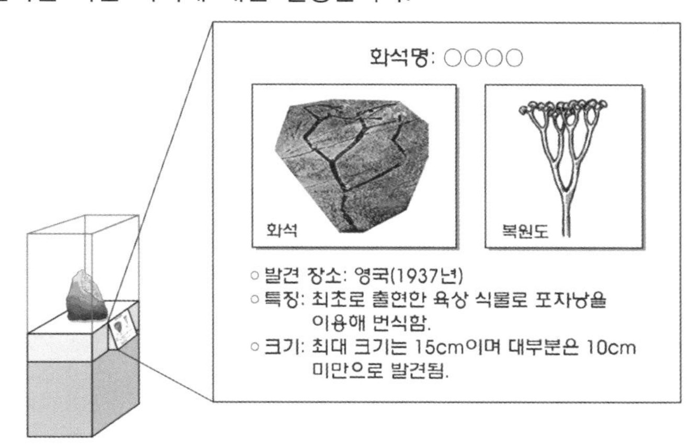

영희 : 오존층이 생성되어서 육지에 이 식물이 출현할 수 있었어. (O)

- 오존층은 고생대 실루리아기에 형성**되었다**. 오존층의 형성으로 지구로 입사하는 자외선이 대폭 줄어들어 육상에 생물체가 출현할 수 있게 되었다.
- 오존층이 형성되기 전에는 지구 표면으로 입사하는 자외선의 양이 많아 생물체가 육지에서 살 수 없었다. 따라서 자외선을 피해 생물체들은 바다 속에만 있었던 것이다. 바다에서 **광합성을 하는 생명체에 의해 대기 중 산소의 양이 증가하며 형성된 오존층**의 영향으로 **최초의 육상 식물이 등장**하고 육상 동물이 차례로 등장할 수 있게 되었다.

② 생물의 대멸종 2023학년도 9월 모의평가 7번

그림은 현생 누대 동안 생물 과의 멸종 비율과 대멸종이 일어난 시기 A, B, C를 나타낸 것이다

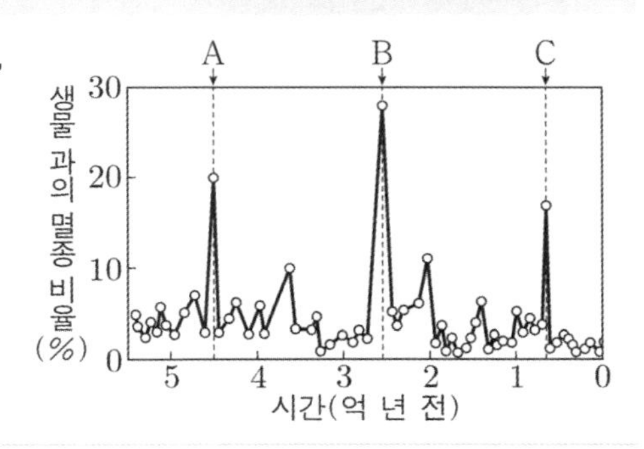

ㄱ. 생물 과의 멸종 비율은 A가 B보다 높다. (X)

- 생물 과의 멸종 비율은 A보다 B에서 높은 것을 확인할 수 있다.
- 생물의 대멸종은 5차례 있었다.
  오르도비스기 말, 데본기 말, 페름기 말(고생대 말), 트라이아스기 말, 백악기 말(중생대 말)이다.
  위 자료에서 A는 오르도비스기 말, B는 페름기 말, C는 백악기 말에 해당한다.
- 이때, 대멸종 중 **가장 큰 규모의 대멸종은 페름기 말**(B)에 일어난 대멸종이다. 이는 초대륙 판게아의 형성으로 **대륙붕의 면적이 줄어들어 해양 생물의 90% 이상이 멸종한 대사건**이다.

2 각 시대별 특징

① 중생대에 빙하기는 없었다. 2020년 7월 학력평가 3번

그림 (가), (나), (다)는 고생대, 중생대, 신생대의 모습을 순서 없이 나타낸 것이다.

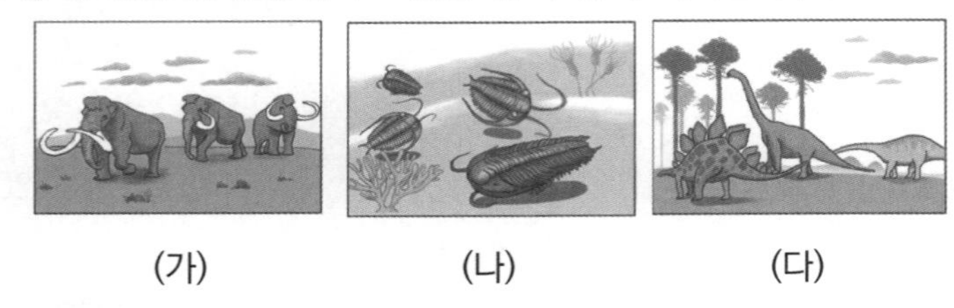

(가) (나) (다)

ㄷ. (다) 시대에는 여러 번의 빙하기가 있었다. (X)

- (다) 자료에는 공룡의 모습이 나타나 있다. 공룡은 중생대에 살았던 생물이다. **중생대는 대체로 온난하였으며 빙하기가 존재하지 않았다.**
- 중생대는 유일하게 빙하기가 없었던 지질 시대로 중간에 한랭했던 시기는 있었지만, 빙하기는 찾아오지 않았다.
- (가)는 신생대 매머드의 모습, (나)는 고생대 삼엽충의 모습인 것도 함께 알아두자.

② 식물의 종류 2021년 10월 학력평가 10번

그림은 현생 누대의 일부를 기 단위로 구분하여 생물의 생존 기간과 번성 정도를 나타낸 것이다. ㉠과 ㉡은 각각 양치식물과 겉씨식물 중 하나이다.

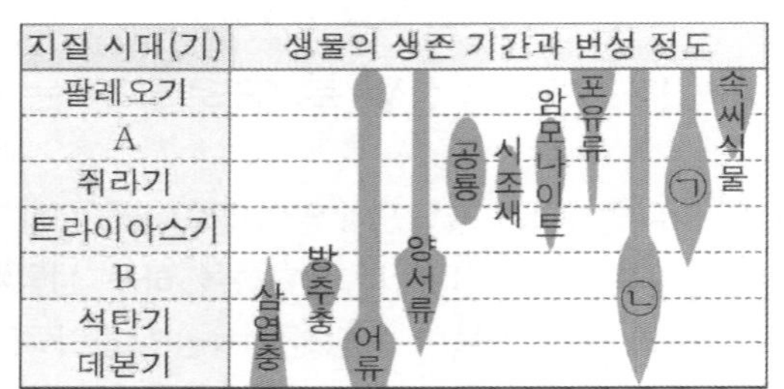

ㄴ. ㉠은 겉씨식물이다. (O)

- 지질 시대의 순서로 보아 A는 백악기, B는 페름기다. 겉씨식물은 페름기에 출현한 식물로 ㉠에 해당한다.
- **양치식물은 실루리아기에 출현했고 고생대에 가장 크게 번성**하였다. 대표적인 고사리가 있다.
- **겉씨식물은 페름기에 출현했고 중생대에 가장 크게 번성**하였다. 대표적으로 소철과 은행나무가 있다.
- **속씨식물은 백악기에 출현했고 신생대에 가장 크게 번성**하였다. 대표적으로 단풍나무가 있다.
- 어떤 지질 시대에 출현했고 번성하였는지를 반드시 암기하도록 하자.

③ 히말라야산맥의 형성 　　　　　　　　　　2022년 7월 학력평가 3번

표는 고생대와 중생대를 기 단위로 구분하여 시간 순서대로 나타낸 것이다.

대	고생대						중생대		
기	캄브리아기	오르도비스기	A	데본기	B	페름기	C	쥐라기	백악기

ㄷ. C 시기에 히말라야산맥이 형성되었다. (X)

- C는 트라이아스기로 **히말라야산맥은 신생대에 형성**되었기 때문에 틀린 선지이다.
- 히말라야산맥은 신생대 초 인도 대륙의 북상으로 유라시아 대륙과 충돌하여 형성된 습곡산맥인 것을 알자.

3 산소 동위 원소 비

① 빙하의 산소 동위 원소 비 　　　　　　　　　　2017학년도 수능 17번

다음은 빙하 코어를 이용한 고기후 연구 방법을, 그림은 그린란드 빙하 코어를 분석하여 알아낸 산소 동위 원소 비를 나타낸 것이다.

> ○ ㉠빙하 코어에 포함된 공기 방울의 이산화 탄소 농도와 얼음의 ㉡산소 동위 원소 비를 측정한다.
> ○ ㉠의 농도와 얼음의 ㉡이 높을 때 기온이 높다고 추정한다.

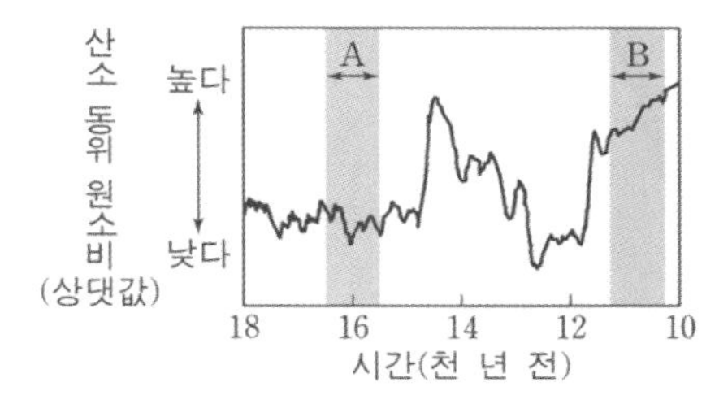

ㄴ. 해수에서 증발하는 수증기의 ㉡은 A 시기가 B 시기보다 높다. (X)

- 빙하 코어 속 산소 동위 원소 비가 높다는 것은 지구의 기온이 높았다는 것을 의미한다. 따라서 A 시기보다 B 시기에 지구 평균 기온이 높았을 것이므로 증발하는 수증기의 산소 동위 원소 비도 B 시기에 높다.
- **지구가 따뜻했던 시기**에는 **빙하 코어 속 산소 동위 원소 비가 높고, 지구가 한랭했던 시기에는 빙하 코어 속 산소 동위 원소 비가 낮다**.

② 해양 생물의 산소 동위 원소 비 2016년 10월 학력평가 17번

그림은 지질 시대에 따른 해양 생물 화석의 산소 동위 원소 비($^{18}O/^{16}O$)를 나타낸 것이다.

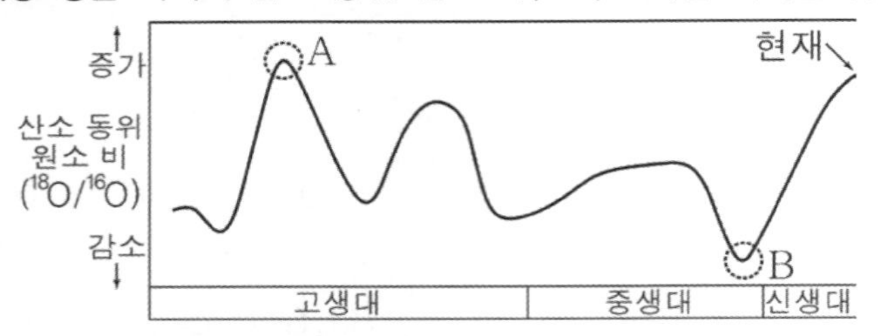

ㄷ. 해수면의 높이는 현재가 B 시기보다 낮을 것이다. (O)

- 해양 생물 속 산소 동위 원소 비가 높았다는 것은 지구의 온도가 낮았다는 것을 의미한다. B 시기는 산소 동위 원소 비가 현재보다 낮으므로 B 시기의 지구 평균 기온이 현재보다 더 높았다. 온도가 더 높았던 B 시기에는 빙하가 많이 녹아 해수면의 높이가 높았다. 따라서 한랭한 현재의 해수면의 높이가 더 낮을 것이다.
- **지구가 따뜻했던 시기**에는 **해양 생물 속 산소 동위 원소 비가 낮고, 지구가 한랭했던 시기에는 해양 생물 속 산소 동위 원소 비가 높다**.
- 아래의 그림을 보고 빙하와 해양 생물의 산소 동위 원소에 대해서 생각할 수 있도록 하자.

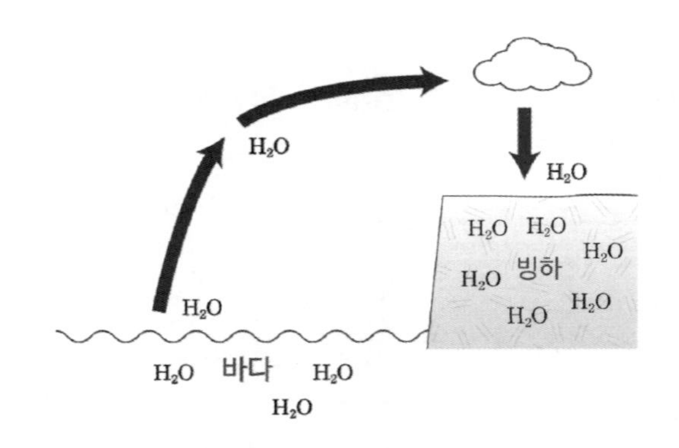

▲ 지구의 기온이 높았던 시기

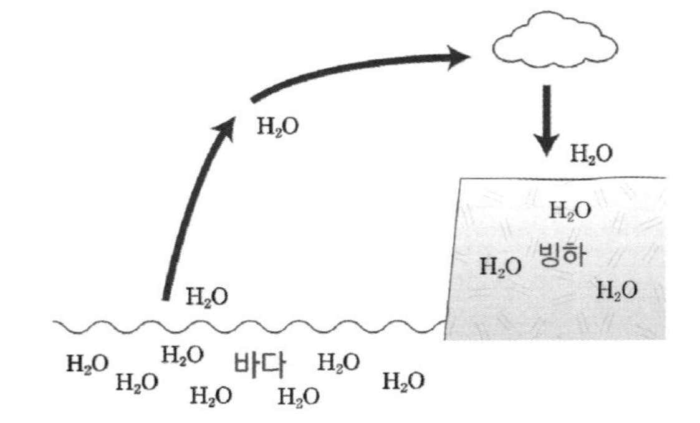

▲ 지구의 기온이 낮았던 시기

추가로 물어볼 수 있는 선지 해설

1. 대멸종이 일어나도 시간이 지나면서 생물 종의 수는 계속해서 늘어났으므로 현재의 생물 종의 수가 더 많다.
2. 속씨식물은 백악기에 출현했다. 따라서 화폐석은 팔레오기와 네오기 때 번성했으므로 속씨식물의 출현 이후에 화폐석이 번성했다.
3. 오존층이 형성되면서 태양의 해로운 자외선이 지표로 닿지 못하게 되었다. 따라서 육상에 생물체가 등장할 수 있게 되었다.

memo

Chapter

05 유제

01 지Ⅱ 2017년 4월 학력평가 15번

그림은 퇴적암을 쇄설성, 유기적, 화학적 퇴적암으로 분류하고, 그 예를 나타낸 것이다.

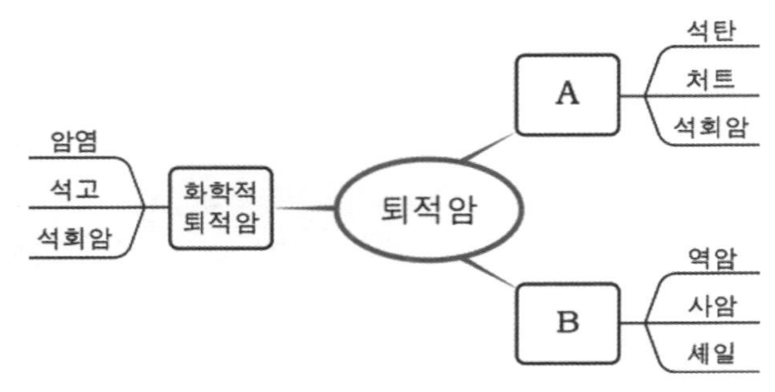

이에 대한 설명으로 옳은 것만을 <보기>에서 있는 대로 고른 것은?

<보 기>

ㄱ. A는 유기적 퇴적암이다.
ㄴ. 응회암은 B의 예이다.
ㄷ. 암염은 해수가 증발하여 침전된 물질이 굳어져 만들어질 수 있다.

① ㄱ ② ㄴ ③ ㄱ, ㄷ ④ ㄴ, ㄷ ⑤ ㄱ, ㄴ, ㄷ

02 지Ⅱ 2020학년도 6월 모의평가 1번

그림 (가), (나), (다)는 서로 다른 퇴적 구조를 나타낸 것이다.

(가)

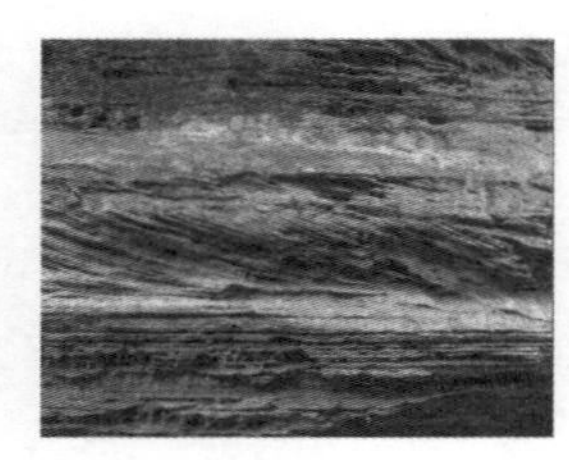
(나)

(다)

이에 대한 설명으로 옳은 것만을 <보기>에서 있는 대로 고른 것은?

<보 기>

ㄱ. (가)는 심해 환경에서 생성된다.
ㄴ. (나)에서는 퇴적물의 공급 방향을 알 수 있다.
ㄷ. (다)는 입자 크기에 따른 퇴적 속도 차이에 의해 생성된다.

① ㄱ ② ㄴ ③ ㄱ, ㄷ ④ ㄴ, ㄷ ⑤ ㄱ, ㄴ, ㄷ

03 지II 2019년 4월 학력평가 7번

그림은 모래로 이루어진 퇴적물로부터 퇴적암이 생성되는 과정을 나타낸 것이다.

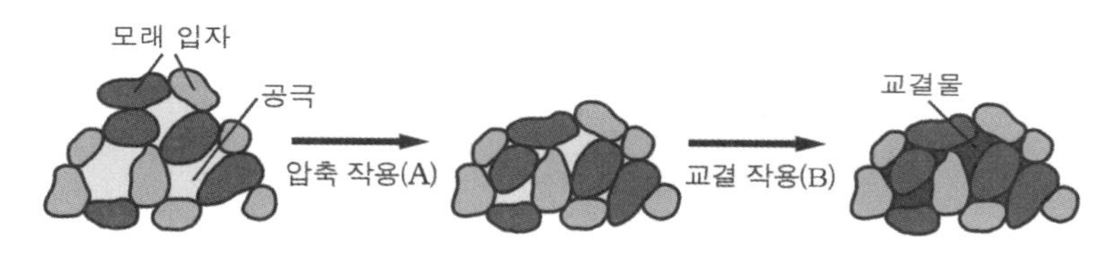

이에 대한 설명으로 옳은 것만을 <보기>에서 있는 대로 고른 것은?

<보 기>

ㄱ. A에 의해 공극이 감소한다.
ㄴ. B에서 교결물은 모래 입자들을 결합시켜 주는 역할을 한다.
ㄷ. 이 과정에서 생성된 퇴적암은 사암이다.

① ㄱ ② ㄷ ③ ㄱ, ㄴ ④ ㄴ, ㄷ ⑤ ㄱ, ㄴ, ㄷ

04 지II 2016년 4월 학력평가 12번

다음은 어떤 퇴적 구조의 형성 과정을 설명하기 위한 실험이다.

[실험 과정]

(가) 긴 원통에 물을 채우고, 다양한 크기의 입자로 구성된 흙을 원통에 부은 후 모두 가라앉을 때까지 기다린다.

(나) 원통의 입구를 마개로 막고 원통의 상하를 빠르게 뒤집은 후 흙이 쌓인 모습을 관찰한다.

이에 대한 설명으로 옳은 것만을 <보기>에서 있는 대로 고른 것은?

<보 기>

ㄱ. (나)에서 입자의 크기가 작을수록 아래에 쌓인다.
ㄴ. 사층리의 형성 과정을 설명할 수 있다.
ㄷ. 이 퇴적 구조는 심해 환경에서 만들어질 수 있다.

① ㄱ ② ㄷ ③ ㄱ, ㄴ ④ ㄴ, ㄷ ⑤ ㄱ, ㄴ, ㄷ

05 지II 2015학년도 9월 모의평가 3번

그림은 사층리와 건열이 나타나는 지층의 단면이다.

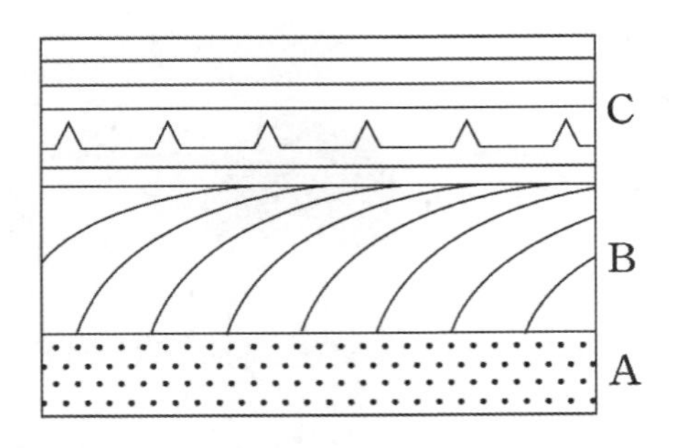

지층 A, B, C에 대한 설명으로 옳은 것만을 <보기>에서 있는 대로 고른 것은? [3점]

<보 기>

ㄱ. A가 가장 오래 전에 형성되었다.
ㄴ. B에서 퇴적 당시 유체의 이동 방향을 알 수 있다.
ㄷ. C가 형성되는 동안 건조한 시기가 있었다.

① ㄱ ② ㄷ ③ ㄱ, ㄴ ④ ㄴ, ㄷ ⑤ ㄱ, ㄴ, ㄷ

06 지II 2018년 4월 학력평가 10번

그림 (가)와 (나)는 물 밑에서 형성된 서로 다른 퇴적 구조를 나타낸 것이다.

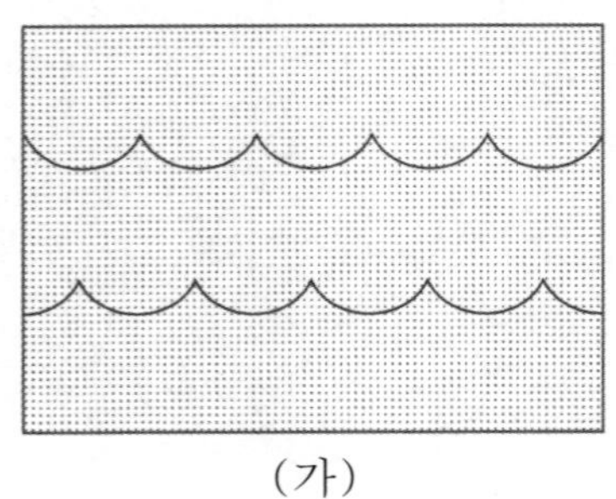
(가)

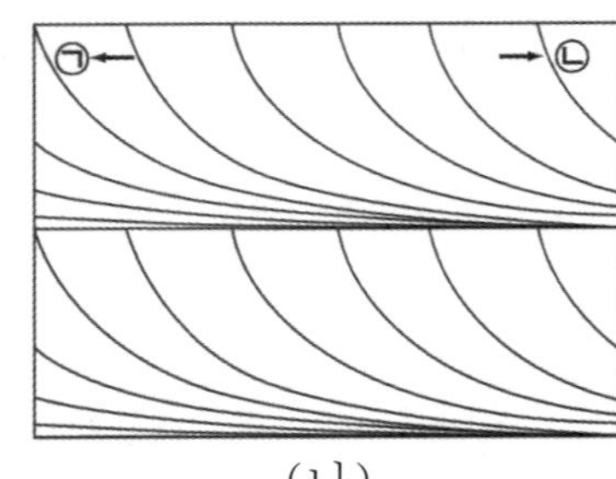

(나)

이에 대한 설명으로 옳은 것만을 <보기>에서 있는 대로 고른 것은?

<보 기>

ㄱ. (가)는 주로 얕은 물 밑에서 형성된다.
ㄴ. (나)의 퇴적 당시 퇴적물 이동 방향은 ㉠이다.
ㄷ. (가)와 (나)는 지층의 상하 판단에 이용된다.

① ㄱ ② ㄴ ③ ㄱ, ㄷ ④ ㄴ, ㄷ ⑤ ㄱ, ㄴ, ㄷ

07 2017년 3월 학력평가 6번

그림은 강원도 어느 하천가에 있는 지층에서 발견된 화석의 모습을 나타낸 것이다.

이 지층에 대한 옳은 설명만을 <보기>에서 있는 대로 고른 것은? [3점]

<보 기>

ㄱ. 바다에서 퇴적되었다.
ㄴ. 생성 시기는 고생대이다.
ㄷ. 생성된 이후 심한 변성 작용을 받았다.

① ㄱ ② ㄷ ③ ㄱ, ㄴ ④ ㄴ, ㄷ ⑤ ㄱ, ㄴ, ㄷ

08 지II 2019년 7월 학력평가 9번

그림 (가)는 퇴적 환경의 일부를, (나)는 지층의 퇴적 구조를 나타낸 것이다.

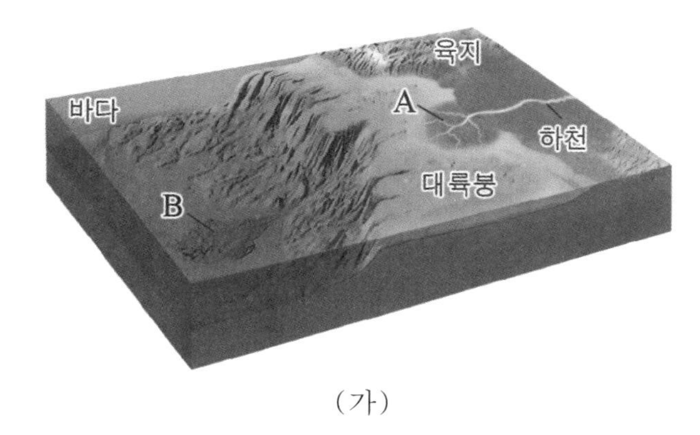

(가)

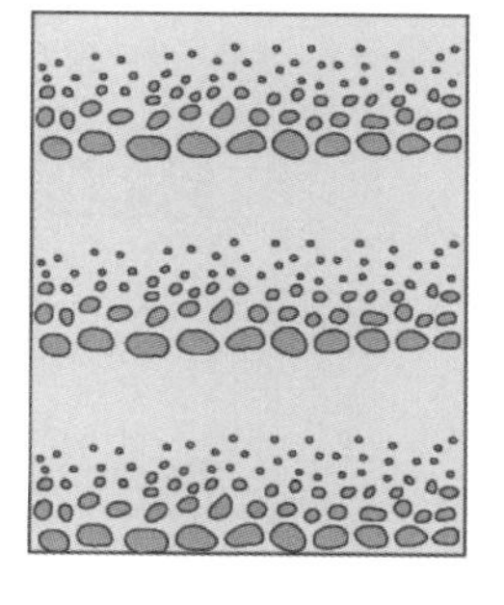
(나)

이에 대한 옳은 설명만을 <보기>에서 있는 대로 고른 것은?

<보 기>

ㄱ. A는 선상지이다.
ㄴ. (나)로 지층의 역전 여부를 판단할 수 있다.
ㄷ. (나)와 같은 구조는 B보다 A에서 발견된다.

① ㄱ ② ㄴ ③ ㄱ, ㄷ ④ ㄴ, ㄷ ⑤ ㄱ, ㄴ, ㄷ

09 2021학년도 대학수학능력시험 6번

그림 (가)는 해수면이 하강하는 과정에서 형성된 퇴적층의 단면이고, (나)는 (가)의 퇴적층에서 나타나는 퇴적 구조 A와 B이다.

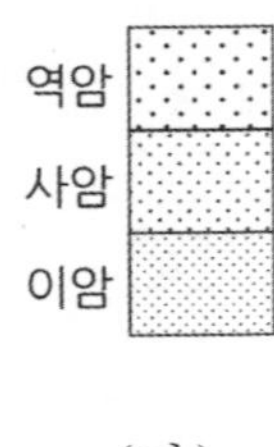

(가)

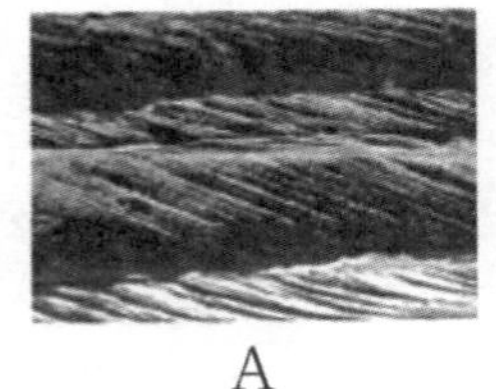

A

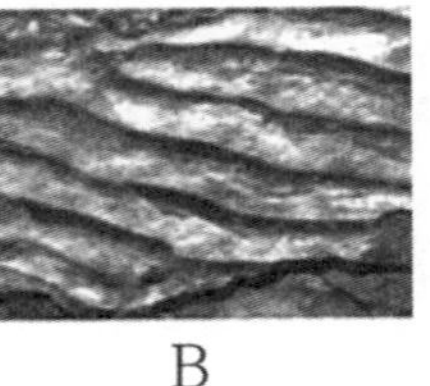

B

(나)

이 자료에 대한 설명으로 옳은 것만을 <보기>에서 있는 대로 고른 것은?

<보 기>

ㄱ. (가)의 퇴적층 중 가장 얕은 수심에서 형성된 것은 이암층이다.
ㄴ. (나)의 A와 B는 주로 역암층에서 관찰된다.
ㄷ. (나)의 A와 B 중 층리면에서 관찰되는 퇴적 구조는 B이다.

① ㄱ ② ㄴ ③ ㄷ ④ ㄱ, ㄷ ⑤ ㄴ, ㄷ

10 2022학년도 6월 모의평가 16번

그림 (가)는 어느 쇄설성 퇴적층의 단면을, (나)는 속성 작용이 일어나는 동안 (가)의 모래층에서 모래 입자 사이 공간(㉠)의 부피 변화를 나타낸 것이다.

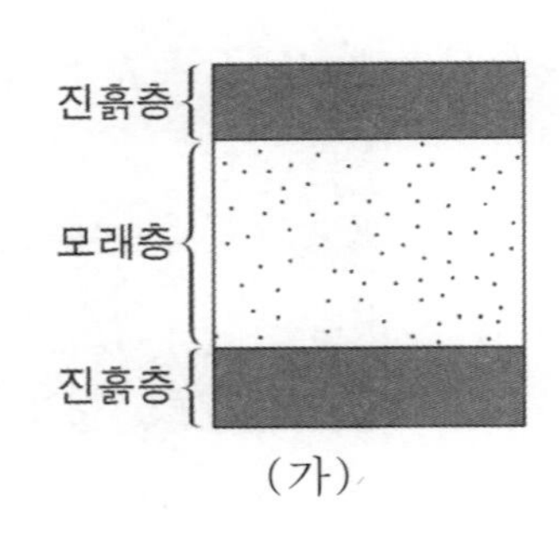

(가)

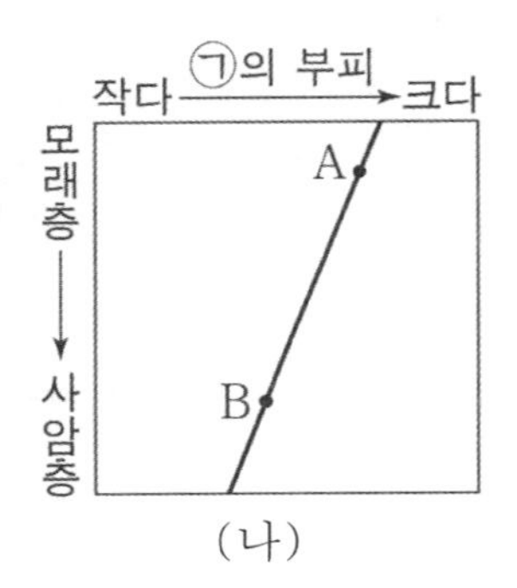

(나)

(가)의 모래층에서 속성 작용이 일어나는 동안 나타나는 변화에 대한 설명으로 옳은 것만을 <보기>에서 있는 대로 고른 것은?

<보 기>

ㄱ. ㉠에 교결 물질이 침전된다.
ㄴ. 밀도는 증가한다.
ㄷ. 단위 부피당 모래 입자의 개수는 A에서 B로 갈수록 감소한다.

① ㄱ ② ㄷ ③ ㄱ, ㄴ ④ ㄴ, ㄷ ⑤ ㄱ, ㄴ, ㄷ

11 2022학년도 대학수학능력시험 4번

다음은 어느 퇴적 구조가 형성되는 원리를 알아보기 위한 실험이다.

[실험 목표]

○ (㉠)의 형성 원리를 설명할 수 있다.

[실험 과정]

(가) 입자의 크기가 2mm 이하인 모래, 2~4mm인 왕모래, 4~6mm인 잔자갈을 각각 100g씩 분비하여 물이 담긴 원통에 넣는다.

(나) 원통을 흔들어 입자들을 골고루 섞은 후, 원통을 세워 입자들이 가라앉기를 기다린다.

(다) 그림과 같이 원통의 퇴적물을 같은 간격의 세 구간 A, B, C로 나눈다.

(라) 각 구간의 퇴적물을 모래, 왕모래, 잔자갈로 구분하여 각각의 질량을 측정한다.

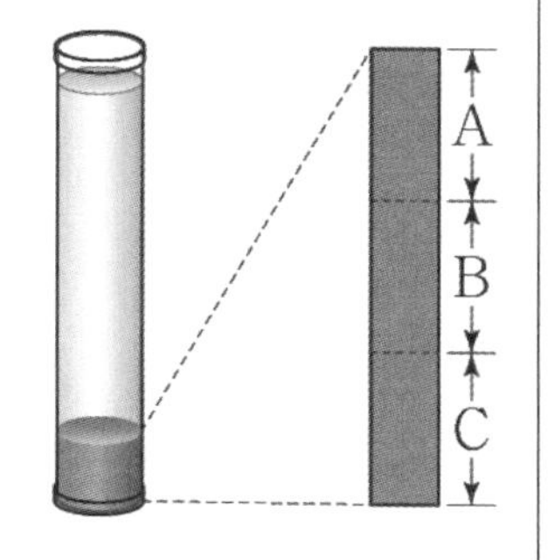

[실험 결과]

○ A, B, C 구간별 입자 종류에 따른 질량비

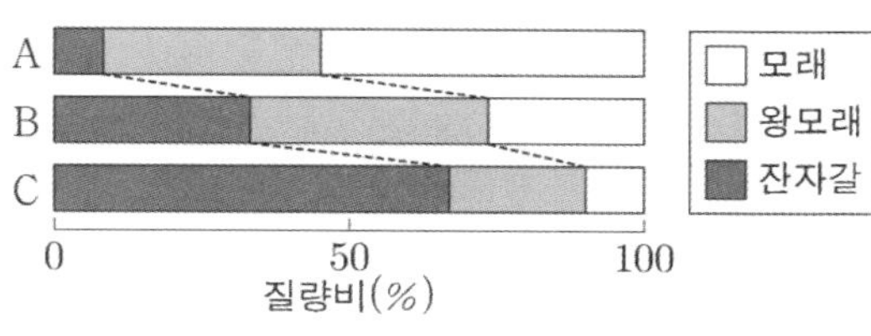

○ 퇴적물 입자의 크기가 클수록 (㉡) 가라앉는다.

이에 대한 설명으로 옳은 것만을 <보기>에서 있는 대로 고른 것은? [3점]

<보 기>

ㄱ. '점이 층리'는 ㉠에 해당한다.

ㄴ. '느리게'는 ㉡에 해당한다.

ㄷ. 경사가 급한 해저에서 빠르게 이동하던 퇴적물의 유속이 갑자기 느려지면서 퇴적되는 과정은 (나)에 해당한다.

① ㄱ ② ㄴ ③ ㄱ, ㄷ ④ ㄴ, ㄷ ⑤ ㄱ, ㄴ, ㄷ

12 지II 2015학년도 6월 모의평가 5번

다음은 지표 부근과 지하 깊은 곳에서 일어나는 지층 변형의 차이를 알아보기 위한 실험이다.

[실험 과정]

(가) 동일한 두 개의 지점토 판 A와 B를 각각 비닐 봉지로 밀봉한다.

(나) A는 따듯한 물에 넣어 부드러운 상태가, B는 냉동실에 넣어 딱딱한 상태가 되게 한다.

(다) 나무판을 이용하여 A의 모양이 변형될 때까지 양쪽에서 민다.

(라) B도 (다)와 같은 방법으로 실험한다.

A

B

[실험 결과]

A	B
휘어진다.	(　　　) 끊어지면서 어긋난다.

이에 대한 설명으로 옳은 것만을 <보기>에서 있는 대로 고른 것은?

<보 기>

ㄱ. A는 지하 깊은 곳에서 변형되는 지층에 해당된다.

ㄴ. B는 정단층의 모양과 유사하게 변형된다.

ㄷ. A와 B는 주로 발산 경계에서 나타나는 변형에 해당한다.

① ㄱ　② ㄴ　③ ㄱ, ㄷ　④ ㄴ, ㄷ　⑤ ㄱ, ㄴ, ㄷ

13 2021학년도 6월 모의평가 2번

그림 (가), (나), (다)는 습곡, 포획, 절리를 순서 없이 나타낸 것이다.

(가)

(나)

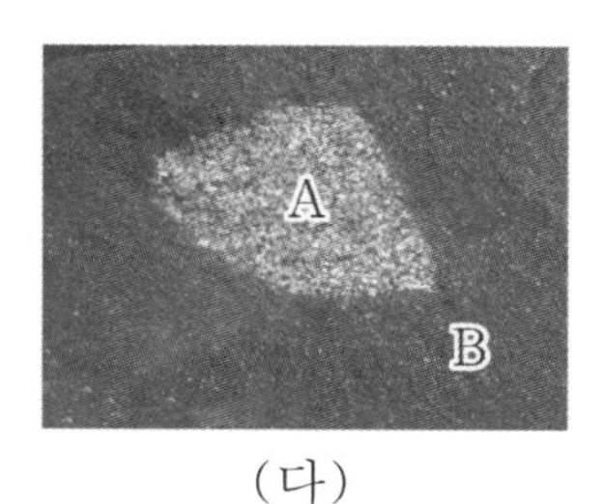

(다)

이에 대한 설명으로 옳은 것만을 <보기>에서 있는 대로 고른 것은? [3점]

<보 기>

ㄱ. (가)는 (나)보다 깊은 곳에서 형성되었다.
ㄴ. (나)는 수축에 의해 형성되었다.
ㄷ. (다)에서 A는 B보다 먼저 생성되었다.

① ㄱ ② ㄷ ③ ㄱ, ㄴ ④ ㄴ, ㄷ ⑤ ㄱ, ㄴ, ㄷ

14 지II 2018년 7월 학력평가 1번

그림 (가), (나), (다)는 석호에서 퇴적암이 만들어지는 과정을 나타낸 것이다.

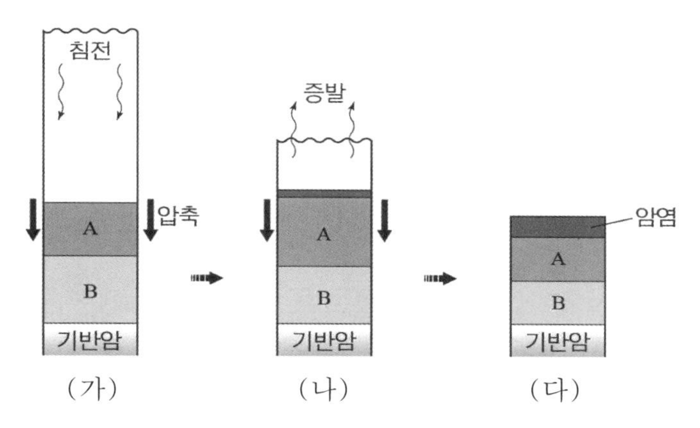

이에 대한 설명으로 옳은 것만을 <보기>에서 있는 대로 고른 것은?

<보 기>

ㄱ. A 층에서는 엽리가 나타난다.
ㄴ. B층의 퇴적물 사이 공극의 크기는 (가)>(나)>(다)이다.
ㄷ. 이 과정을 통해 화학적 퇴적암이 생성되었다.

① ㄱ ② ㄴ ③ ㄱ, ㄷ ④ ㄴ, ㄷ ⑤ ㄱ, ㄴ, ㄷ

15 2022학년도 9월 모의평가 4번

다음은 어느 지질 구조의 형성 과정을 알아보기 위한 탐구이다.

[탐구 과정]

(가) 지점토 판 세 개를 하나씩 순서대로 쌓은 뒤, Ⅰ과 같이 경사지게 지점토 칼로 자른다.

(나) 잘린 지점토 판 전체를 조심스럽게 들어 올리고, Ⅱ와 같이 ㉠ 양쪽 끝을 서서히 잡아당겨 가운데 조각이 내려가도록 한다.

(다) Ⅲ과 같이 지점토 칼로 지점토 판의 위쪽을 수평으로 자른다.

(라) 잘린 지점토 판 위에 Ⅳ와 같이 새로운 지점토 판을 수평이 되도록 쌓는다.

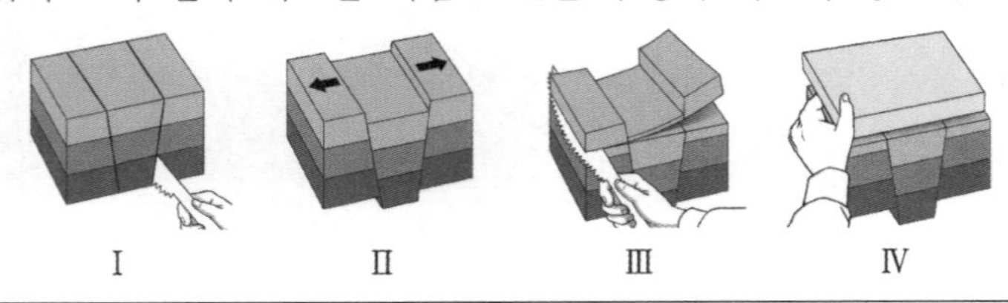

이에 대한 설명으로 옳은 것만을 <보기>에서 있는 대로 고른 것은?

<보 기>

ㄱ. ㉠에 해당하는 힘은 횡압력이다.

ㄴ. (다)는 지층의 침식 과정에 해당한다.

ㄷ. (라)에서 부정합 형태의 지질 구조가 만들어진다.

① ㄱ ② ㄴ ③ ㄷ ④ ㄱ, ㄴ ⑤ ㄴ, ㄷ

16 지Ⅱ 2014년 7월 학력평가 11번

그림은 어느 지역의 지질 단면도이다.

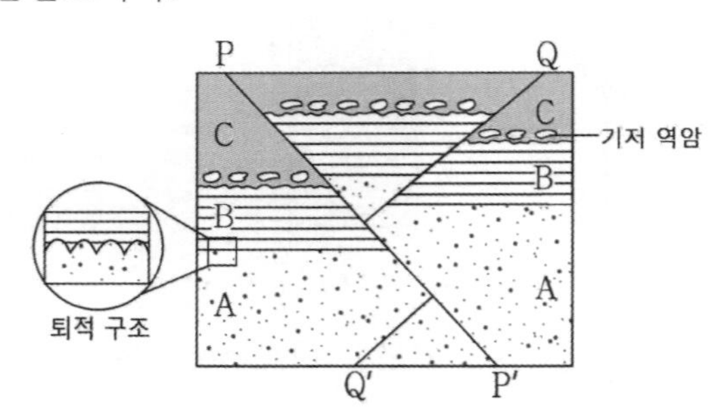

이에 대한 설명으로 옳은 것만을 <보기>에서 있는 대로 고른 것은?

<보 기>

ㄱ. 기저 역암은 C 와 동일한 암석이다.

ㄴ. 지층의 퇴적 순서는 B → A → C이다.

ㄷ. 단층 P-P'는 정단층, Q-Q'는 역단층이다.

① ㄱ ② ㄴ ③ ㄱ, ㄷ ④ ㄴ, ㄷ ⑤ ㄱ, ㄴ, ㄷ

17 지Ⅱ 2018학년도 6월 모의평가 15번

그림은 어느 지층의 A-B구간에 해당하는 각 암석의 연령을 나타낸 것이다. 이에 해당하는 지질 단면도로 가장 적절한 것은? [3점]

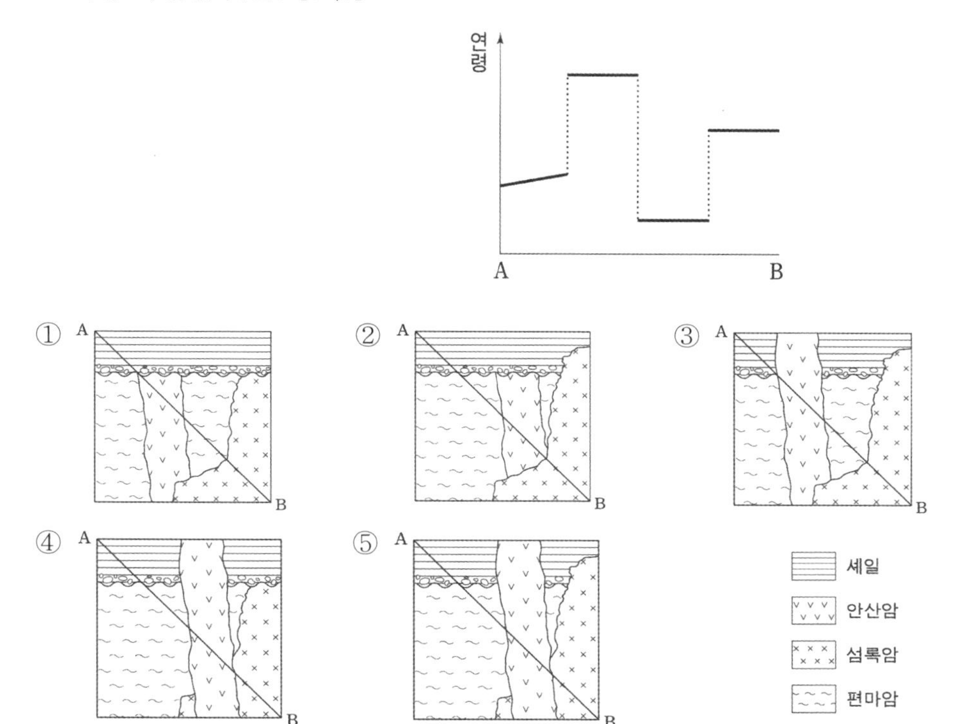

18 지Ⅱ 2015학년도 6월 모의평가 2번

그림은 어느 지역의 지질 단면도이다.

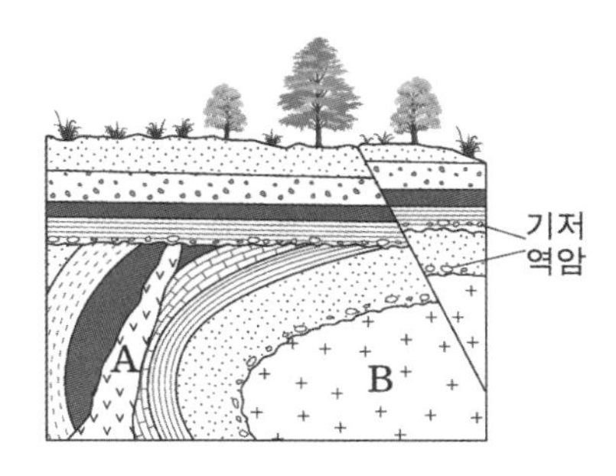

이에 대한 해석으로 옳은 것만을 <보기>에서 있는 대로 고른 것은? [3점]

<보 기>

ㄱ. 화성암 B는 A보다 먼저 관입하였다.
ㄴ. 습곡은 단층보다 먼저 형성되었다.
ㄷ. 최소한 3번의 융기가 있었다.

① ㄱ ② ㄴ ③ ㄱ, ㄷ ④ ㄴ, ㄷ ⑤ ㄱ, ㄴ, ㄷ

19 2020년 4월 학력평가 5번

그림 (가)는 어느 지역의 지질 단면을, (나)는 X－Y 구간에 해당하는 암석의 생성 시기를 나타낸 것이다.

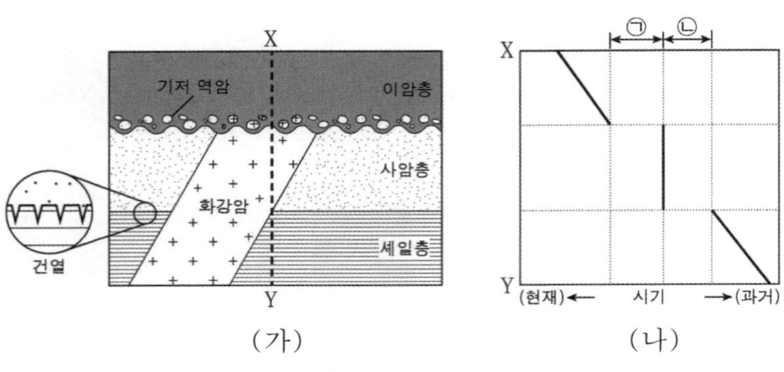

(가) (나)

이에 대한 설명으로 옳은 것만을 <보기>에서 있는 대로 고른 것은? [3점]

<보 기>

ㄱ. ㉠ 시기에 융기와 침식 작용이 있었다.
ㄴ. 사암층은 ㉡ 시기 중에 퇴적되었다.
ㄷ. 셰일층은 건조한 환경에 노출된 적이 있었다.

① ㄱ ② ㄴ ③ ㄱ, ㄷ ④ ㄴ, ㄷ ⑤ ㄱ, ㄴ, ㄷ

20 2022학년도 대학수학능력시험 16번

그림은 습곡과 단층이 나타나는 어느 지역의 지질 단면도이다.

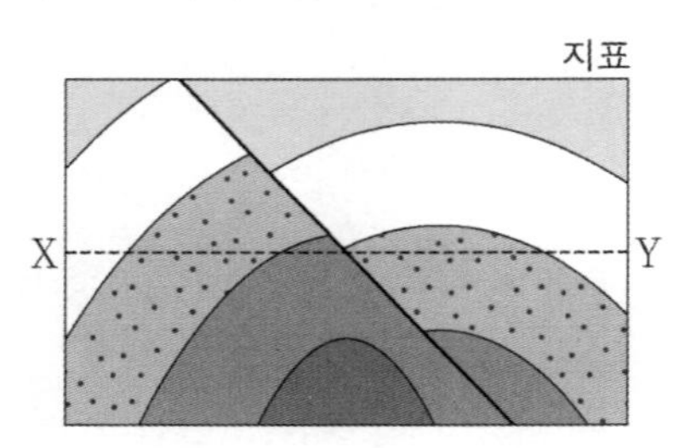

X－Y 구간에 해당하는 지층의 연령 분포로 가장 적절한 것은? [3점]

① ④

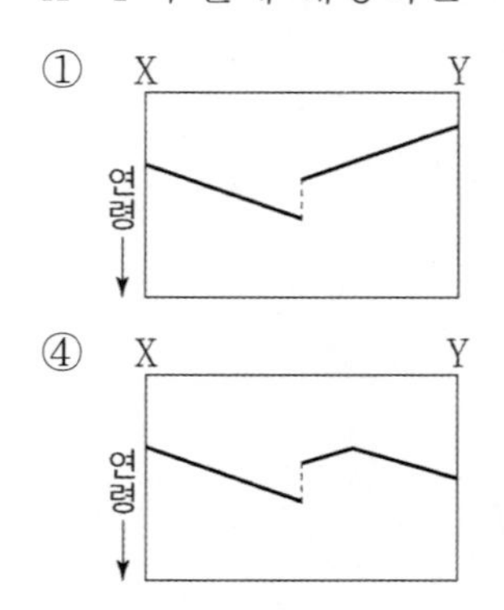

② ⑤

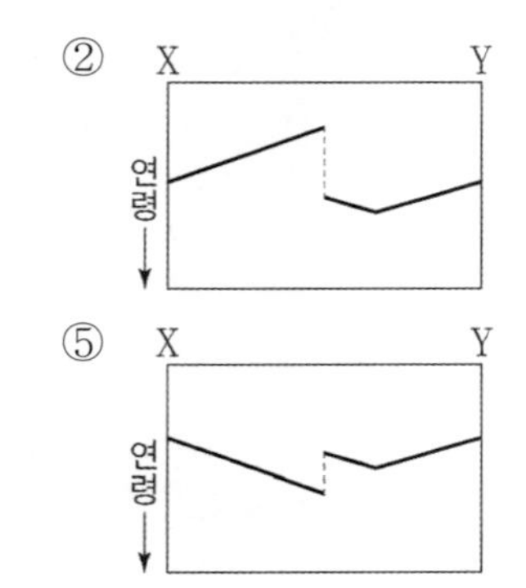

③

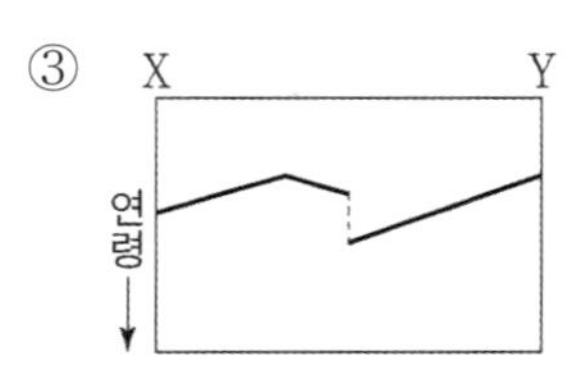

21 지Ⅱ 2019년 4월 학력평가 20번

다음은 방사성 원소 ^{14}C를 이용한 절대 연령 측정 원리를 설명한 것이다.

대기 중과 생물체 내의 방사성 원소 ^{14}C와 안정한 원소 ^{12}C의 비율($^{14}C/^{12}C$)은 같다. 생물체가 죽으면 ㉠ ^{14}C가 ㉡ ^{14}N로 붕괴되는 과정은 진행되지만 ^{14}C의 공급은 중단되므로, 죽은 생물체 내의 $^{14}C/^{12}C$가 감소한다. 따라서 대기 중 $^{14}C/^{12}C$에 대한 죽은 생물체 내 $^{14}C/^{12}C$의 비를 이용하여 절대 연령을 측정할 수 있다.

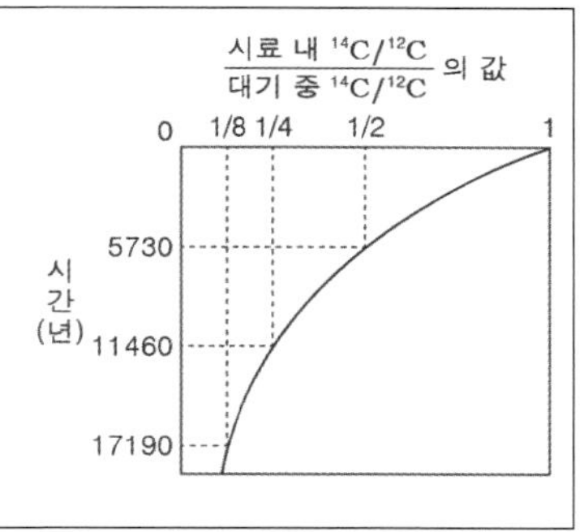

이에 대한 설명으로 옳은 것만을 <보기>에서 있는 대로 고른 것은?
(단, 대기 중의 $^{14}C/^{12}C = 1.2 \times 10^{-12}$으로 일정하다.) [3점]

<보 기>

ㄱ. ㉠은 ㉡보다 안정하다.
ㄴ. ㉠의 반감기는 5730년이다.
ㄷ. $^{14}C/^{12}C$의 값이 0.3×10^{-12}인 시료의 절대 연령은 17190년이다.

① ㄱ ② ㄴ ③ ㄷ ④ ㄱ, ㄴ ⑤ ㄴ, ㄷ

22 지Ⅱ 2018학년도 대학수학능력시험 4번

그림은 어느 지역의 지질 단면도를, 표는 화성암 D와 F에 포함된 방사성 원소 X와 이 원소가 붕괴되어 생성된 자원소의 함량비를 나타낸 것이다.

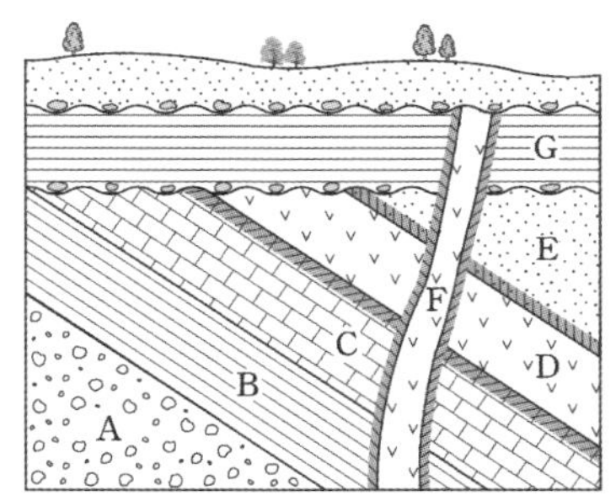

화성암	방사성 원소 X : 자원소
D	1 : 3
F	1 : 1

(X의 반감기 : 1억 년)

이 지역에 대한 설명으로 옳은 것만을 <보기>에서 있는 대로 고른 것은?

<보 기>

ㄱ. D는 E보다 먼저 생성되었다.
ㄴ. D의 절대 연령은 2억 년이다.
ㄷ. G는 속씨식물이 번성한 시대에 생성되었다.

① ㄱ ② ㄴ ③ ㄷ ④ ㄱ, ㄴ ⑤ ㄴ, ㄷ

23 2021학년도 6월 모의평가 14번

그림 (가)는 어느 지역의 지질 단면을, (나)는 방사성 원소 X에 의해 생성된 자원소 Y의 함량을 시간에 따라 나타낸 것이다. 화성암 A, B, C에는 X와 Y가 포함되어 있으며, Y는 모두 X의 붕괴 결과 생성되었다. 현재 C에 있는 X와 Y의 함량은 같다.

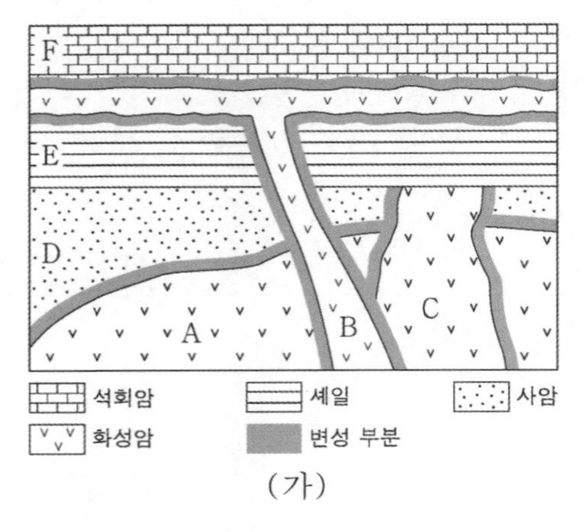

(가)

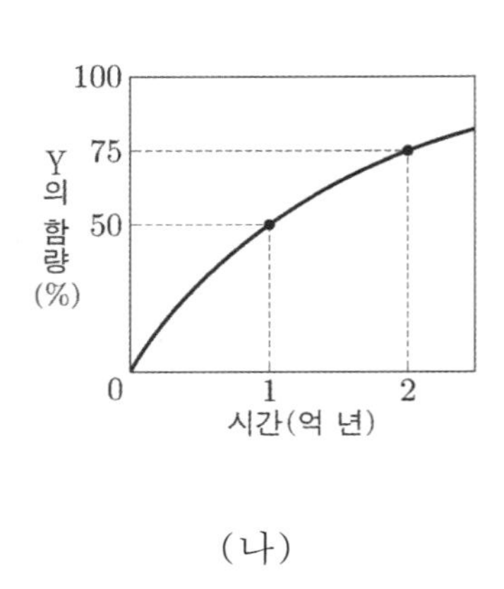

(나)

이에 대한 설명으로 옳은 것만을 <보기>에서 있는 대로 고른 것은? [3점]

<보 기>

ㄱ. D는 화폐석이 번성하던 시대에 생성되었다.

ㄴ. $\frac{\text{Y의 함량}}{\text{X의 함량}}$은 A가 B보다 크다.

ㄷ. 암석의 생성 순서는 D → A → C → E → B → F이다.

① ㄱ ② ㄴ ③ ㄷ ④ ㄱ, ㄴ ⑤ ㄴ, ㄷ

24 2021년 7월 학력평가 5번

그림은 어느 지역의 지질 단면도를, 표는 화성암 P와 Q에 포함된 방사성 원소 X와 이 원소가 붕괴되어 생성된 자원소의 함량을 나타낸 것이다.

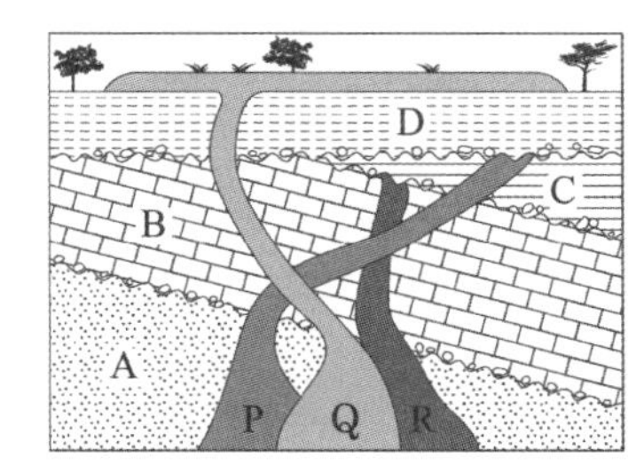

구분	방사성 원소 X(%)	자원소 (%)
P	24	76
Q	52	48

이에 대한 설명으로 옳은 것만을 <보기>에서 있는 대로 고른 것은? (단, 화성암 P, Q는 생성될 당시에 방사성 원소 X의 자원소가 포함되지 않았다.) [3점]

<보 기>

ㄱ. 이 지역에서는 최소한 4회 이상의 융기가 있었다.
ㄴ. P의 절대 연령/Q의 절대 연령은 2보다 크다.
ㄷ. 지층과 암석의 생성 순서는 A → B → C → R → P → D→ Q이다.

① ㄱ ② ㄴ ③ ㄷ ④ ㄱ, ㄴ ⑤ ㄴ, ㄷ

25 2020년 10월 학력평가 18번

그림 (가)는 마그마가 식으면서 두 종류의 광물이 생성된 때의 모습을, (나)는 (가) 이후 P의 반감기가 n회 지났을 때 화성암에 포함된 두 광물의 모습을 나타낸 것이다. 이 화성암에는 방사성 원소 P, Q와 P, Q의 자원소 P', Q'가 포함되어 있다.

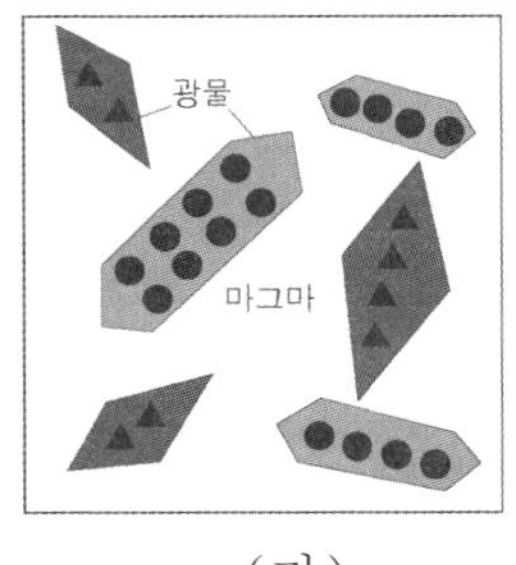

(가)

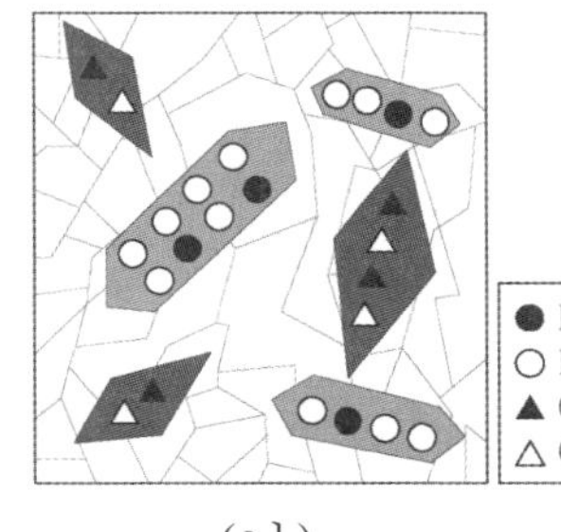

(나)

이에 대한 옳은 설명만을 <보기>에서 있는 대로 고른 것은? [3점]

<보 기>

ㄱ. 반감기는 P가 Q보다 짧다.
ㄴ. (나)의 화성암의 절대 연령은 P의 반감기의 약 2배이다.
ㄷ. (가)에서 광물 속 P의 양이 많을수록 P와 P'의 양이 같아질 때까지 걸리는 시간이 길어진다.

① ㄱ ② ㄷ ③ ㄱ, ㄴ ④ ㄴ, ㄷ ⑤ ㄱ, ㄴ, ㄷ

26 2021학년도 대학수학능력시험 19번

그림 (가)는 어느 지역의 지표에 나타난 화강암 A, B와 셰일 C의 분포를, (나)는 화강암 A, B에 포함된 방사성 원소의 붕괴 곡선 X, Y를 순서 없이 나타낸 것이다. A는 B를 관입하고 있고, B와 C는 부정합으로 접하고 있다. A, B에 포함된 방사성 원소의 양은 각각 처음 양의 20%와 50%이다.

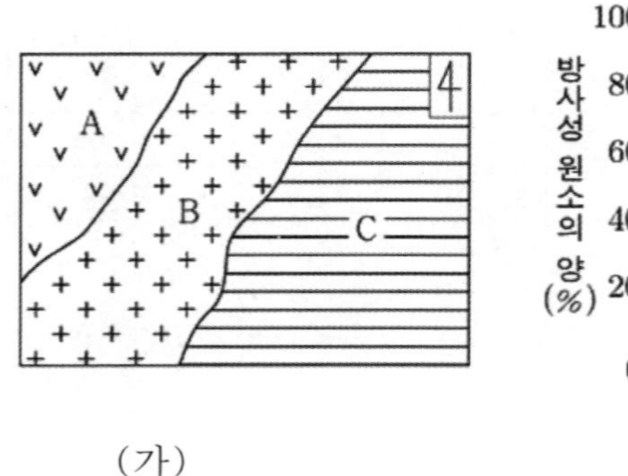

(가)

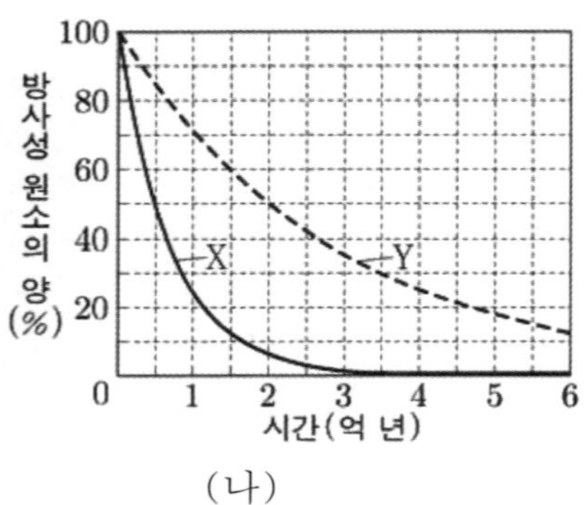

(나)

A, B, C에 대한 설명으로 옳은 것만을 <보기>에서 있는 대로 고른 것은? [3점]

<보 기>

ㄱ. A에 포함된 방사성 원소의 붕괴 곡선은 X이다.
ㄴ. 가장 오래된 암석은 B이다.
ㄷ. C는 고생대 암석이다.

① ㄱ ② ㄷ ③ ㄱ, ㄴ ④ ㄴ, ㄷ ⑤ ㄱ, ㄴ, ㄷ

27 2021학년도 9월 모의평가 6번

그림은 방사성 동위 원소 A와 B의 붕괴 곡선을 나타낸 것이다.

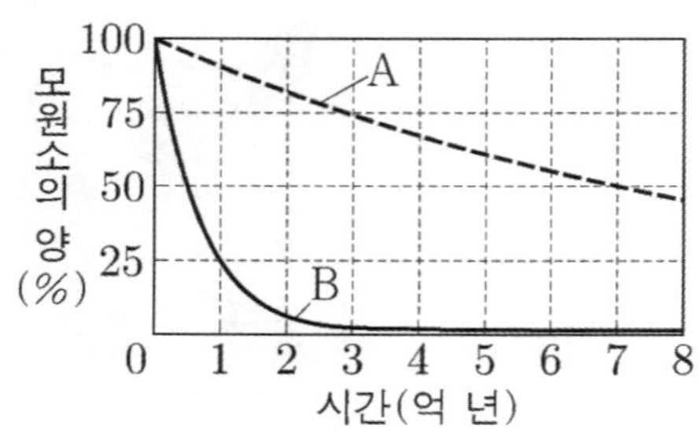

이에 대한 설명으로 옳은 것만을 <보기>에서 있는 대로 고른 것은?

<보 기>

ㄱ. 반감기는 A가 B의 14배이다.
ㄴ. 7억 년 전 생성된 화성암에 포함된 A는 두 번의 반감기를 거쳤다.
ㄷ. 암석에 포함된 $\frac{\text{B의 양}}{\text{B의 자원소 양}}$이 $\frac{1}{4}$로 되는 데 걸리는 시간은 1억 년이다.

① ㄱ ② ㄴ ③ ㄱ, ㄷ ④ ㄴ, ㄷ ⑤ ㄱ, ㄴ, ㄷ

28 2022학년도 6월 모의평가 20번

그림 (가)는 어느 지역의 지질 단면도로, A~E는 퇴적암, F와 G는 화성암, f−f '은 단층이다. 그림 (나)는 F와 G에 포함된 방사성 원소 X의 함량을 붕괴 곡선에 나타낸 것이다. X의 반감기는 1억 년이다.

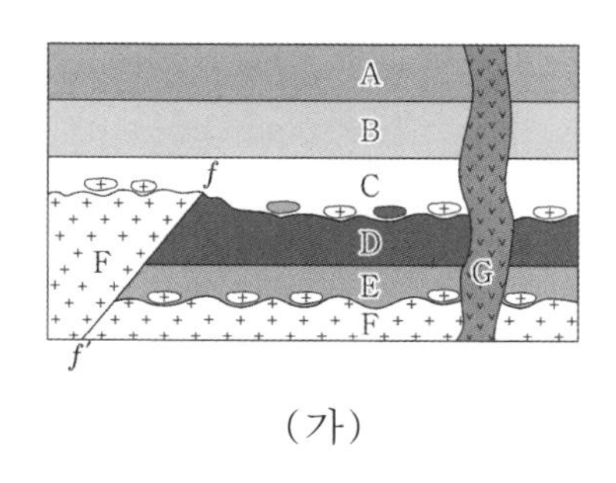

(가)

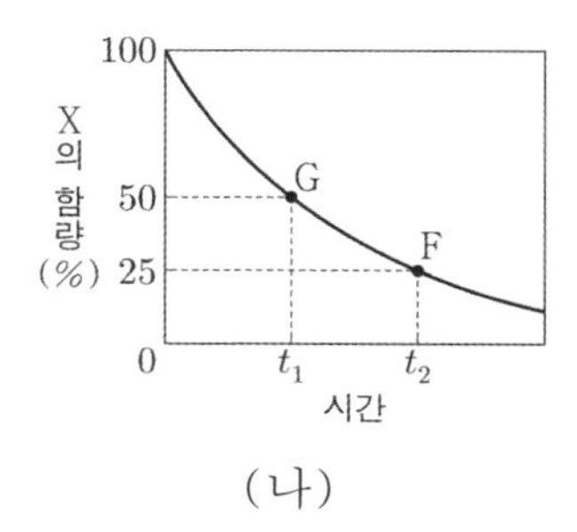

(나)

이에 대한 설명으로 옳은 것만을 <보기>에서 있는 대로 고른 것은? [3점]

<보 기>

ㄱ. A는 고생대에 퇴적되었다.
ㄴ. D가 퇴적된 이후 $f-f'$'이 형성되었다.
ㄷ. 단층 상반에 위치한 F는 최소 2회 육상에 노출되었다.

① ㄴ ② ㄷ ③ ㄱ, ㄴ ④ ㄴ, ㄷ ⑤ ㄱ, ㄴ, ㄷ

29 2022학년도 9월 모의평가 17번

그림 (가)는 어느 지역의 깊이에 따른 지층과 화성암의 연령을, (나)는 방사성 원소 X와 Y의 붕괴 곡선을 나타낸 것이다. 화성암 B와 D는 X와 Y 중 서로 다른 한 종류만 포함하고, 현재 B와 D에 포함된 방사성 원소의 함량은 각각 처음 양의 50%와 25%이다.

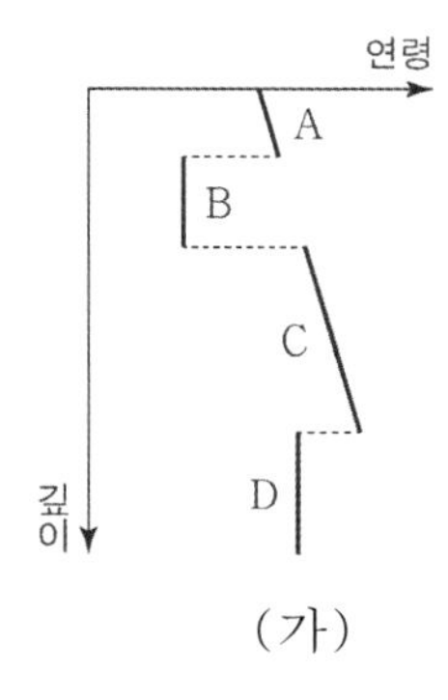

(가)

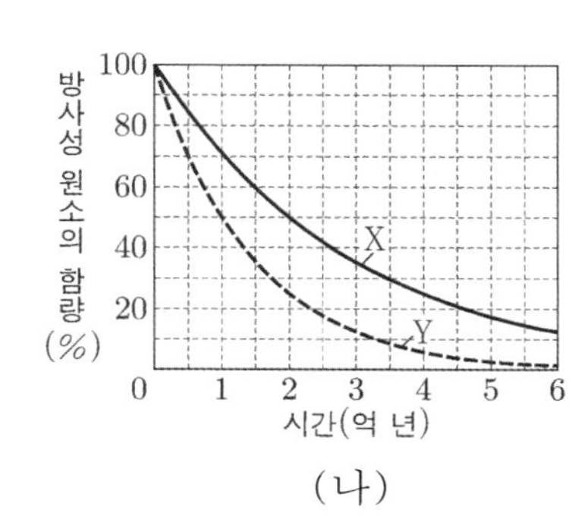

(나)

이에 대한 설명으로 옳은 것만을 <보기>에서 있는 대로 고른 것은?

<보 기>

ㄱ. A층 하부의 기저 역암에는 B의 암석 조각이 있다.
ㄴ. 반감기는 X가 Y의 2배이다.
ㄷ. B와 D의 연령 차는 3억 년이다.

① ㄱ ② ㄴ ③ ㄱ, ㄷ ④ ㄴ, ㄷ ⑤ ㄱ, ㄴ, ㄷ

30 2021년 10월 학력평가 17번

그림 (가)는 어느 지역의 지질 단면을, (나)는 방사성 원소 X와 Y의 붕괴 곡선을 나타낸 것이다. 화성암 P와 Q 중 하나에는 X가, 다른 하나에는 Y가 포함되어 있다. X와 Y의 처음 양은 같았으며, P와 Q에 포함되어 있는 방사성 원소의 양은 각각 처음 양의 25%와 50%이다.

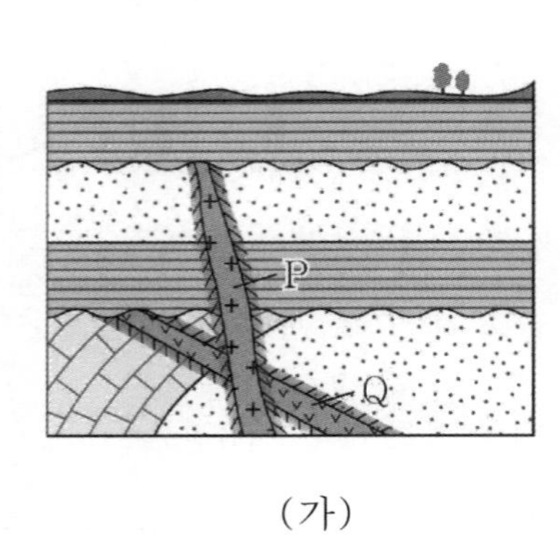

(가)

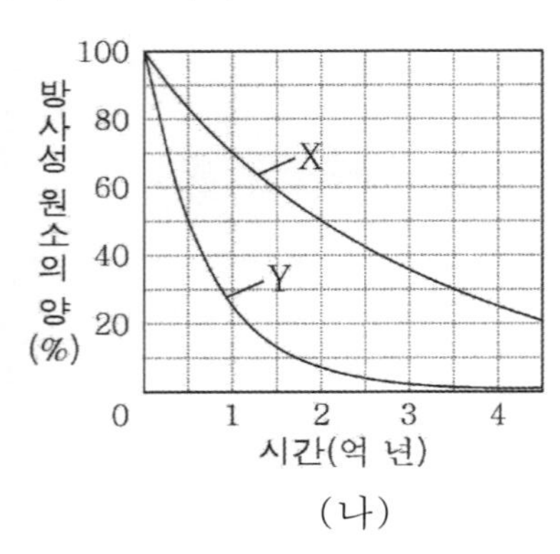

(나)

이에 대한 옳은 설명만을 <보기>에서 있는 대로 고른 것은? [3점]

<보 기>

ㄱ. 이 지역은 3번 이상 융기하였다.

ㄴ. P에 포함되어 있는 방사성 원소는 X이다.

ㄷ. 앞으로 2억 년 후의 $\frac{\text{Y의 양}}{\text{X의 양}}$ 은 $\frac{1}{16}$ 이다.

① ㄱ ② ㄴ ③ ㄷ ④ ㄱ, ㄴ ⑤ ㄱ, ㄷ

31 2020학년도 9월 모의평가 9번

다음은 나무의 나이테 지수를 이용한 고기후 연구 방법에 대한 설명이다. 그림 (가)는 북반구 A 지역과 남반구 B 지역의 기온 편차를 각각 나타낸 것이고, (나)는 A 지역의 나이테 지수이다.

○ 나이테의 폭을 측정하여 나이테 지수를 구한다. ○ 나이테 지수가 클수록 기온이 높다고 추정한다.

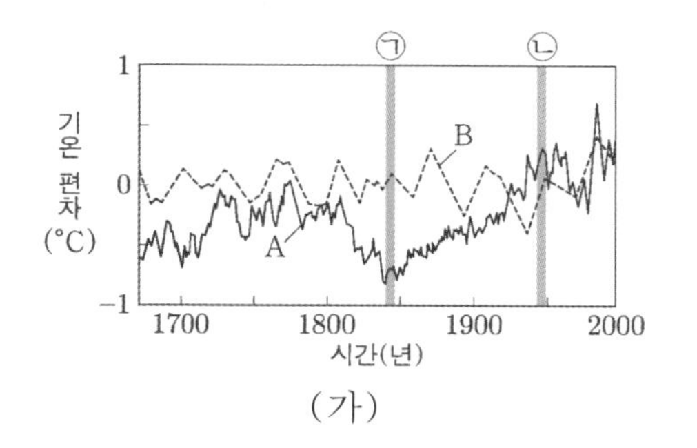

(가)

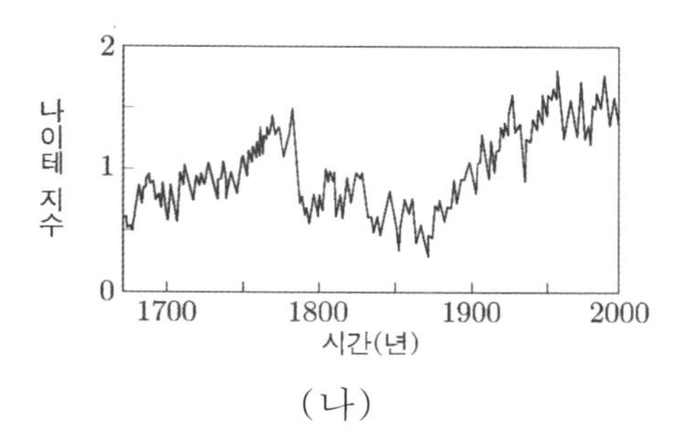

(나)

이에 대한 설명으로 옳은 것만을 <보기>에서 있는 대로 고른 것은? [3점]

<보 기>

ㄱ. A의 기온은 ㉠ 시기가 ㉡ 시기보다 낮다.
ㄴ. 기온 편차의 최댓값과 최솟값의 차는 A가 B보다 작다.
ㄷ. ㉠ 시기의 나이테 지수와 ㉡ 시기의 나이테 지수의 차는 B가 A보다 작을 것이다.

① ㄱ ② ㄴ ③ ㄷ ④ ㄱ, ㄴ ⑤ ㄱ, ㄷ

32 2021년 3월 학력평가 8번

그림은 지질 시대 동안 일어난 주요 사건을 나타낸 것이다.

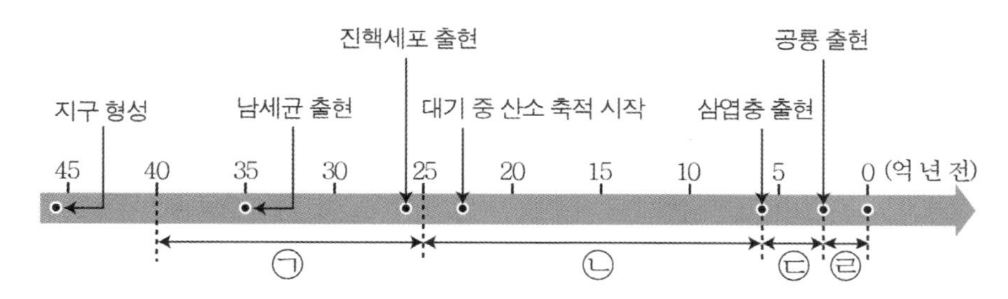

이에 대한 설명으로 옳은 것은? [3점]

① 최초의 다세포 생물이 출현한 지질 시대는 ㉠이다.
② 생물의 광합성이 최초로 일어난 지질 시대는 ㉡이다.
③ 최초의 육상 식물이 출현한 지질 시대는 ㉢이다.
④ 빙하기가 없었던 지질 시대는 ㉢이다.
⑤ 방추충이 번성한 지질 시대는 ㉣이다.

33 지Ⅱ 2014년 4월 학력평가 20번

그림은 현생 이언에 생존했던 생물 종류의 수와 생물 A, B, C의 생존 시기를 나타낸 것이다.

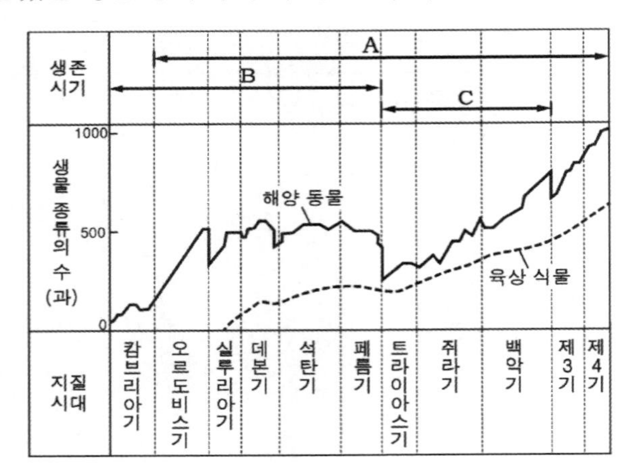

이에 대한 설명으로 옳은 것만을 <보기>에서 있는 대로 고른 것은? [3점]

<보 기>

ㄱ. 판게아의 형성은 페름기 말 생물 종류의 수를 감소시켰다.
ㄴ. A~C 중 중생대의 표준 화석으로 적합한 생물은 C이다.
ㄷ. 지질 시대의 구분 기준으로는 육상 식물보다 해양 동물 종류의 수 변화가 더 적합하다.

① ㄱ ② ㄷ ③ ㄱ, ㄴ ④ ㄴ, ㄷ ⑤ ㄱ, ㄴ, ㄷ

34 지Ⅱ 2019학년도 6월 모의평가 13번

그림 (가)는 현생 이언 동안 완족류와 삼엽충의 과의 수 변화를, (나)는 현생 이언 동안 생물 과의 멸종 비율을 나타낸 것이다. A와 B는 각각 완족류와 삼엽충 중 하나이다.

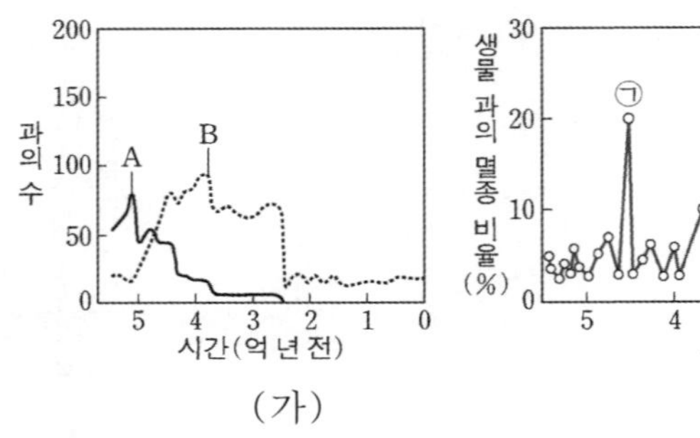

(가)

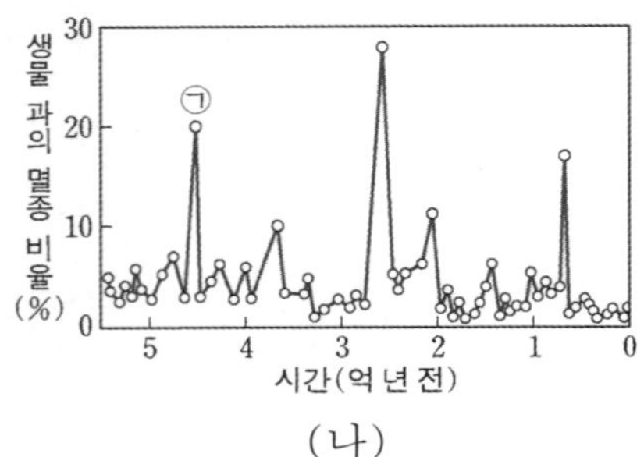

(나)

이에 대한 설명으로 옳은 것만을 <보기>에서 있는 대로 고른 것은?

<보 기>

ㄱ. (가)에서 A는 삼엽충이다.
ㄴ. (나)에서 ㉠ 시기에 갑주어가 멸종하였다.
ㄷ. B의 과의 수는 공룡이 멸종한 시기에 가장 많이 감소하였다.

① ㄱ ② ㄷ ③ ㄱ, ㄴ ④ ㄴ, ㄷ ⑤ ㄱ, ㄴ, ㄷ

35 지II 2020학년도 6월 모의평가 4번

그림 (가)는 지질 시대 I ~ V에 생존했던 생물의 화석 a~d를, (나)는 세 지역 ㉠, ㉡, ㉢의 각 지층에서 산출되는 화석을 나타낸 것이다. I ~ V는 오래된 지질 시대 순이다.

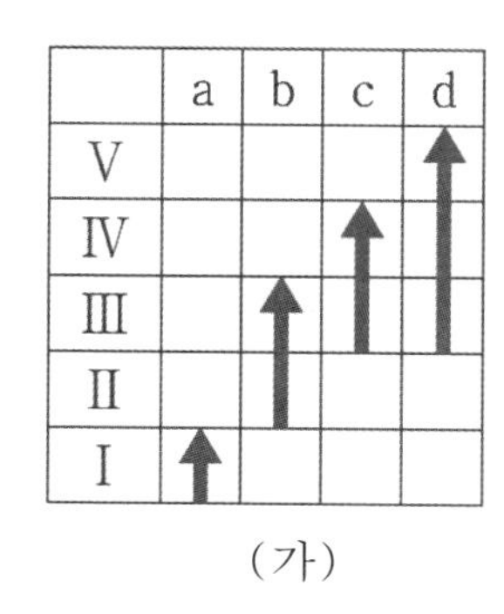

(가)

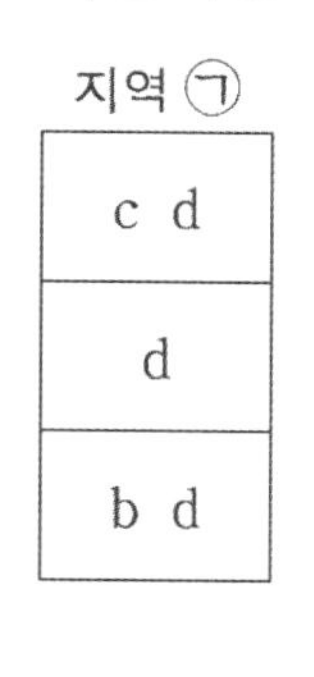

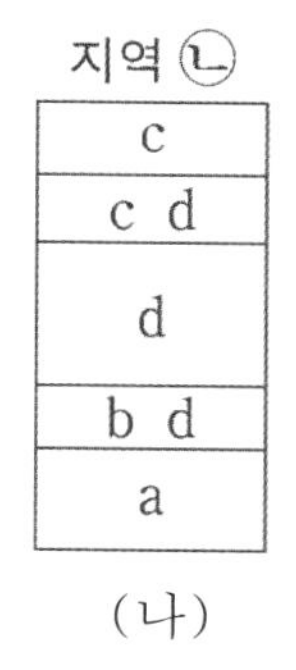

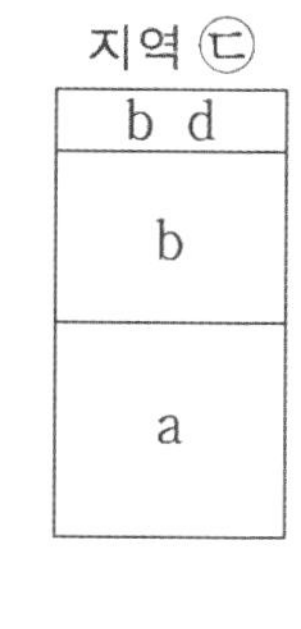

(나)

이에 대한 설명으로 옳은 것만을 <보기>에서 있는 대로 고른 것은? (단, 지층은 역전되지 않았다.)

<보 기>

ㄱ. 가장 오래된 지층은 지역 ㉠에 분포한다.

ㄴ. 세 지역 모두 III 시대에 생성된 지층이 존재한다.

ㄷ. 지역 ㉡에서는 V 시대에 살았던 d가 산출된다.

① ㄱ ② ㄴ ③ ㄱ, ㄷ ④ ㄴ, ㄷ ⑤ ㄱ, ㄴ, ㄷ

36 2020학년도 6월 모의평가 14번

그림은 남극 빙하 연구를 통해 알아낸 과거 40만 년 동안의 해수면 높이, 기온 편차(당시 기온−현재 기온), 대기 중 CO_2 농도 변화를 나타낸 것이다.

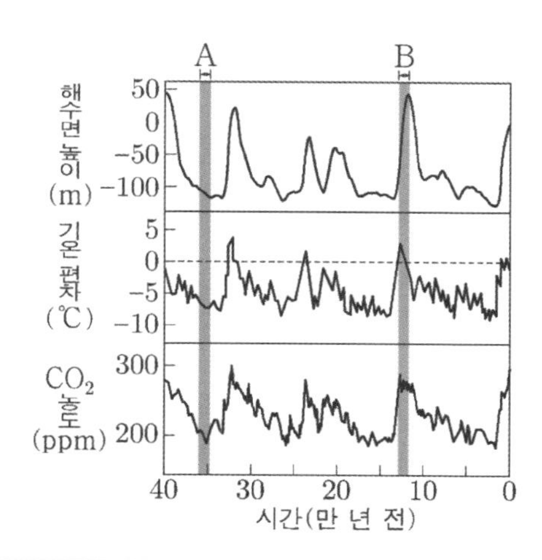

A와 B 시기에 대한 설명으로 옳은 것만을 <보기>에서 있는 대로 고른 것은?

<보 기>

ㄱ. 빙하 코어 속 얼음의 산소 동위 원소비($^{18}O/^{16}O$)는 A가 B보다 크다.

ㄴ. 대륙 빙하의 면적은 A가 B보다 넓다.

ㄷ. CO_2 농도가 높은 시기에 평균 기온이 낮다.

① ㄱ ② ㄴ ③ ㄷ ④ ㄱ, ㄴ ⑤ ㄴ, ㄷ

37 2014년 4월 학력평가 15번

그림 (가)와 (나)는 남극의 빙하 연구를 통해 알아낸 과거 42만 년 동안의 대기 중 CO_2 농도와 기온 편차를, (다)는 해양 생물의 껍질에서 측정한 이 기간 동안의 산소 동위 원소 비를 나타낸 것이다.

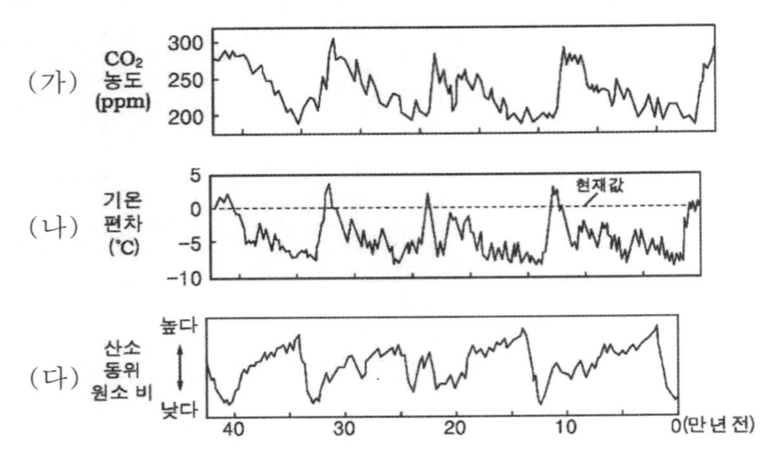

이에 대한 설명으로 옳은 것만을 <보기>에서 있는 대로 고른 것은? [3점]

<보 기>

ㄱ. 이 기간 동안에 대기 중의 CO_2 평균 농도는 현재보다 높다.
ㄴ. 35만 년 전에 빙하의 면적은 현재보다 넓었다.
ㄷ. 해양 생물의 산소 동위 원소 비는 간빙기가 빙하기보다 높았다.

① ㄱ ② ㄴ ③ ㄱ, ㄷ ④ ㄴ, ㄷ ⑤ ㄱ, ㄴ, ㄷ

38 2021학년도 9월 모의평가 2번

그림은 현생 누대 동안 동물 과의 수를 현재 동물 과의 수에 대한 비로 나타낸 것이다.

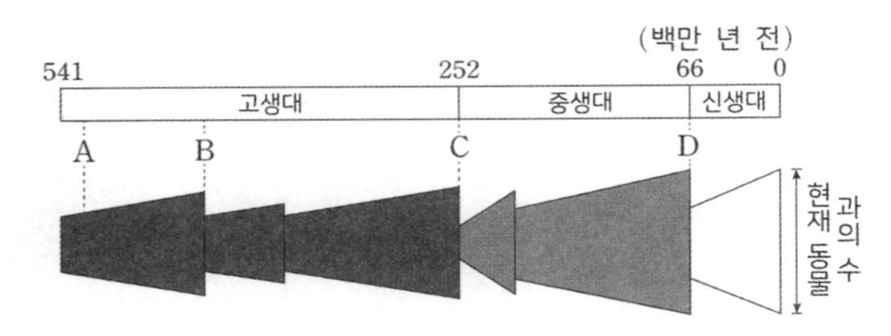

이에 대한 설명으로 옳은 것만을 <보기>에서 있는 대로 고른 것은? [3점]

<보 기>

ㄱ. A 시기에 육상 동물이 출현하였다.
ㄴ. 동물 과의 멸종 비율은 B 시기가 C 시기보다 크다.
ㄷ. D 시기에 공룡이 멸종하였다.

① ㄱ ② ㄴ ③ ㄷ ④ ㄱ, ㄴ ⑤ ㄱ, ㄷ

39 2020년 10월 학력평가 7번

다음은 스트로마톨라이트에 대한 설명과 A, B, C 누대의 특징이다. A, B, C는 각각 시생 누대, 원생 누대, 현생 누대 중 하나이다.

스트로마톨라이트는 광합성을 하는 (㉠)이 만든 층상 구조의 석회질 암석으로 따뜻하고 수심이 얕은 바다에서 형성된다.

누대	특징
A	대륙 지각 형성 시작
B	에디아카라 동물군 출현
C	겉씨식물 출현

이에 대한 옳은 설명만을 <보기>에서 있는 대로 고른 것은?

<보 기>

ㄱ. ㉠은 A 누대에 출현하였다.
ㄴ. 지질 시대의 길이는 A 누대가 C 누대보다 짧다.
ㄷ. B 누대에는 초대륙이 존재하지 않았다.

① ㄱ ② ㄷ ③ ㄱ, ㄴ ④ ㄴ, ㄷ ⑤ ㄱ, ㄴ, ㄷ

40 2021학년도 대학수학능력시험 5번

그림은 40억 년 전부터 현재까지의 지질 시대를 3개의 누대로 나타낸 것이다.

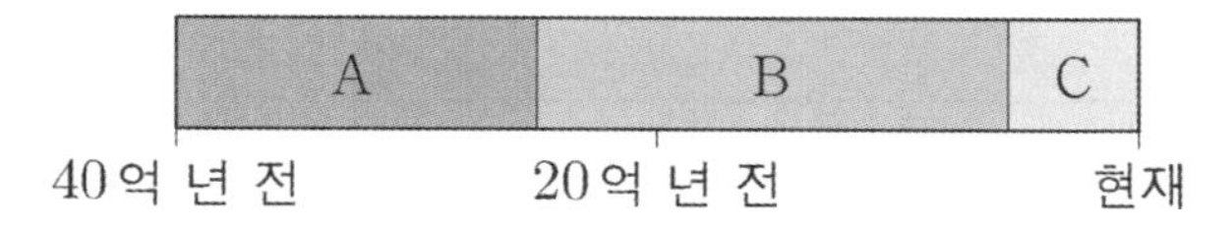

이에 대한 설명으로 옳은 것만을 <보기>에서 있는 대로 고른 것은? [3점]

<보 기>

ㄱ. 대기 중 산소의 농도는 A 시기가 B 시기보다 높았다.
ㄴ. 다세포 동물은 B 시기에 출현했다.
ㄷ. 가장 큰 규모의 대멸종은 C 시기에 발생했다.

① ㄱ ② ㄷ ③ ㄱ, ㄴ ④ ㄴ, ㄷ ⑤ ㄱ, ㄴ, ㄷ

41 2022학년도 9월 모의평가 1번

그림은 주요 동물군의 생존 시기를 나타낸 것이다. A, B, C는 어류, 파충류, 포유류를 순서 없이 나타낸 것이다.

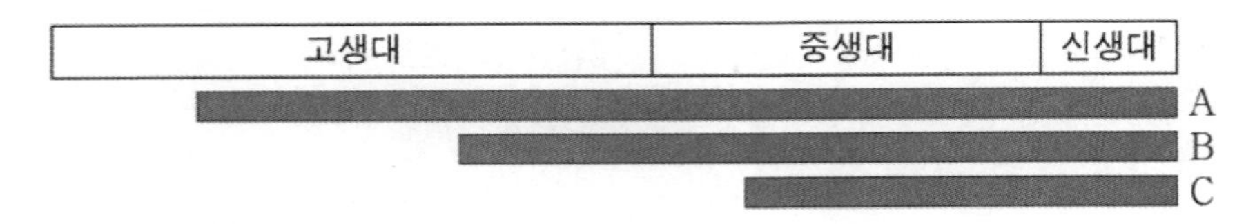

이에 대한 설명으로 옳은 것만을 <보기>에서 있는 대로 고른 것은?

<보 기>

ㄱ. A는 어류이다.
ㄴ. C는 신생대에 번성하였다.
ㄷ. B가 최초로 출현한 시기와 C가 최초로 출현한 시기 사이에 히말라야 산맥이 형성되었다.

① ㄱ ② ㄴ ③ ㄷ ④ ㄱ, ㄴ ⑤ ㄴ, ㄷ

42 2022학년도 대학수학능력시험 6번

그림은 지질 시대에 일어난 주요 사건을 시간 순서대로 나타낸 것이다.

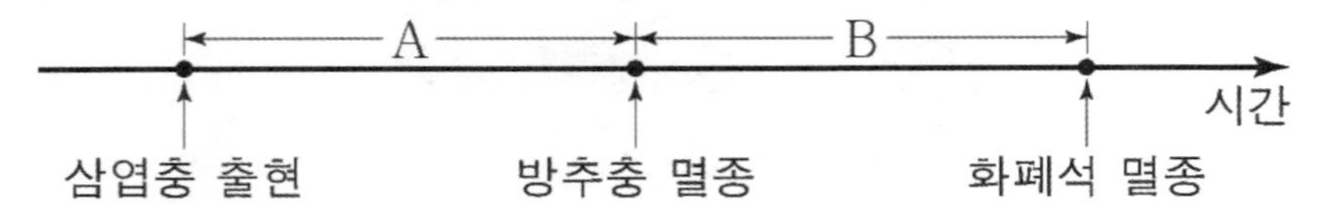

이에 대한 설명으로 옳은 것만을 <보기>에서 있는 대로 고른 것은?

<보 기>

ㄱ. A 기간에 최초의 척추동물이 출현하였다.
ㄴ. B 기간에 판게아가 분리되기 시작하였다.
ㄷ. B 기간의 지층에서는 양치식물 화석이 발견된다.

① ㄱ ② ㄴ ③ ㄱ, ㄷ ④ ㄴ, ㄷ ⑤ ㄱ, ㄴ, ㄷ

[2022년 교육청 기출]

01 2022년 3월 학력평가 6번

그림은 어느 지역의 지질 단면도를 나타낸 것이다. 화성암 Q에 포함된 방사성 원소 X의 양은 처음 양의 25%이고, X의 반감기는 2억 년이다.

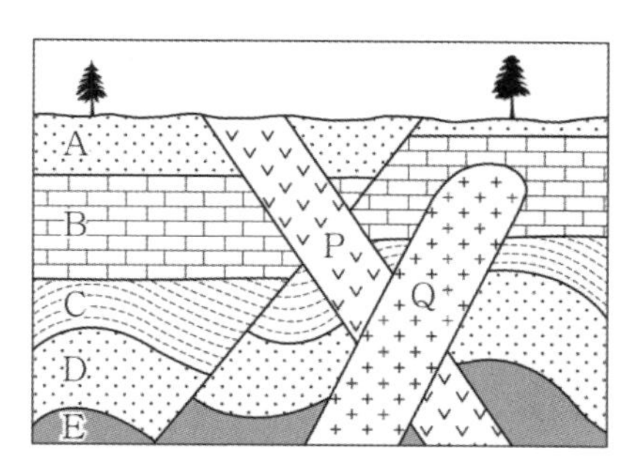

이에 대한 설명으로 옳은 것은? [3점]

① A는 단층 형성 이후에 퇴적되었다.
② B와 C는 평행 부정합 관계이다.
③ P는 Q보다 먼저 생성되었다.
④ Q를 형성한 마그마는 지표로 분출되었다.
⑤ B에서는 암모나이트 화석이 발견될 수 있다.

02 2022년 3월 학력평가 15번

그림 (가)는 현재 판의 이동 방향과 이동 속력을, (나)는 시간에 따른 대양의 면적 변화를 나타낸 것이다. A와 B는 각각 태평양과 대서양 중 하나이다.

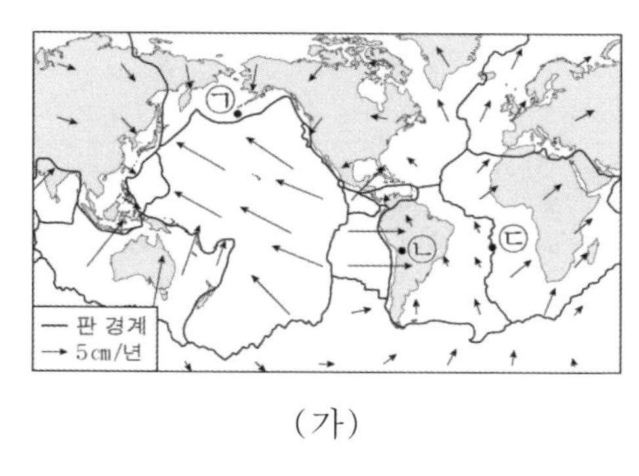

(가)

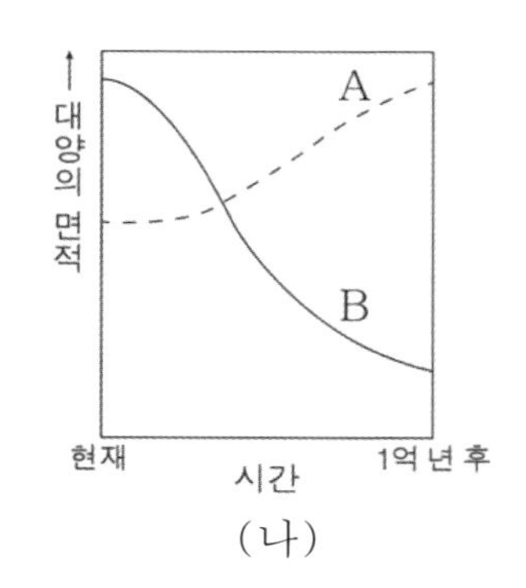

(나)

이에 대한 옳은 설명만을 <보기>에서 있는 대로 고른 것은?

<보 기>

ㄱ. ㉠의 하부에서는 해양판이 섭입하고 있다.
ㄴ. 지진이 발생하는 평균 깊이는 ㉡보다 ㉢에서 얕다.
ㄷ. A는 대서양, B는 태평양이다.

① ㄱ ② ㄷ ③ ㄱ, ㄴ ④ ㄴ, ㄷ ⑤ ㄱ, ㄴ, ㄷ

03 2022년 4월 학력평가 4번

그림 (가)는 해성층 A ,B, C로 이루어진 어느 지역의 지층 단면과 A의 일부에서 발견된 퇴적 구조를, (나)는 A의 퇴적이 완료된 이후 해수면에 대한 ⓐ지점의 상대적 높이 변화를 나타낸 것이다.

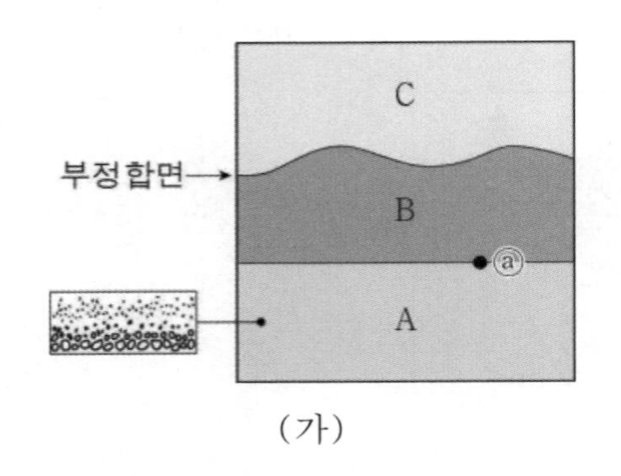

(가)

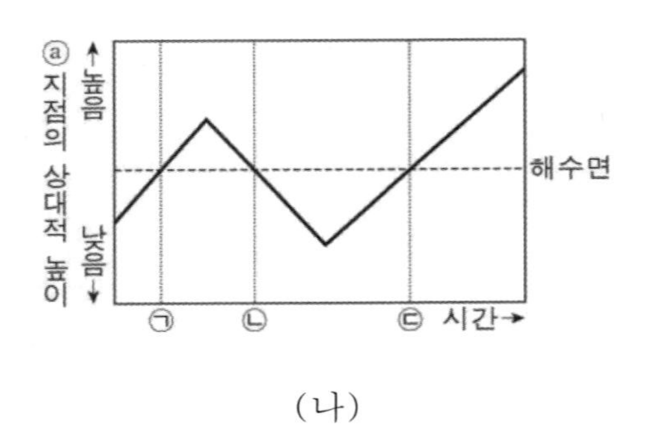

(나)

이에 대한 설명으로 옳은 것만을 <보기>에서 있는 대로 고른 것은? [3점]

<보 기>

ㄱ. A의 퇴적 구조는 입자 크기에 따른 퇴적 속도 차이에 의해 형성되었다.
ㄴ. B의 두께는 ㉠시기보다 ㉡시기에 두꺼웠다.
ㄷ. C는 ㉢시기 이후에 생성되었다.

① ㄱ ② ㄷ ③ ㄱ, ㄴ ④ ㄴ, ㄷ ⑤ ㄱ, ㄴ, ㄷ

04 2022년 7월 학력평가 2번

표는 현재 40°N에 위치한 A와 B 지역의 암석에서 측정한 연령, 고지자기 복각, 생성 당시 지구 자기의 역전 여부를 나타낸 것이다. 고지자기극은 고지자기 방향으로 추정한 지리상의 북극이고, 지리상 북극은 변하지 않았다.

지역	연령 (백만 년)	고지자기 복각	생성 당시 지구 자기의 역전 여부
A	45	+10°	× (정자극기)
B	10	+40°	× (정자극기)

이에 대한 설명으로 옳은 것만을 <보기>에서 있는 대로 고른 것은?

<보 기>

ㄱ. 4500만 년 전 지구의 자기장 방향은 현재와 반대였다.
ㄴ. A의 현재 위치는 4500만 년 전보다 고위도이다.
ㄷ. B는 1000만 년 전 북반구에 위치하였다.

① ㄱ ② ㄴ ③ ㄱ, ㄷ ④ ㄴ, ㄷ ⑤ ㄱ, ㄴ, ㄷ

05 2022년 7월 학력평가 3번

표는 고생대와 중생대를 기 단위로 구분하여 시간 순서대로 나타낸 것이다.

대	고생대						중생대		
기	캄브리아기	오르도비스기	A	데본기	B	페름기	C	쥐라기	백악기

이에 대한 설명으로 옳은 것만을 <보기>에서 있는 대로 고른 것은? [3점]

<보 기>

ㄱ. A 시기에 삼엽충이 생존하였다.
ㄴ. B 시기에 은행나무와 소철이 번성하였다.
ㄷ. C 시기에 히말라야산맥이 형성되었다.

① ㄱ ② ㄷ ③ ㄱ, ㄴ ④ ㄴ, ㄷ ⑤ ㄱ, ㄴ, ㄷ

06 2022년 7월 학력평가 7번

다음은 서로 다른 지역 A, B, C의 지층에서 산출되는 화석을 이용하여 지층의 선후 관계를 알아보기 위한 탐구 과정이다.

[탐구 자료]

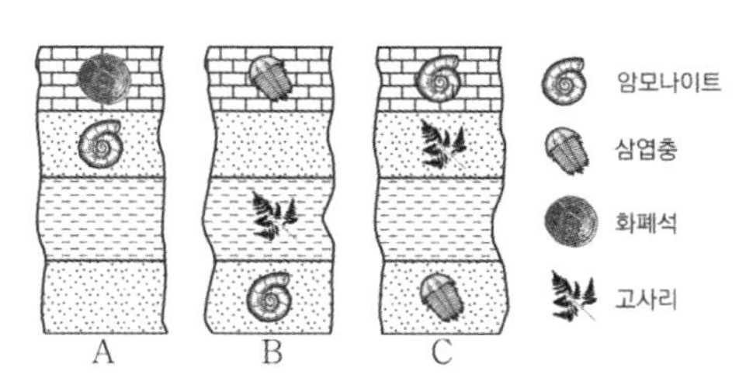

[탐구 과정]
(가) A, B, C의 지층에 포함된 화석의 생존 시기와 서식 환경을 조사한다.
(나) A, B, C의 표준 화석을 보고 지층의 역전 여부를 확인한다.
(다) 같은 종류의 표준 화석이 산출되는 지층을 A, B, C에서 찾아 연결한다.

이에 대한 설명으로 옳은 것만을 <보기>에서 있는 대로 고른 것은? [3점]

<보 기>

ㄱ. 가장 최근에 퇴적된 지층은 A에 위치한다.
ㄴ. B에는 역전된 지층이 발견된다.
ㄷ. C에는 해성층만 분포한다.

① ㄱ ② ㄷ ③ ㄱ, ㄴ ④ ㄴ, ㄷ ⑤ ㄱ, ㄴ, ㄷ

07 2022년 7월 학력평가 7번

그림은 어느 지역의 지질 단면도를 나타낸 것이다.

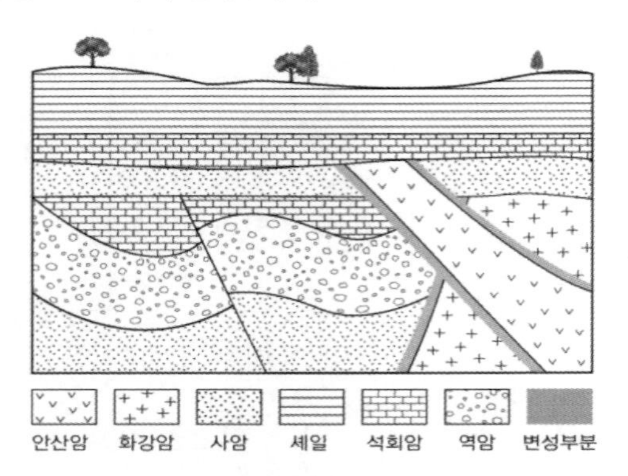

이 지역에 대한 설명으로 옳은 것만을 <보기>에서 있는 대로 고른 것은? (단, 지층의 역전은 없었다.)

<보 기>

ㄱ. 단층은 횡압력에 의해 형성되었다.

ㄴ. 최소 3회의 융기가 있었다.

ㄷ. 역암층은 화강암보다 먼저 생성되었다.

① ㄱ ② ㄴ ③ ㄱ, ㄷ ④ ㄴ, ㄷ ⑤ ㄱ, ㄴ, ㄷ

08 2022년 10월 학력평가 3번

그림 (가)는 해양 지각의 나이 분포와 지점 A, B, C의 위치를, (나)는 태평양과 대서양에서 관측한 해양 지각의 나이에 따른 해령 정상으로부터 해저면까지의 깊이를 나타낸 것이다.

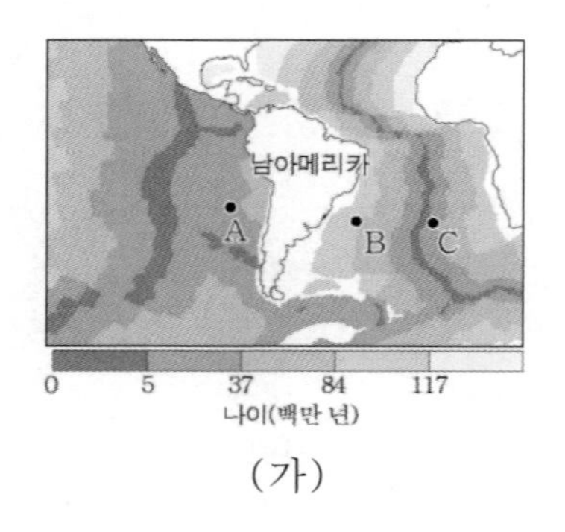

(가)

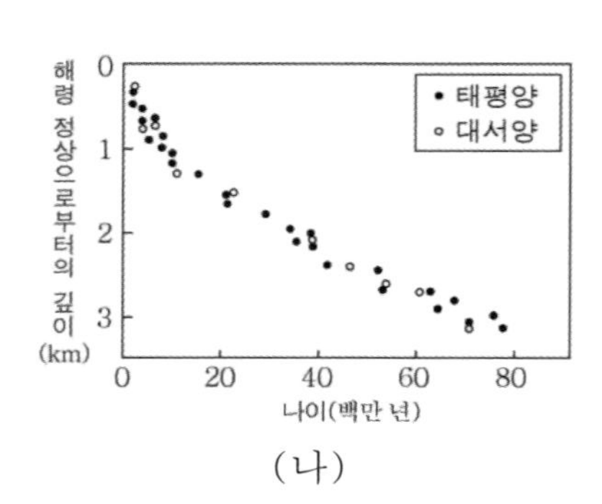

(나)

이 자료에 대한 설명으로 옳은 것만을 <보기>에서 있는 대로 고른 것은? [3점]

<보 기>

ㄱ. 해양 지각의 평균 확장 속도는 A가 속한 판이 B가 속한 판보다 빠르다.

ㄴ. 해양저 퇴적물의 두께는 B에서가 C에서보다 두껍다.

ㄷ. 해령 정상으로부터 해저면까지의 깊이는 A에서가 B에서보다 깊다.

① ㄱ ② ㄷ ③ ㄱ, ㄴ ④ ㄴ, ㄷ ⑤ ㄱ, ㄴ, ㄷ

09 2022년 10월 학력평가 4번

그림은 인도와 오스트레일리아 대륙에서 측정한 1억 4천만 년 전부터 현재까지 고지자기 남극의 겉보기 이동 경로를 천만 년 간격으로 나타낸 것이다.

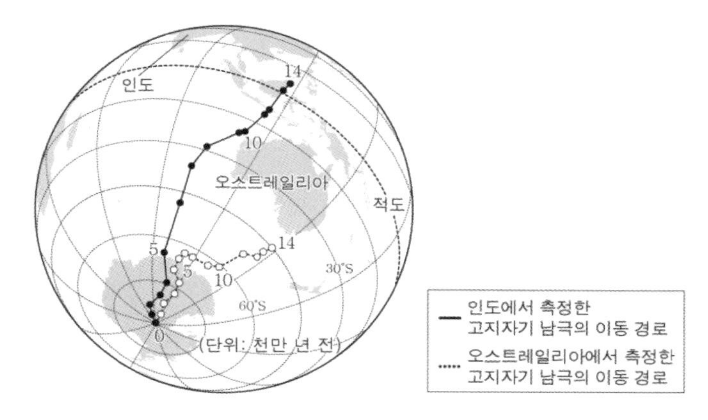

이 자료에 대한 설명으로 옳은 것만을 <보기>에서 있는 대로 고른 것은? (단, 고지자기 남극은 각 대륙의 고지자기 방향으로 추정한 지리상 남극이며 실제 지리상 남극의 위치는 변하지 않았다.) [3점]

<보 기>

ㄱ. 1억 4천만 년 전에 인도와 오스트레일리아 대륙은 모두 남반구에 위치하였다.
ㄴ. 인도 대륙의 평균 이동 속도는 6천만 년 전~7천만 년 전이 5천만 년~6천만 년 전보다 빨랐다.
ㄷ. 오스트레일리아 대륙에서 복각의 절댓값은 현재가 1억 년 전보다 크다.

① ㄱ ② ㄴ ③ ㄱ, ㄷ ④ ㄴ, ㄷ ⑤ ㄱ, ㄴ, ㄷ

10 2022년 10월 학력평가 6번

그림은 지질 구조 (가), (나), (다)를 나타낸 것이다.

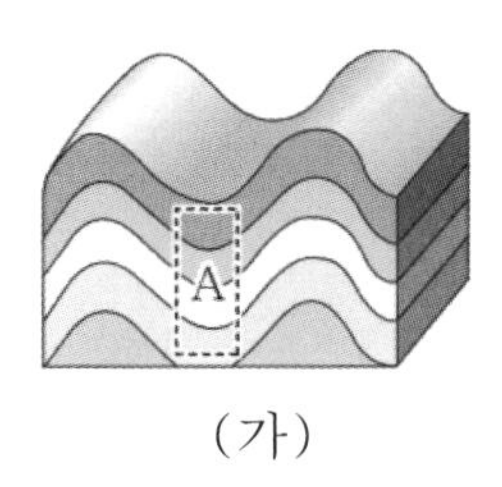

(가)

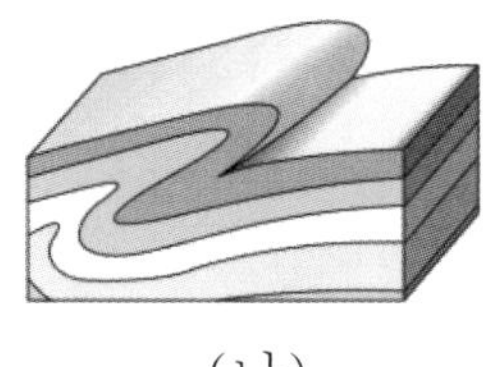

(나)

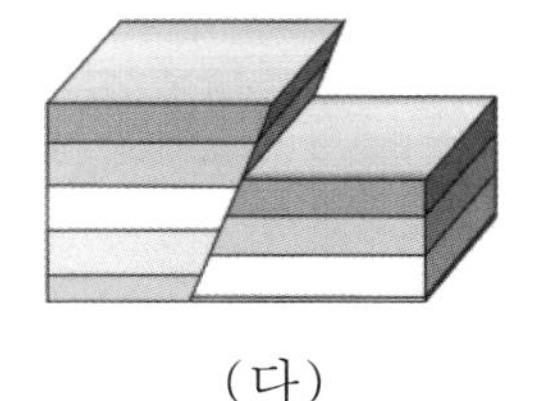

(다)

이에 대한 설명으로 옳은 것만을 <보기>에서 있는 대로 고른 것은?

<보 기>

ㄱ. A에는 향사 구조가 나타난다.
ㄴ. (나)와 (다)에는 나이가 많은 지층 아래에 나이가 적은 지층이 나타나는 부분이 있다.
ㄷ. (가), (나), (다)는 모두 횡압력에 의해 형성된다.

① ㄱ ② ㄴ ③ ㄱ, ㄷ ④ ㄴ, ㄷ ⑤ ㄱ, ㄴ, ㄷ

11 2022년 10월 학력평가 18번

그림 (가)는 현재 어느 화성암에 포함된 방사성 원소 X, Y와 각각의 자원소 X′, Y′의 함량을 ○, □, ●, ■의 개수로 나타낸 것이고, (나)는 X′와 Y′의 시간에 따른 함량 변화를 ㉠ 과 ㉡으로 순서 없이 나타낸 것이다.

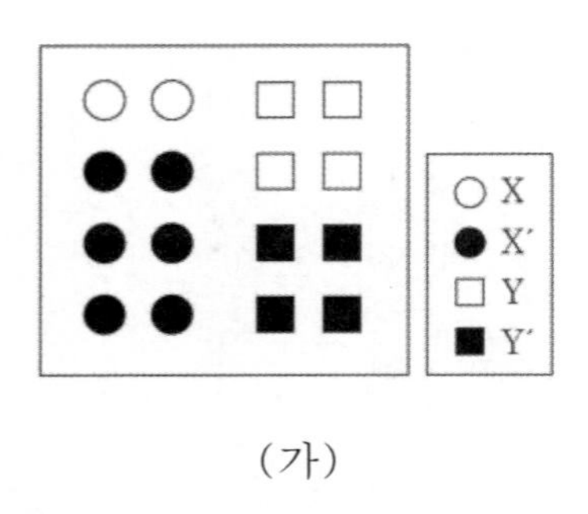

(가)

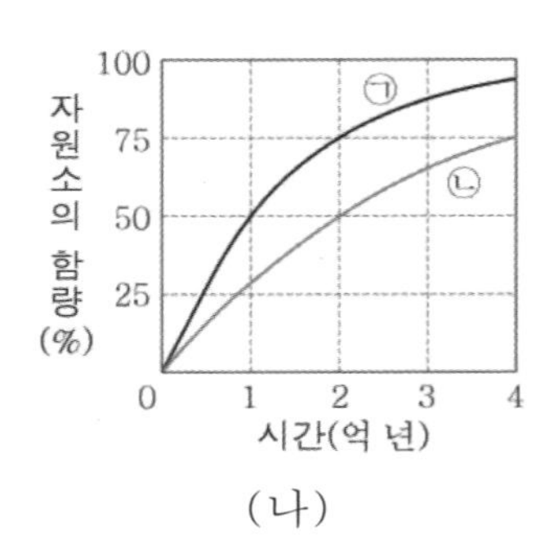

(나)

이에 대한 설명으로 옳은 것만을 <보기>에서 있는 대로 고른 것은? (단, 암석에 포함된 X′, Y′는 모두 X, Y의 붕괴로 생성되었다.) [3점]

<보 기>

ㄱ. ㉠은 X′의 함량 변화를 나타낸 것이다.

ㄴ. 암석 생성 후 1억 년이 지났을 때 $\frac{\text{Y}'\text{의 함량}}{\text{X}'\text{의 함량}} = \frac{1}{2}$ 이다.

ㄷ. $\frac{\text{현재로부터 1억 년 후 모원소의 함량}}{\text{현재로부터 1억 년 전 모원소의 함량}}$은 X가 Y보다 작다.

① ㄱ ② ㄴ ③ ㄱ, ㄷ ④ ㄴ, ㄷ ⑤ ㄱ, ㄴ, ㄷ

[2023학년도 평가원 기출]

12 2023학년도 6월 평가원 1번

다음은 초대륙의 형성과 분리 과정 중 일부에 대하여 학생 A, B, C가 나눈 대화를 나타낸 것이다.

제시한 내용이 옳은 학생만을 있는 대로 고른 것은?

① A ② B ③ A, C ④ B, C ⑤ A, B, C

13 2023학년도 6월 평가원 4번

다음은 어느 플룸의 연직 이동 원리를 알아보기 위한 실험이다.

[실험 목표]

○ (B)의 연직 이동 원리를 설명할 수 있다.

[실험 과정]

(가) 비커에 5℃ 물 800mL를 담는다.

(나) 그림과 같이 비커 바닥에 수성 잉크 소량을 스포이트로 주입한다.

(다) 비커 바닥의물이 고르게 착색된 후, 비커 바닥 중앙을 촛불로 30초간 가열하면서 착색된 물이 움직이는 모습을 관찰한다.

[실험 결과]

○ 그림과 같이 착색된 물이 밀도 차에 의해 (B)하는 모습이 관찰되었다.

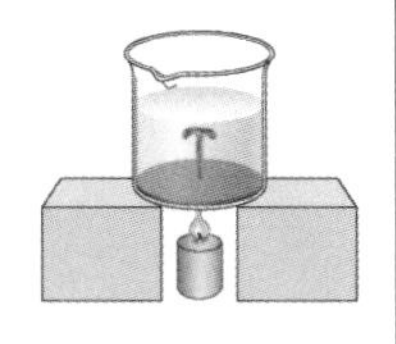

이에 대한 설명으로 옳은 것만을 <보기>에서 있는 대로 고른 것은? [3점]

<보 기>

ㄱ. '뜨거운 플룸'은 A에 해당한다.

ㄴ. '상승'은 B에 해당한다.

ㄷ. 플룸은 내핵과 외핵의 경계에서 생성된다.

① ㄱ ② ㄷ ③ ㄱ, ㄴ ④ ㄴ, ㄷ ⑤ ㄱ, ㄴ, ㄷ

14 2023학년도 6월 평가원 6번

그림 (가)는 판의 경계를, (나)는 어느 단층 구조를 나타낸 것이다.

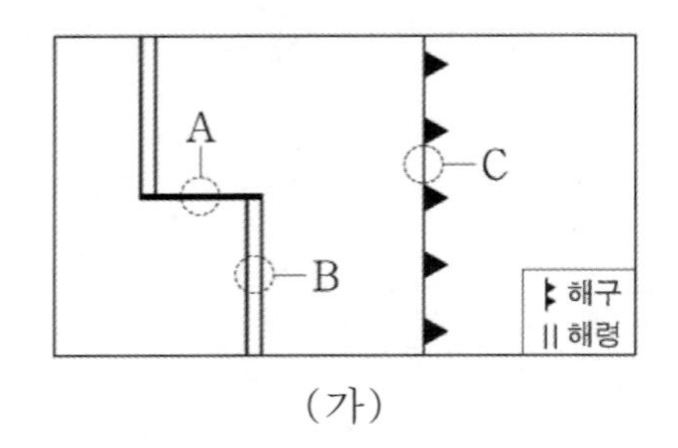

(가)

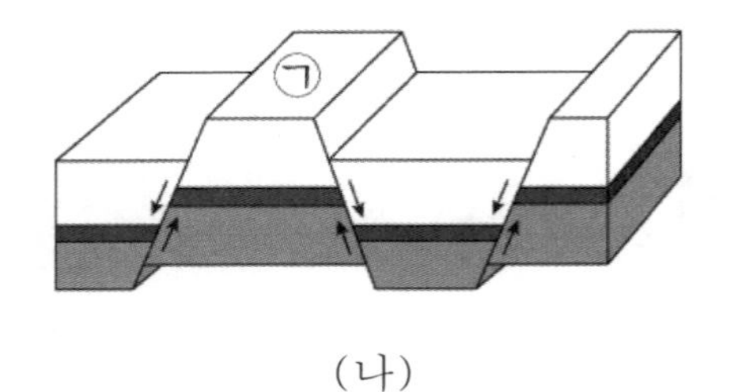

(나)

이에 대한 설명으로 옳은 것만을 <보기>에서 있는 대로 고른 것은?

<보 기>

ㄱ. A 지역에서는 주향 이동 단층이 발달한다.
ㄴ. ㉠은 상반이다.
ㄷ. (나)는 C 지역에서가 B 지역에서보다 잘 나타난다.

① ㄱ ② ㄴ ③ ㄱ, ㄷ ④ ㄴ, ㄷ ⑤ ㄱ, ㄴ, ㄷ

15 2023학년도 6월 평가원 9번

그림은 어느 지역의 지질 단면을 나타낸 것이다. 지층 A에서는 삼엽충 화석이, 지층 C와 D에서는 공룡 화석이 발견되었다.

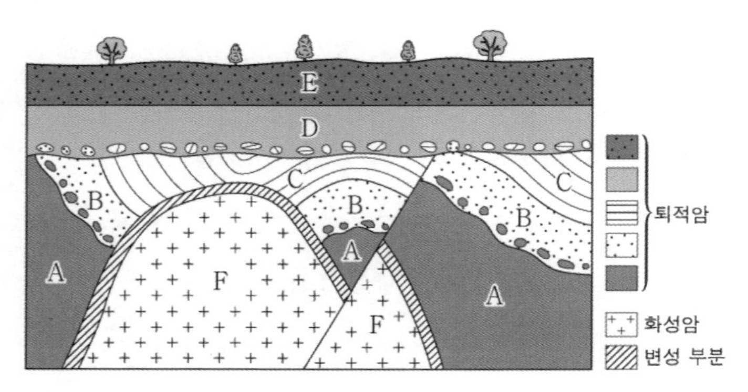

이에 대한 설명으로 옳은 것만을 <보기>에서 있는 대로 고른 것은?

<보 기>

ㄱ. F에서는 고생대 암석이 포획암으로 나타날 수 있다.
ㄴ. 단층이 형성된 시기에 암모나이트가 번성하였다.
ㄷ. 습곡은 고생대에 형성되었다.

① ㄱ ② ㄷ ③ ㄱ, ㄴ ④ ㄴ, ㄷ ⑤ ㄱ, ㄴ, ㄷ

16 2023학년도 6월 평가원 13번

그림 (가)는 깊이에 따른 지하 온도 분포와 암석의 용융 곡선 ㉠, ㉡, ㉢을, (나)는 마그마가 생성되는 지역 A, B를 나타낸 것이다.

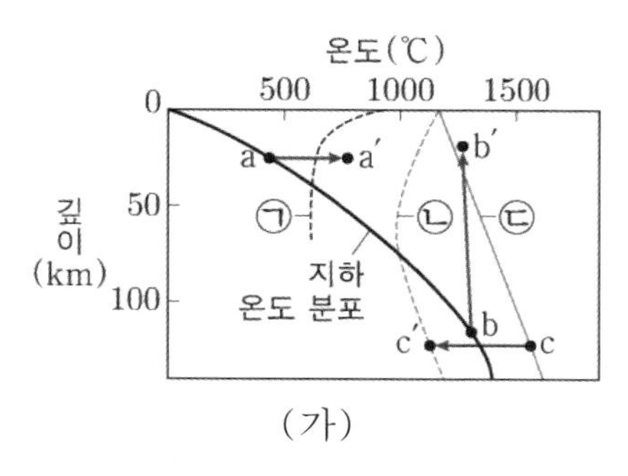

(가)

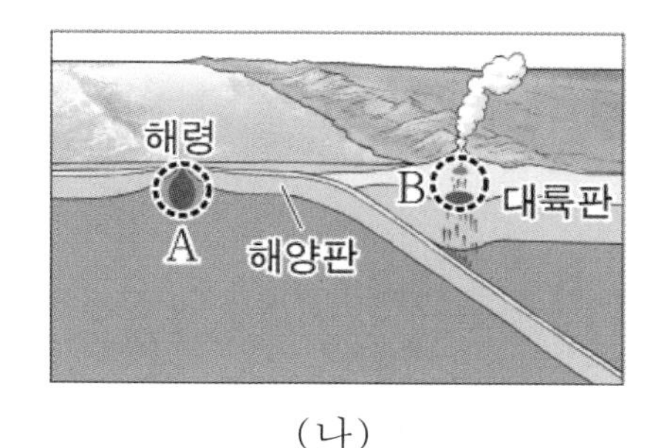

(나)

이에 대한 설명으로 옳은 것만을 <보기>에서 있는 대로 고른 것은? [3점]

<보 기>

ㄱ. 물이 포함되지 않은 암석의 용융 곡선은 ㉢이다.

ㄴ. B에서는 섬록암이 생성될 수 있다.

ㄷ. A에서는 주로 b→b′과정에 의해 마그마가 생성된다.

① ㄴ ② ㄷ ③ ㄱ, ㄴ ④ ㄱ, ㄷ ⑤ ㄱ, ㄴ, ㄷ

17 2023학년도 6월 평가원 19번

방사성 동위 원소 X, Y가 포함된 어느 화강암에서, 현재 X의 자원소 함량은 X 함량의 3배이고, Y의 자원소 함량은 Y 함량과 같다. 자원소는 모두 각각의 모원소가 붕괴하여 생성된다.

이에 대한 설명으로 옳은 것만을 <보기>에서 있는 대로 고른 것은? [3점]

<보 기>

ㄱ. 화강암의 절대 연령은 Y의 반감기와 같다.

ㄴ. 화강암 생성 당시부터 현재까지 $\frac{\text{모원소 함량}}{\text{모원소 함량} + \text{자원소 함량}}$의 감소량은 X가 Y의 2배이다.

ㄷ. Y의 함량이 현재의 $\frac{1}{2}$이 될 때, X의 자원소 함량은 X 함량의 7배이다.

① ㄱ ② ㄴ ③ ㄱ, ㄷ ④ ㄴ, ㄷ ⑤ ㄱ, ㄴ, ㄷ

18 2023학년도 9월 평가원 2번

그림은 상부 맨틀에서만 대류가 일어나는 모형을 나타낸 것이다.

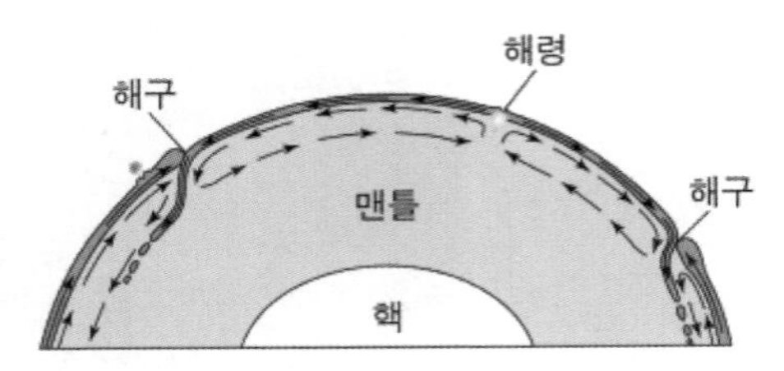

이 모형에 대한 설명으로 옳은 것만을 <보기>에서 있는 대로 고른 것은? [3점]

<보 기>

ㄱ. 판을 이동시키는 힘의 원동력을 설명할 수 있다.
ㄴ. 해양 지각의 평균 연령이 대륙 지각의 평균 연령보다 적은 이유를 설명할 수 있다.
ㄷ. 뜨거운 플룸이 핵과 맨틀의 경계 부근에서 생성되어 상승하는 것을 설명할 수 있다.

① ㄱ ② ㄴ ③ ㄷ ④ ㄱ, ㄴ ⑤ ㄱ, ㄷ

19 2023학년도 9월 평가원 4번

다음은 어느 퇴적 구조가 형성되는 원리를 알아보기 위한 실험이다.

[실험 목표]

○ (㉠)의 형성 원리를 설명할 수 있다.

[실험 과정]

(가) 100mL의 물이 담긴 원통형 유리 접시에 입자 크기가 $\frac{1}{16}$mm 이하인 점토 100g을 고르게 붓는다.

(나) 그림과 같이 백열전등 아래에 원통형 유리 접시를 놓고 전등 빛을 비춘다.

(다) ㉡ 전등 빛을 충분히 비추었을 때 변화된 점토 표면의 모습을 관찰하여 그 결과를 스케치한다.

[실험 결과]

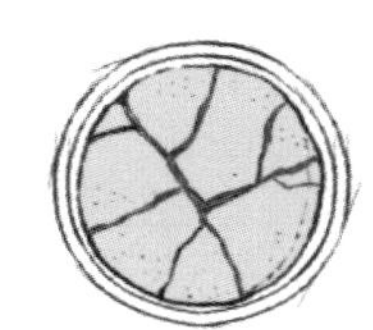

<위에서 본 모습>

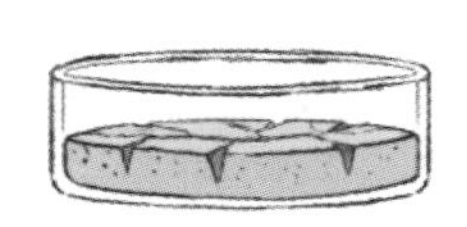

<옆에서 본 모습>

이에 대한 설명으로 옳은 것만을 <보기>에서 있는 대로 고른 것은? [3점]

<보 기>

ㄱ. '건열'은 ㉠에 해당한다.

ㄴ. 건조한 환경에 노출되어 퇴적물의 표면이 갈라진 모습은 ㉡에 해당한다.

ㄷ. 이 퇴적 구조는 주로 역암층에서 관찰된다.

① ㄱ ② ㄴ ③ ㄷ ④ ㄱ, ㄴ ⑤ ㄱ, ㄷ

20 2023학년도 9월 평가원 7번

그림은 현생 누대 동안 생물과의 멸종 비율과 대멸종이 일어난 시기 A, B, C를 나타낸 것이다.

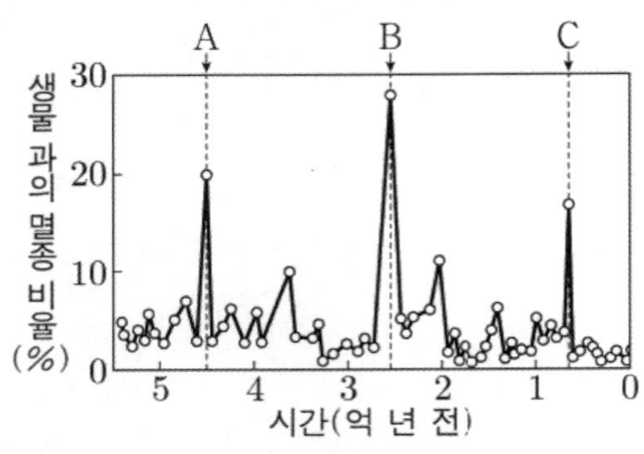

이에 대한 설명으로 옳은 것만을 <보기>에서 있는 대로 고른 것은?

<보 기>

ㄱ. 생물 과의 멸종 비율은 A가 B보다 높다.
ㄴ. A와 B 사이에 최초의 양서류가 출현하였다.
ㄷ. B와 C 사이에 히말라야 산맥이 형성되었다.

① ㄱ ② ㄴ ③ ㄷ ④ ㄱ, ㄷ ⑤ ㄴ, ㄷ

21 2023학년도 9월 평가원 9번

그림 (가)는 마그마가 생성되는 지역 A, B, C를, (나)는 깊이에 따른 암석의 용융 곡선을 나타낸 것이다. (나)의 ㉠은 A, B, C 중 하나의 지역에서 마그마가 생성되는 조건이다.

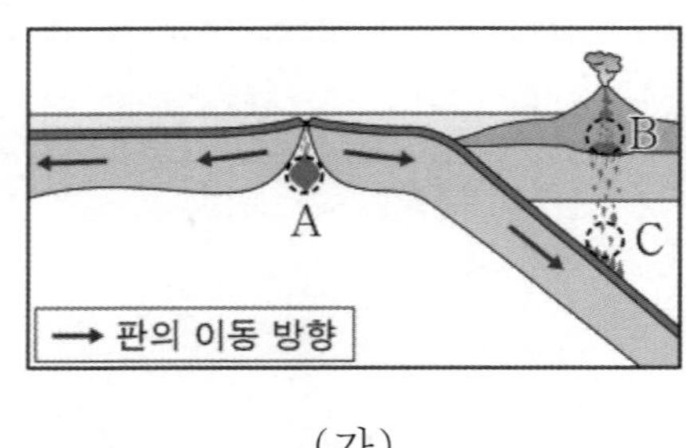

(가)

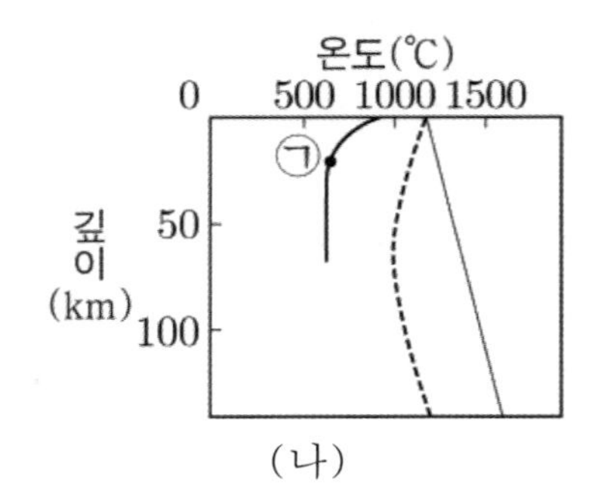

(나)

A, B, C에 대한 설명으로 옳은 것만을 <보기>에서 있는 대로 고른 것은?

<보 기>

ㄱ. A에서는 주로 물이 포함된 맨틀 물질이 용융되어 마그마가 생성된다.
ㄴ. 생성되는 마그마의 SiO_2 함량(%)은 B가 C보다 높다.
ㄷ. ㉠은 C에서 마그마가 생성되는 조건에 해당한다.

① ㄱ ② ㄴ ③ ㄷ ④ ㄱ, ㄴ ⑤ ㄴ, ㄷ

22 2023학년도 9월 평가원 17번

그림은 어느 지괴의 현재 위치와 시기별 고지자기극의 위치를 나타낸 것이다. 고지자기극은 고지자기 방향으로 추정한 지리상 북극이고, 지리상 북극은 변하지 않았다. 현재 지자기 북극은 지리상 북극과 일치한다.

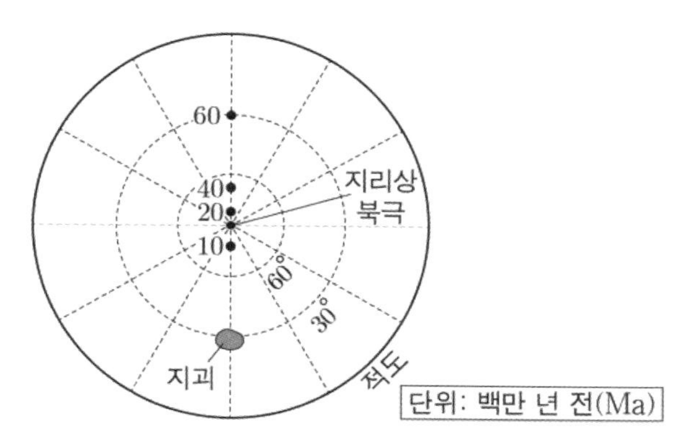

이 지괴에 대한 설명으로 옳은 것만을 <보기>에서 있는 대로 고른 것은?

<보 기>

ㄱ. 지괴는 60Ma ~ 40Ma가 40Ma ~ 20Ma보다 빠르게 이동하였다.
ㄴ. 60Ma에 생성된 암석에 기록된 고지자기 복각은 (+)값이다.
ㄷ. 10Ma부터 현재까지 지괴의 이동 방향은 북쪽이다.

① ㄱ　② ㄴ　③ ㄱ, ㄷ　④ ㄴ, ㄷ　⑤ ㄱ, ㄴ, ㄷ

23 2023학년도 9월 평가원 19번

그림 (가)는 어느 지역의 지질 단면을, (나)는 시간에 따른 방사서 원소 X와 Y의 $\frac{\text{자원소 함량}}{\text{방사성 원소 함량}}$을 나타낸 것이다. 화성암 A와 B에는 X와 Y 중 서로 다른 한 종류만 포함하고, 현재 A와 B에 포함된 방사성 원소의 함량은 각각 처음 양의 50%와 25% 중 서로 다른 하나이다.

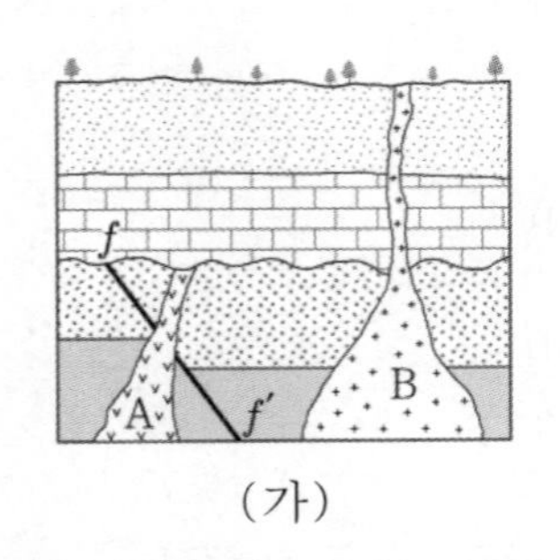

(가)

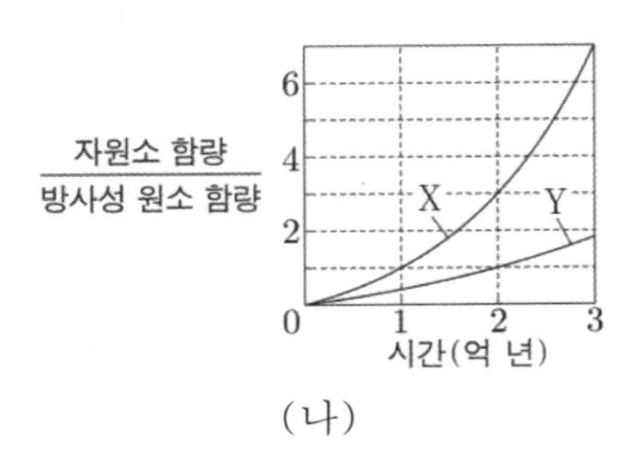

(나)

이에 대한 설명으로 옳은 것만을 <보기>에서 있는 대로 고른 것은? [3점]

<보 기>

ㄱ. 반감기는 X가 Y의 $\frac{1}{2}$배이다.

ㄴ. A에 포함되어 있는 방사성 원소는 Y이다.

ㄷ. (가)에서 단층 $f-f'$은 중생대에 형성되었다.

① ㄱ ② ㄷ ③ ㄱ, ㄴ ④ ㄴ, ㄷ ⑤ ㄱ, ㄴ, ㄷ

24 2023학년도 대학수학능력시험 2번

그림은 플룸 구조론을 나타낸 모식도이다. A와 B는 각각 차가운 플룸과 뜨거운 플룸 중 하나이고, ㉠은 화산섬이다.

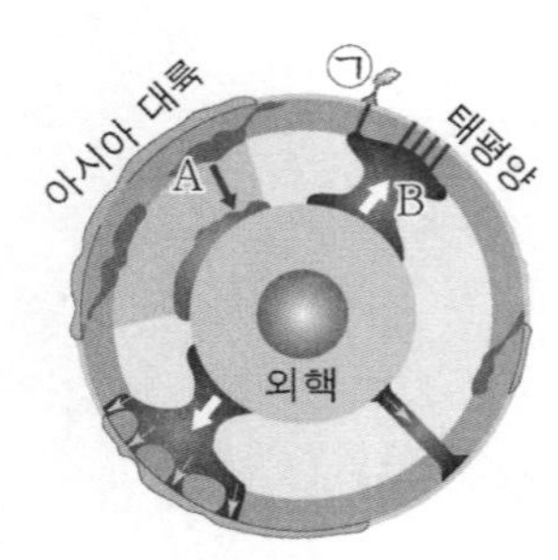

이에 대한 설명으로 옳은 것만을 <보기>에서 있는 대로 고른 것은?

<보 기>

ㄱ. A는 섭입한 해양판에 의해 형성된다.

ㄴ. B는 태평양에 여러 화산을 형성한다.

ㄷ. ㉠을 형성한 열점은 판과 같은 방향으로 움직인다.

① ㄱ ② ㄷ ③ ㄱ, ㄴ ④ ㄴ, ㄷ ⑤ ㄱ, ㄴ, ㄷ

25 2023학년도 대학수학능력시험 4번

다음은 퇴적암이 형성되는 과정의 일부를 알아보기 위한 실험이다.

[실험 목표]

○ 퇴적암이 형성되는 과정 중 (㉠)을/를 설명할 수 있다.

[실험 과정]

(가) 입자 크기 2mm 정도인 퇴적물 250mL가 담긴 원통에 물 250mL를 넣는다.

(나) 물의 높이가 퇴적물의 높이와 같아질 때까지 물을 추출한 뒤, 추출된 물의 부피를 측정한다.

(다) 그림과 같이 원형 판 1개를 원통에 넣어 퇴적물을 압축시킨다.

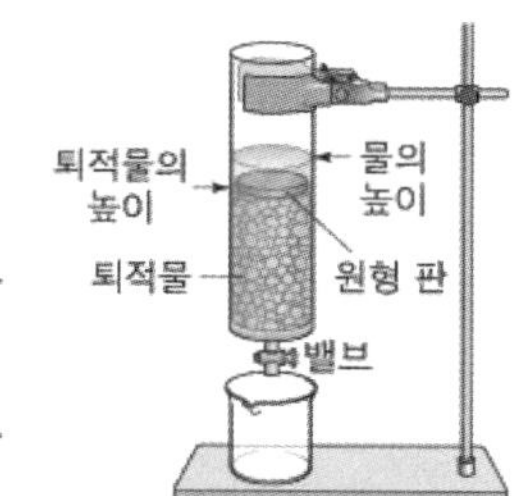

(라) 물의 높이가 퇴적물의 높이와 같아질 때까지 물을 추출하고, 그 물의 부피를 측정한다.

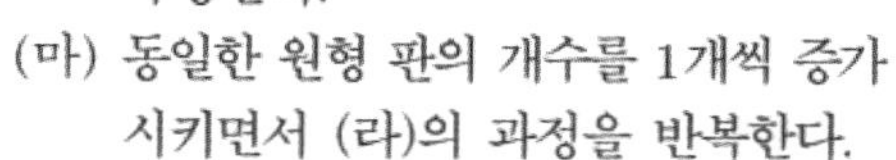

(마) 동일한 원형 판의 개수를 1개씩 증가시키면서 (라)의 과정을 반복한다.

(바) 원형 판의 개수와 추출된 물의 부피와의 관계를 정리한다.

[실험 결과]

○ 과정 (나)에서 추출된 물의 부피 : 100mL

○ 과정 (다)~(마)에서 원형 판의 개수에 따른 추출된 물의 부피

원형 판 개수(개)	1	2	3	4	5
추출된 물의 부피(mL)	27.5	8.0	6.5	5.3	4.5

이 자료에 대한 설명으로 옳은 것만을 <보기>에서 있는 대로 고른 것은? [3점]

<보 기>

ㄱ. '다짐 작용'은 ㉠에 해당한다.

ㄴ. 과정 (나)에서 원통 속에 남아 있는 물의 부피는 222.5mL이다.

ㄷ. 원형 판의 개수가 증가할수록 단위 부피당 퇴적물 입자의 개수는 증가한다.

① ㄱ ② ㄴ ③ ㄱ, ㄷ ④ ㄴ, ㄷ ⑤ ㄱ, ㄴ, ㄷ

26 2023학년도 대학수학능력시험 6번

그림은 해양판이 섭입되는 모습을 나타낸 것이다. A, B, C는 각각 마그마가 생성되는 지역과 분출되는 지역 중 하나이다.

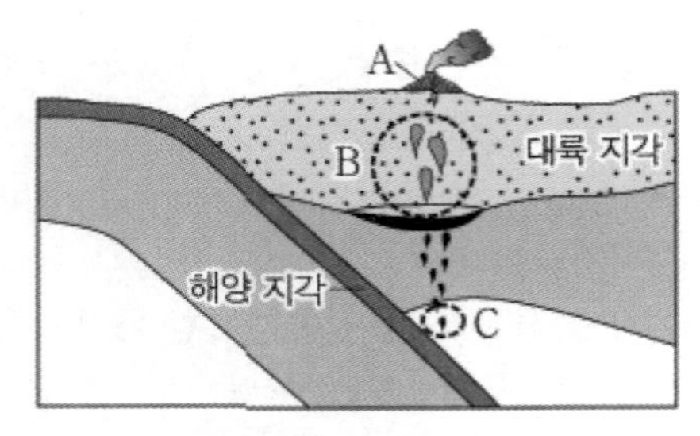

이에 대한 설명으로 옳은 것만을 <보기>에서 있는 대로 고른 것은?

<보 기>

ㄱ. A에서는 주로 조립질 암석이 생성된다.
ㄴ. B에서는 안산암질 마그마가 생성될 수 있다.
ㄷ. C에서는 맨틀 물질의 용융으로 마그마가 생성된다.

① ㄱ ② ㄴ ③ ㄱ, ㄷ ④ ㄴ, ㄷ ⑤ ㄱ, ㄴ, ㄷ

27 2023학년도 대학수학능력시험 10번

그림 (가)는 40억 년 전부터 현재까지의 지질 시대를 구성하는 A, B, C의 지속 기간을 비율로 나타낸 것이고, (나)는 초대륙 로디니아의 모습을 나타낸 것이다. A, B, C는 각각 시생 누대, 원생 누대, 현생 누대 중 하나이다.

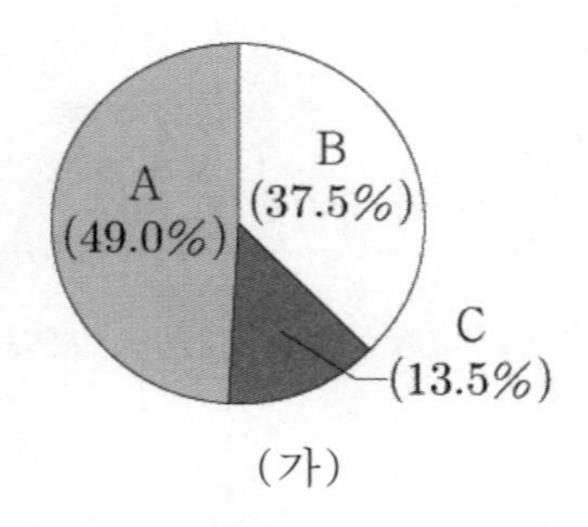

(가)

(나)

이 자료에 대한 설명으로 옳은 것만을 <보기>에서 있는 대로 고른 것은?

<보 기>

ㄱ. A는 원생 누대이다.
ㄴ. (나)는 A에 나타난 대륙 분포이다.
ㄷ. 다세포 동물은 B에 출현했다.

① ㄱ ② ㄴ ③ ㄷ ④ ㄱ, ㄴ ⑤ ㄴ, ㄷ

28 2023학년도 대학수학능력시험 15번

그림은 어느 해양판의 고지자기 분포와 지점 A, B의 연령을 나타낸 것이다. 해양판의 이동 속도와 해저 퇴적물이 쌓이는 속도는 일정하고, 현재 해양판의 이동 방향은 남쪽과 북쪽 중 하나이다.

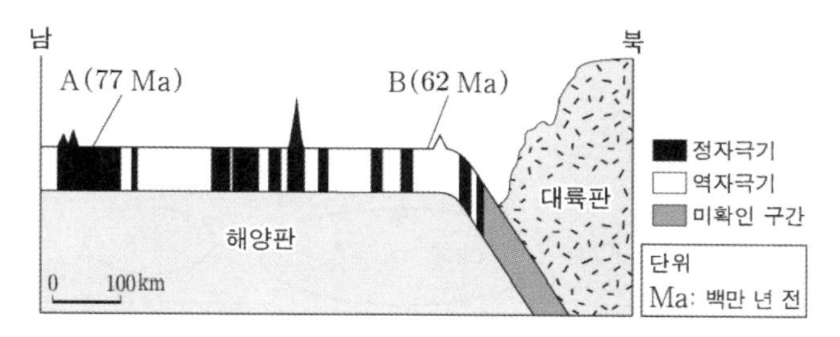

이 자료에 대한 설명으로 옳은 것만을 <보기>에서 있는 대로 고른 것은? (단, 해양판의 이동 속도는 대륙판보다 빠르다.) [3점]

<보 기>

ㄱ. A와 B 사이에 해령이 위치한다.
ㄴ. 해저 퇴적물의 두께는 A가 B보다 두껍다.
ㄷ. 현재 A의 이동 방향은 남쪽이다.

① ㄱ ② ㄴ ③ ㄱ, ㄷ ④ ㄴ, ㄷ ⑤ ㄱ, ㄴ, ㄷ

29 2023학년도 대학수학능력시험 19번

그림 (가)와 (나)는 어느 두 지역의 지질 단면을, (다)는 시간에 따른 방사성 원소 X와 Y의 붕괴 곡선을 나타낸 것이다. 화강암 A와 B에는 한 종류의 방사성 원소만 존재하고, X와 Y 중 서로 다른 한 종류만 포함한다. 현재 A와 B에 포함된 방사성 원소의 함량은 각각 처음 양의 25%, 12.5% 중 서로 다른 하나이다. 두 지역의 셰일에서는 삼엽충 화석이 산출된다.

(가)

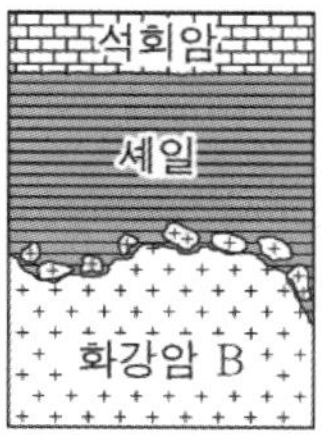

(나)

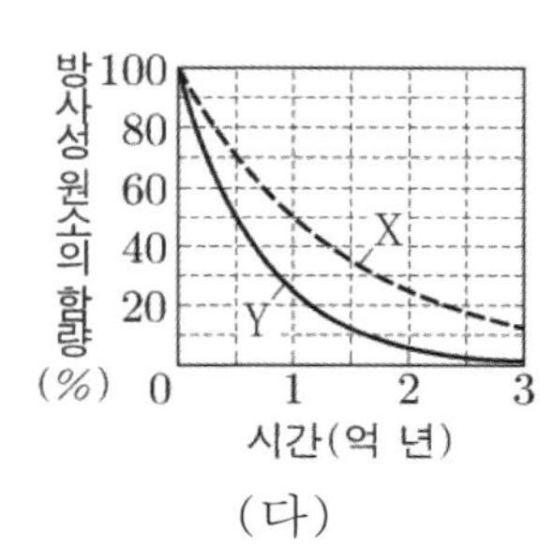

(다)

이 자료에 대한 설명으로 옳은 것만을 <보기>에서 있는 대로 고른 것은? [3점]

<보 기>

ㄱ. (가)에서는 관입이 나타난다.
ㄴ. B에 포함되어 있는 방사성 원소는 X이다.
ㄷ. 현재의 함량으로부터 1억 년 후의 $\frac{\text{A에 포함된 방사성 원소 함량}}{\text{B에 포함된 방사성 원소 함량}}$은 1이다.

① ㄱ ② ㄷ ③ ㄱ, ㄴ ④ ㄴ, ㄷ ⑤ ㄱ, ㄴ, ㄷ

[2023년 교육청 기출 문항 모음]

30 2023년 3월 학력평가 1번

그림은 수업 시간에 학생이 작성한 대륙 이동설에 대한 마인드맵이다.

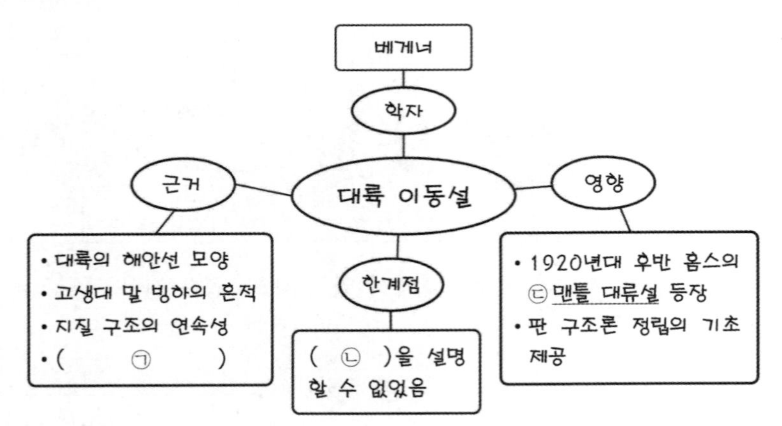

이에 대한 설명으로 옳은 것만을 <보기>에서 있는 대로 고른 것은?

<보 기>

ㄱ. '변환 단층의 발견'은 ㉠에 해당한다.
ㄴ. '대륙 이동의 원동력'은 ㉡에 해당한다.
ㄷ. ㉢에서는 고지자기 줄무늬가 해령을 축으로 대칭을 이룬다고 설명하였다.

① ㄱ ② ㄴ ③ ㄱ, ㄷ ④ ㄴ, ㄷ ⑤ ㄱ, ㄴ, ㄷ

31 2023년 3월 학력평가 3번

그림은 플룸 구조론을 나타낸 모식도이다. A와 B는 각각 뜨거운 플룸과 차가운 플룸 중 하나이며, a, b, c는 동일한 열점에서 생성된 화산섬이다.

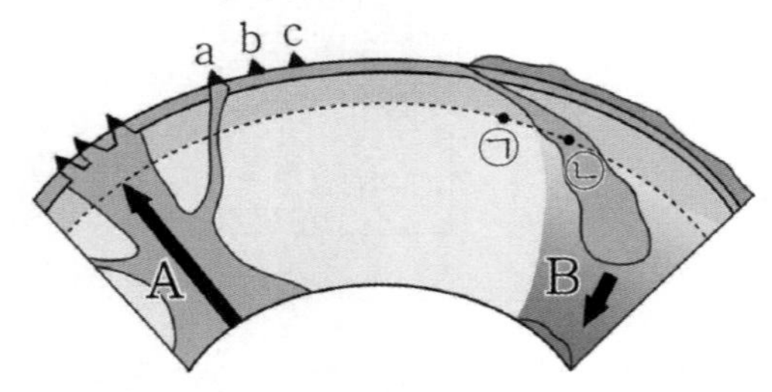

이에 대한 설명으로 옳은 것만을 <보기>에서 있는 대로 고른 것은?

<보 기>

ㄱ. A는 뜨거운 플룸이다.
ㄴ. 밀도는 ㉠ 지점이 ㉡ 지점보다 작다.
ㄷ. 화산섬의 나이는 a > b > c이다.

① ㄱ ② ㄷ ③ ㄱ, ㄴ ④ ㄴ, ㄷ ⑤ ㄱ, ㄴ, ㄷ

32 2023년 3월 학력평가 15번

그림은 판 경계가 존재하는 어느 지역의 화산섬과 활화산의 분포를 나타낸 것이다. 이 지역에는 하나의 열점이 분포한다.

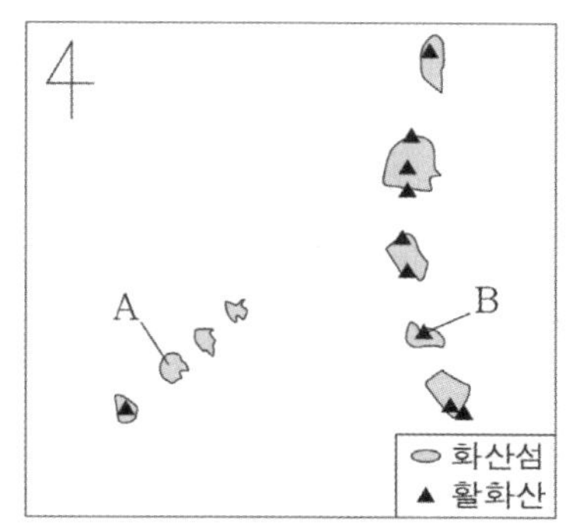

이에 대한 설명으로 옳은 것만을 <보기>에서 있는 대로 고른 것은? [3점]

<보 기>

ㄱ. 이 지역에는 해구가 존재한다.
ㄴ. 화산섬 A는 주로 안산암으로 이루어져 있다.
ㄷ. 활화산 B에서 분출되는 마그마는 압력 감소에 의해 생성된다.

① ㄱ ② ㄴ ③ ㄷ ④ ㄱ, ㄴ ⑤ ㄴ, ㄷ

33 2023년 3월 학력평가 17번

그림 (가)는 어느 지괴의 한 지점에서 서로 다른 세 시기에 생성된 화성암 A, B, C의 고지자기 복각을, (나)는 500만 년 동안의 고지자기 연대표를 나타낸 것이다. A, B, C의 절대 연령은 각각 10만 년, 150만 년, 400만 년 중 하나이며, 이 지괴는 계속 북쪽으로 이동하였다.

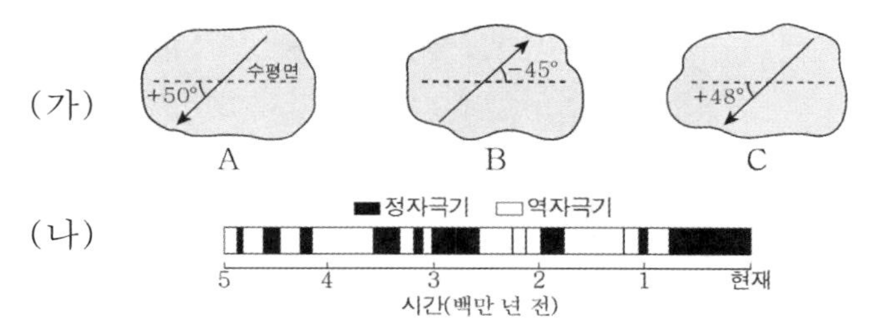

이에 대한 설명으로 옳은 것만을 <보기>에서 있는 대로 고른 것은? (단, 이 지괴는 최근 400만 년 동안 적도를 통과하지 않았다.) [3점]

<보 기>

ㄱ. 이 지괴는 북반구에 위치한다.
ㄴ. 정자극기에 생성된 암석은 B이다.
ㄷ. 화성암의 생성 순서는 A → C → B 이다.

① ㄱ ② ㄴ ③ ㄱ, ㄷ ④ ㄴ, ㄷ ⑤ ㄱ, ㄴ, ㄷ

34 2023년 4월 학력평가 1번

그림은 어느 판의 해저면에 시추 지점 P_1~P_5의 위치를, 표는 각 지점에서의 퇴적물의 두께와 가장 오래된 퇴적물의 나이를 나타낸 것이다.

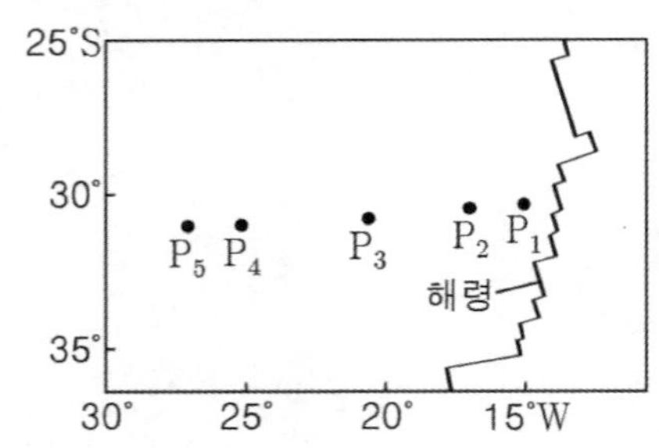

구분	P_1	P_2	P_3	P_4	P_5
두께 (m)	50	94	138	203	510
나이 (백만 년)	6.6	15.2	30.6	49.2	61.2

이에 대한 설명으로 옳은 것만을 <보기>에서 있는 대로 고른 것은? [3점]

<보 기>

ㄱ. 퇴적물의 두께는 P_2보다 P_4에서 두껍다.

ㄴ. P_5 지점의 가장 오래된 퇴적물은 중생대에 퇴적되었다.

ㄷ. P_1~P_5가 속한 판은 해령을 기준으로 동쪽으로 이동한다.

① ㄱ ② ㄴ ③ ㄱ, ㄷ ④ ㄴ, ㄷ ⑤ ㄱ, ㄴ, ㄷ

35 2023년 4월 학력평가 2번

그림은 X-Y 구간의 지진파 단층 촬영 영상을 나타낸 것이다. 화산섬은 상승하는 플룸에 의해 생성되었다.

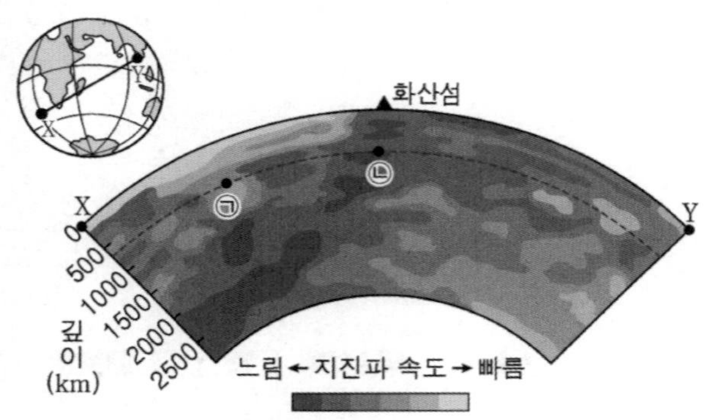

이에 대한 설명으로 옳은 것만을 <보기>에서 있는 대로 고른 것은?

<보 기>

ㄱ. 지진파 속도는 ㉠ 지점보다 ㉡ 지점이 느리다.

ㄴ. ㉡ 지점에는 차가운 플룸이 존재한다.

ㄷ. 화산섬을 생성시킨 플룸은 내핵과 외핵의 경계부에서 생성되었다.

① ㄱ ② ㄴ ③ ㄱ, ㄷ ④ ㄴ, ㄷ ⑤ ㄱ, ㄴ, ㄷ

36 2023년 4월 학력평가 4번

그림 (가)는 화성암 A와 B의 SiO_2 함량과 결정 크기를, (나)는 깊이에 따른 지하의 온도 분포와 암석의 용융 곡선을 나타낸 것이다. A와 B는 각각 현무암과 화강암 중 하나이다.

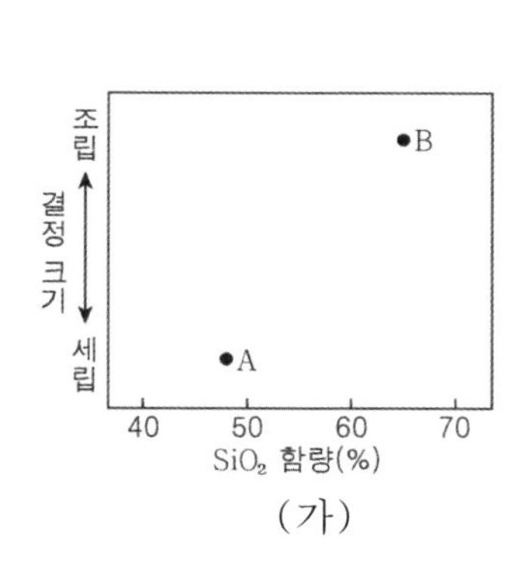

(가)

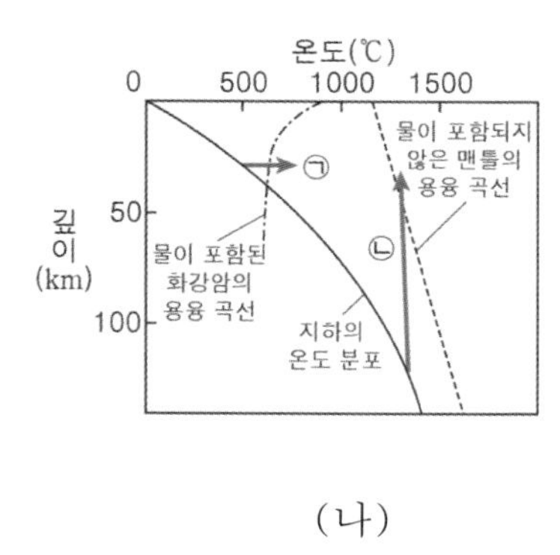

(나)

이에 대한 설명으로 옳은 것만을 <보기>에서 있는 대로 고른 것은? [3점]

<보 기>

ㄱ. 생성 깊이는 A보다 B가 깊다.
ㄴ. ㉡ 과정으로 생성되어 상승하는 마그마는 주변보다 밀도가 크다.
ㄷ. A는 ㉠ 과정에 의해 생성된 마그마가 굳어진 암석이다.

① ㄱ ② ㄴ ③ ㄱ, ㄷ ④ ㄴ, ㄷ ⑤ ㄱ, ㄴ, ㄷ

37 2023년 7월 학력평가 1번

그림 (가)는 깊이에 따른 지하의 온도 분포와 암석의 용융 곡선을, (나)는 화성암 A와 B의 성질을 나타낸 것이다. A와 B는 각각 (가)의 ㉠ 과정과 ㉡ 과정으로 생성된 마그마가 굳어진 암석 중 하나이다.

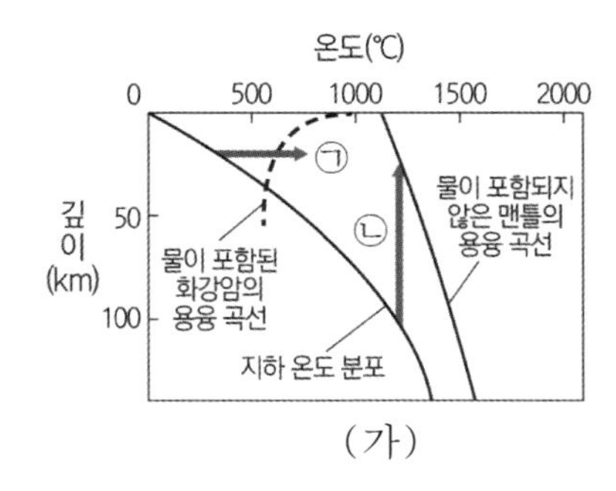

(가)

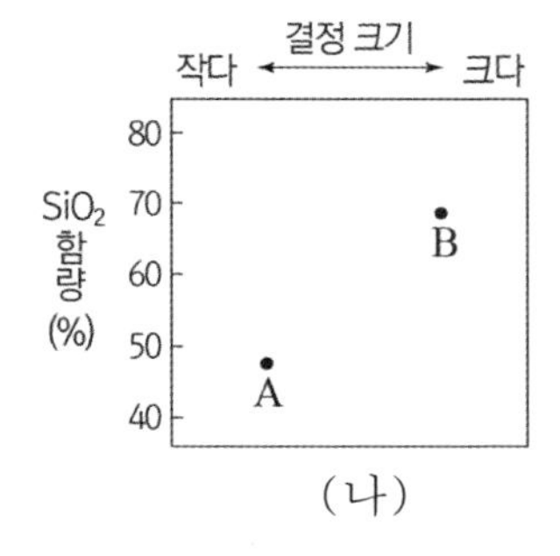

(나)

이 자료에 대한 설명으로 옳은 것만을 <보기>에서 있는 대로 고른 것은?

<보 기>

ㄱ. 압력 감소에 의한 마그마 생성 과정은 ㉡이다.
ㄴ. A는 B보다 마그마가 천천히 냉각되어 생성된다.
ㄷ. A는 ㉠ 과정으로 생성된 마그마가 굳어진 것이다.

① ㄱ ② ㄴ ③ ㄱ, ㄷ ④ ㄴ, ㄷ ⑤ ㄱ, ㄴ, ㄷ

38 2023년 7월 학력평가 2번

그림 (가)와 (나)는 섭입대가 나타나는 서로 다른 두 지역의 지진파 단층 촬영 영상을 진원 분포와 함께 나타낸 것이다.

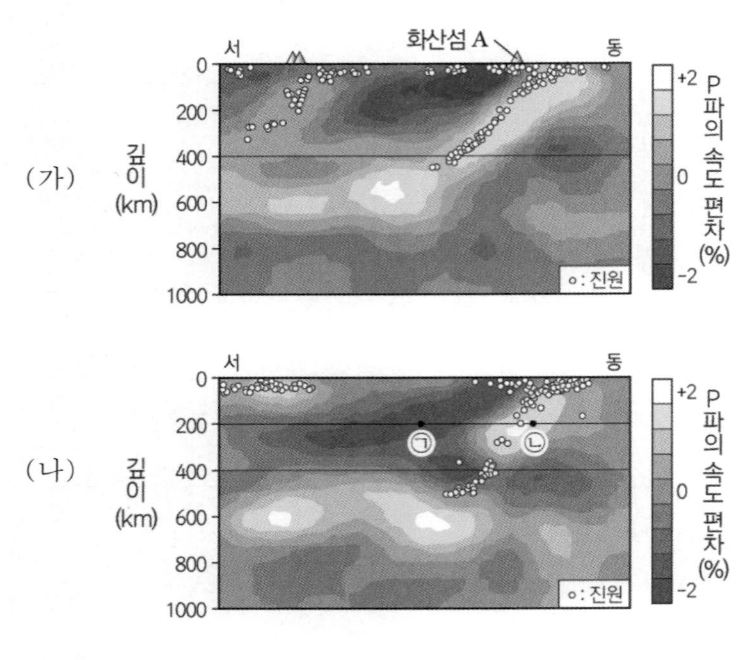

이 자료에 대한 설명으로 옳은 것만을 <보기>에서 있는 대로 고른 것은?

<보 기>

ㄱ. (가)에서 화산섬 A의 동쪽에 판의 경계가 위치한다.
ㄴ. 온도는 ㉡ 지점이 ㉠ 지점보다 높다.
ㄷ. 진원의 최대 깊이는 (가)가 (나)보다 깊다.

① ㄱ ② ㄴ ③ ㄱ, ㄷ ④ ㄴ, ㄷ ⑤ ㄱ, ㄴ, ㄷ

39 2023년 7월 학력평가 6번

그림은 지괴 A와 B의 현재 위치와 시기별 고지자기극의 위치를 나타낸 것이다. 고지자기극은 이 지괴의 고지자기 방향으로 추정한 지리상 북극이고, 실제 지리상 북극의 위치는 변하지 않았다.

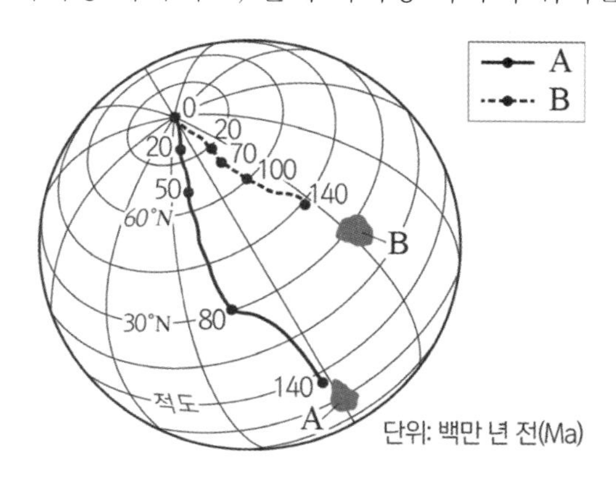

이에 대한 설명으로 옳은 것만을 <보기>에서 있는 대로 고른 것은? [3점]

<보 기>

ㄱ. 140Ma~0Ma 동안 A는 적도에 위치한 시기가 있었다.

ㄴ. 50Ma일 때 복각의 절댓값은 A가 B보다 크다.

ㄷ. 80Ma~20Ma 동안 지괴의 평균 이동 속도는 A가 B보다 빠르다.

① ㄱ ② ㄴ ③ ㄱ, ㄷ ④ ㄴ, ㄷ ⑤ ㄱ, ㄴ, ㄷ

40 2023년 10월 학력평가 1번

그림은 어느 학생이 생성형 인공 지능 서비스를 이용해 대륙 이동설과 해양저 확장설에 대해 검색한 결과의 일부이다.

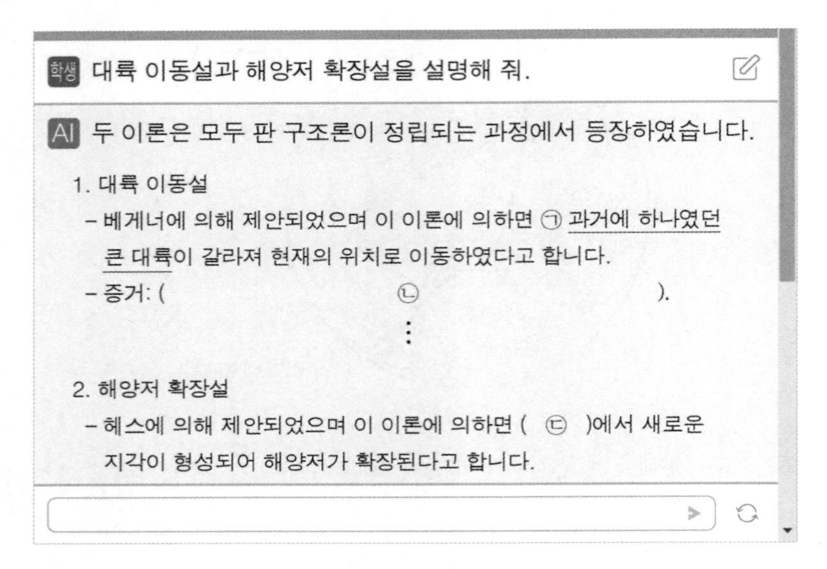

이에 대한 설명으로 옳은 것만을 <보기>에서 있는 대로 고른 것은?

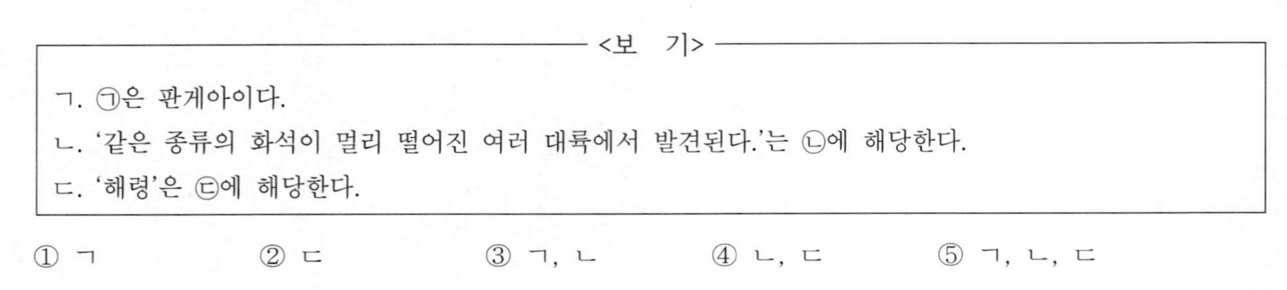

<보 기>

ㄱ. ㉠은 판게아이다.
ㄴ. '같은 종류의 화석이 멀리 떨어진 여러 대륙에서 발견된다.'는 ㉡에 해당한다.
ㄷ. '해령'은 ㉢에 해당한다.

① ㄱ ② ㄷ ③ ㄱ, ㄴ ④ ㄴ, ㄷ ⑤ ㄱ, ㄴ, ㄷ

41 2023년 10월 학력평가 3번

그림은 해양판이 섭입되는 어느 지역에서 생성되는 마그마 A와 B를, 표는 A와 B의 SiO_2 함량을 나타낸 것이다.

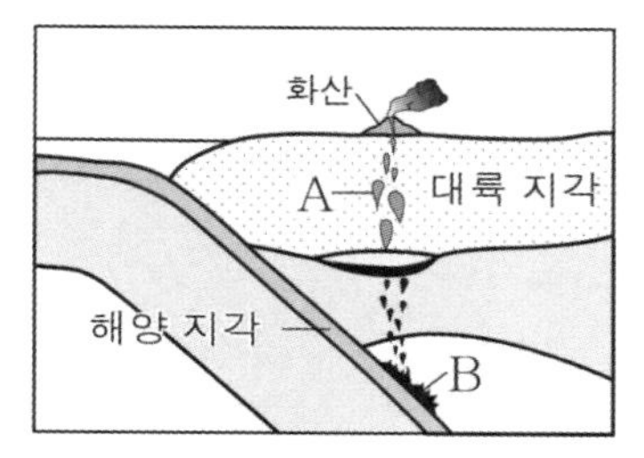

마그마	SiO_2 함량(%)
A	58
B	㉠

이에 대한 설명으로 옳은 것만을 <보기>에서 있는 대로 고른 것은?

<보 기>

ㄱ. A가 분출하면 반려암이 생성된다.
ㄴ. ㉠은 58보다 작다.
ㄷ. B는 주로 압력 감소에 의해 생성된다.

① ㄴ ② ㄷ ③ ㄱ, ㄴ ④ ㄱ, ㄷ ⑤ ㄴ, ㄷ

42 2023년 10월 학력평가 16번

그림은 어느 지역의 판 경계 분포와 지진파 단층 촬영 영상을 나타낸 것이다. ㉠과 ㉡에는 각각 발산형 경계와 수렴형 경계 중 하나가 위치한다.

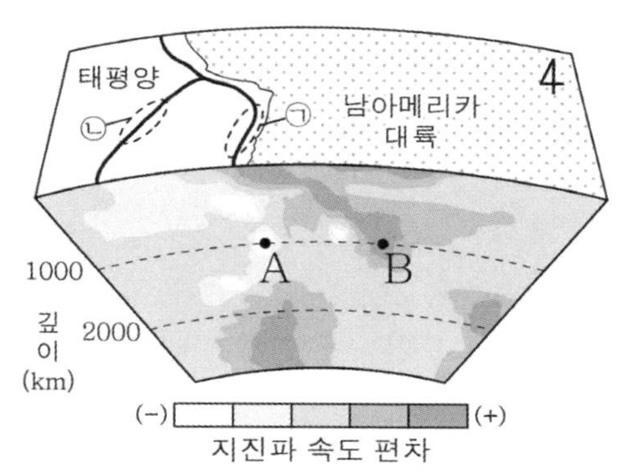

이 자료에 대한 설명으로 옳은 것만을 <보기>에서 있는 대로 고른 것은?

<보 기>

ㄱ. ㉠의 판 경계에서 동쪽으로 갈수록 지진이 발생하는 깊이는 대체로 깊어진다.
ㄴ. 판 경계 부근의 평균 수심은 ㉠이 ㉡보다 깊다.
ㄷ. 온도는 A 지점이 B 지점보다 높다.

① ㄴ ② ㄷ ③ ㄱ, ㄴ ④ ㄱ, ㄷ ⑤ ㄱ, ㄴ, ㄷ

43 2023년 3월 학력평가 4번

그림은 어느 지역의 지층과 퇴적 구조를 나타낸 것이다.

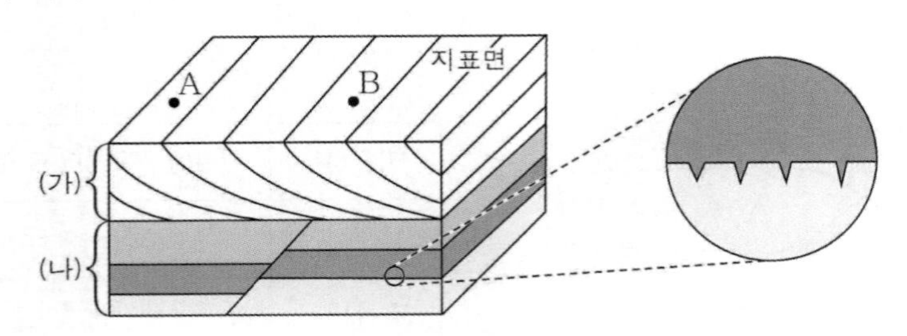

이 자료에 대한 설명으로 옳은 것은?

① (가)에는 연흔이 나타난다.
② A는 B보다 나중에 퇴적되었다.
③ (나)에는 역전된 지층이 나타난다.
④ (나)의 단층은 횡압력에 의해 형성되었다.
⑤ (나)는 형성 과정에서 수면 위로 노출된 적이 있다.

44 2023년 3월 학력평가 7번

그림은 어느 지역의 지질 단면과 산출 화석을 나타낸 것이다.

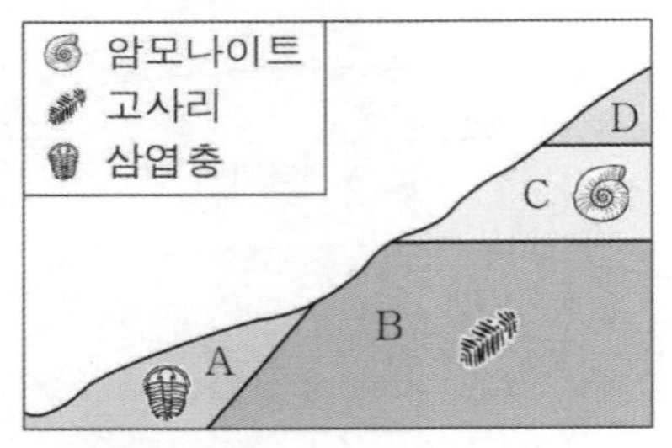

이 자료에 대한 설명으로 옳은 것만을 <보기>에서 있는 대로 고른 것은? [3점]

<보 기>

ㄱ. A층은 D층보다 먼저 생성되었다.
ㄴ. B층과 C층은 부정합 관계이다.
ㄷ. C층은 판게아가 형성되기 전에 퇴적되었다.

① ㄱ ② ㄷ ③ ㄱ, ㄴ ④ ㄴ, ㄷ ⑤ ㄱ, ㄴ, ㄷ

45 2023년 4월 학력평가 3번

그림 (가)는 퇴적 환경의 일부를, (나)는 서로 다른 퇴적 구조를 나타낸 것이다.

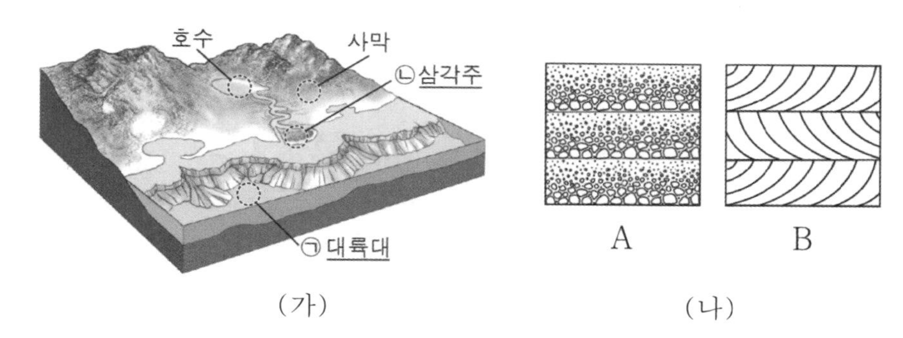

(가) (나)

이에 대한 설명으로 옳은 것만을 <보기>에서 있는 대로 고른 것은?

<보 기>

ㄱ. A는 ㉠보다 ㉡에서 잘 생성된다.
ㄴ. B를 통해 퇴적물이 공급된 방향을 알 수 있다.
ㄷ. ㉡은 퇴적 환경 중 육상 환경에 해당한다.

① ㄱ ② ㄴ ③ ㄱ, ㄷ ④ ㄴ, ㄷ ⑤ ㄱ, ㄴ, ㄷ

46 2023년 4월 학력평가 6번

그림은 어느 지역의 지질 단면을, 표는 화성암 A와 B에 포함된 방사성 원소의 현재 함량비를 나타낸 것이다. X와 Y의 반감기는 각각 0.5억 년과 2억 년이다.

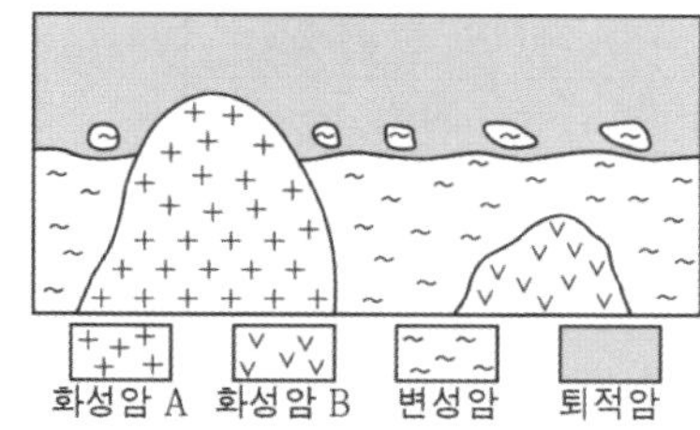

화성암	모원소	자원소	모원소 : 자원소
A	X	X′	1 : 1
B	Y	Y′	1 : 3

이에 대한 설명으로 옳은 것만을 <보기>에서 있는 대로 고른 것은? [3점]

<보 기>

ㄱ. 이 지역에서는 난정합이 나타난다.
ㄴ. 퇴적암의 연령은 0.5억 년보다 많다.
ㄷ. 현재로부터 2억 년 후 화성암 B에 포함된 $\frac{\text{Y}'\text{함량}}{\text{Y 함량}}$은 8이다.

① ㄱ ② ㄷ ③ ㄱ, ㄴ ④ ㄴ, ㄷ ⑤ ㄱ, ㄴ, ㄷ

47 2023년 4월 학력평가 7번

표는 지질 시대의 일부를 기 수준으로 구분하여 순서대로 나타낸 것이고, 그림은 서로 다른 표준 화석을 나타낸 것이다.

대	기
고생대	오르도비스기
	A
	데본기
	B
	페름기
중생대	트라이아스기
	쥐라기
	C

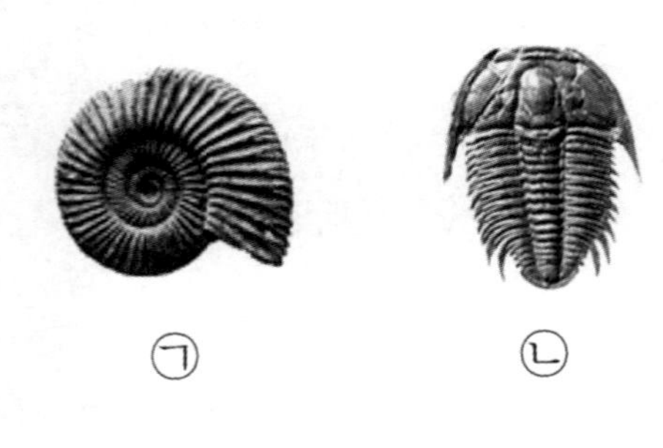

이에 대한 설명으로 옳은 것은?

① A는 실루리아기이다.
② B에 파충류가 번성하였다.
③ 판게아는 C에 형성되었다.
④ ㉠은 A를 대표하는 표준 화석이다.
⑤ ㉠과 ㉡은 육상 생물의 화석이다.

48 2023년 7월 학력평가 3번

표는 퇴적암 A, B, C를 이루는 자갈의 비율과 모래의 비율을 나타낸 것이다. A, B, C는 각각 역암, 사암, 셰일 중 하나이다.

퇴적암	자갈의 비율(%)	모래의 비율(%)
A	5	90
B	4	5
C	80	10

이에 대한 설명으로 옳은 것만을 <보기>에서 있는 대로 고른 것은?

<보 기>

ㄱ. A는 셰일이다.
ㄴ. 연흔은 C층에서 주로 나타난다.
ㄷ. A, B, C는 쇄설성 퇴적암이다.

① ㄱ ② ㄷ ③ ㄱ, ㄴ ④ ㄴ, ㄷ ⑤ ㄱ, ㄴ, ㄷ

49 2023년 7월 학력평가 4번

표는 누대 A, B, C의 특징을 나타낸 것이다. A, B, C는 각각 현생 누대, 시생 누대, 원생 누대 중 하나이다.

누대	특징
A	초대륙 로디니아가 형성되었다.
B	(　　　)
C	남세균이 최초로 출현하였다.

이에 대한 설명으로 옳은 것만을 <보기>에서 있는 대로 고른 것은? [3점]

<보 기>

ㄱ. A는 시생 누대이다.
ㄴ. 가장 큰 규모의 대멸종은 B 시기에 발생했다.
ㄷ. C 시기 지층에서는 에디아카라 동물군 화석이 발견된다.

① ㄱ　② ㄴ　③ ㄱ, ㄷ　④ ㄴ, ㄷ　⑤ ㄱ, ㄴ, ㄷ

50 2023년 7월 학력평가 5번

그림은 어느 지역의 지질 단면도를 나타낸 것이다. B와 C는 화성암이고 나머지 층은 퇴적층이다.

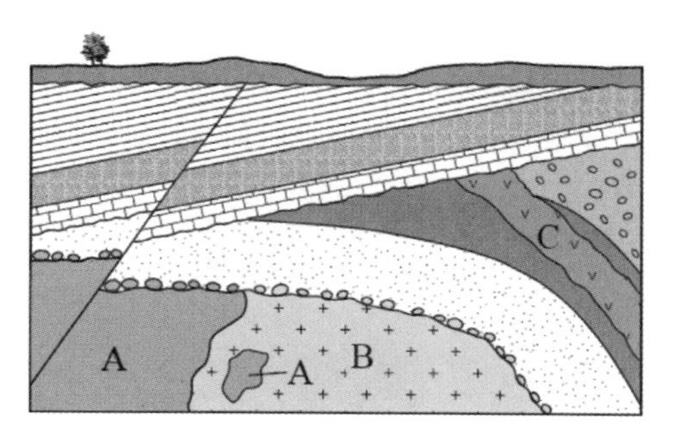

이 지역에 대한 설명으로 옳은 것만을 <보기>에서 있는 대로 고른 것은? [3점]

<보 기>

ㄱ. 습곡은 단층보다 나중에 형성되었다.
ㄴ. 최소 4회의 융기가 있었다.
ㄷ. A, B, C의 생성 순서는 A→B→C이다.

① ㄱ　② ㄷ　③ ㄱ, ㄴ　④ ㄴ, ㄷ　⑤ ㄱ, ㄴ, ㄷ

51 2023년 7월 학력평가 9번

표는 방사성 원소 X와 Y가 포함된 화성암이 생성된 뒤 각각 1억 년과 2억 년이 지난 후 X와 Y의 $\frac{\text{자원소의 함량}}{\text{모원소의 함량}}$을, 그림은 어느 지역의 지질 단면과 산출되는 화석을 나타낸 것이다. 화강암은 X와 Y 중 한 종류만 포함하고, 현재 포함된 방사성 원소의 함량은 처음 양의 12.5%이다. 자원소는 모두 각각의 모원소가 붕괴하여 생성된다.

시간	자원소의 함량 / 모원소의 함량	
	X	Y
1억 년 후	1	㉠
2억 년 후	( )	15

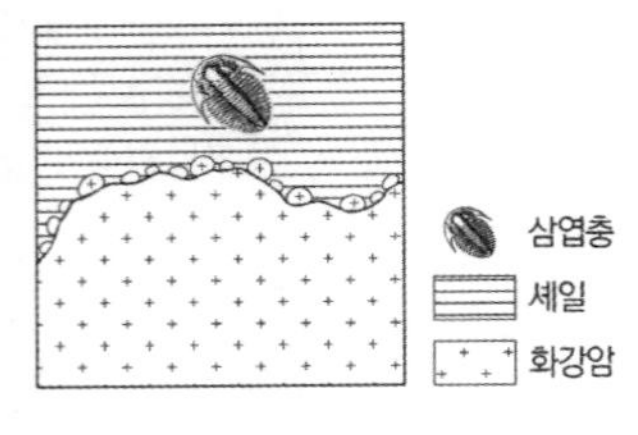

이 자료에 대한 설명으로 옳은 것만을 <보기>에서 있는 대로 고른 것은? [3점]

<보 기>

ㄱ. 화강암에 포함된 방사성 원소는 X이다.
ㄴ. ㉠은 3이다.
ㄷ. 반감기는 X가 Y의 4배이다.

① ㄱ ② ㄷ ③ ㄱ, ㄴ ④ ㄴ, ㄷ ⑤ ㄱ, ㄴ, ㄷ

52 2023년 10월 학력평가 8번

그림 (가)는 지질 시대 중 어느 시기의 대륙 분포를, (나)와 (다)는 각각 단풍나무와 필석의 화석을 나타낸 것이다.

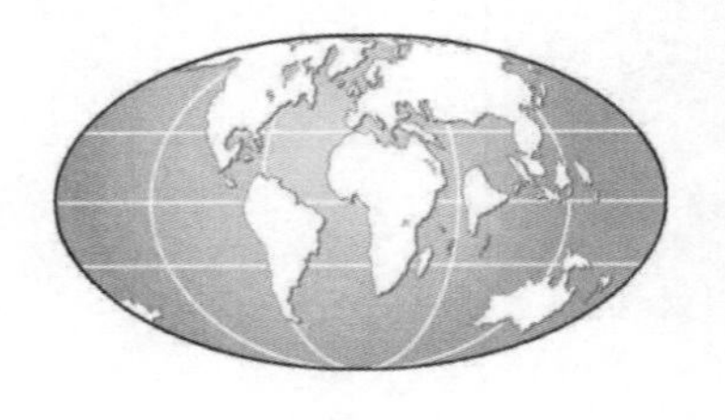

(가)

(나)

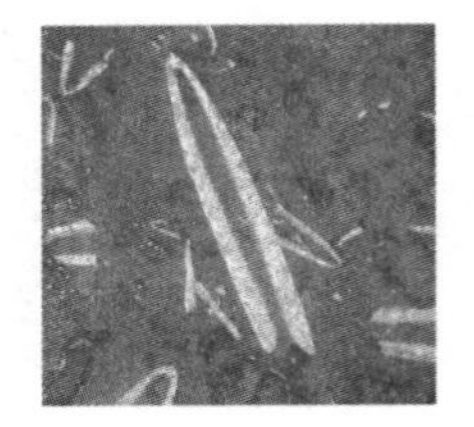

(다)

이에 대한 설명으로 옳은 것만을 <보기>에서 있는 대로 고른 것은? [3점]

<보 기>

ㄱ. 히말라야산맥은 (가)의 시기보다 나중에 형성되었다.
ㄴ. (나)와 (다)의 고생물은 모두 육상에서 서식하였다.
ㄷ. (가)의 시기에는 (다)의 고생물이 번성하였다.

① ㄱ ② ㄴ ③ ㄱ, ㄷ ④ ㄴ, ㄷ ⑤ ㄱ, ㄴ, ㄷ

53 2023년 10월 학력평가 11번

그림 (가)는 어느 지역의 지질 단면을, (나)는 X에서 Y까지의 암석의 연령 분포를 나타낸 것이다. P 지점에서는 건열이 ㉠과 ㉡ 중 하나의 모습으로 관찰된다.

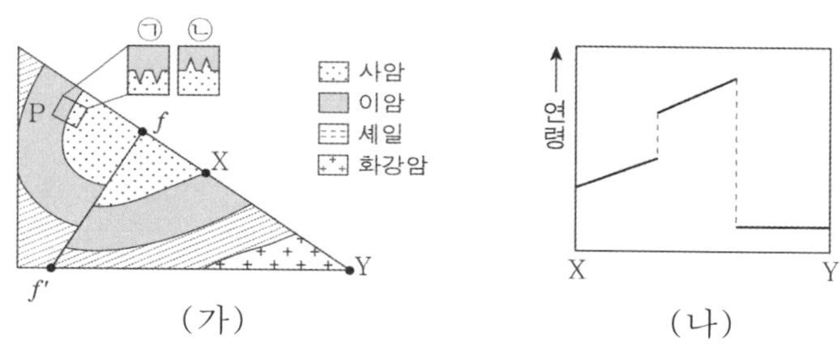

(가) (나)

이에 대한 설명으로 옳은 것만을 <보기>에서 있는 대로 고른 것은?

<보 기>

ㄱ. P 지점의 모습은 ㉠에 해당한다.

ㄴ. 단층 $f-f'$은 횡압력에 의해 형성되었다.

ㄷ. 이 지역에서는 난정합이 나타난다.

① ㄱ ② ㄴ ③ ㄱ, ㄷ ④ ㄴ, ㄷ ⑤ ㄱ, ㄴ, ㄷ

54 2023년 10월 학력평가 17번

그림은 화성암 A에 포함된 방사성 동위 원소 X의 붕괴 곡선을 나타낸 것이다. Y는 X의 자원소이다.

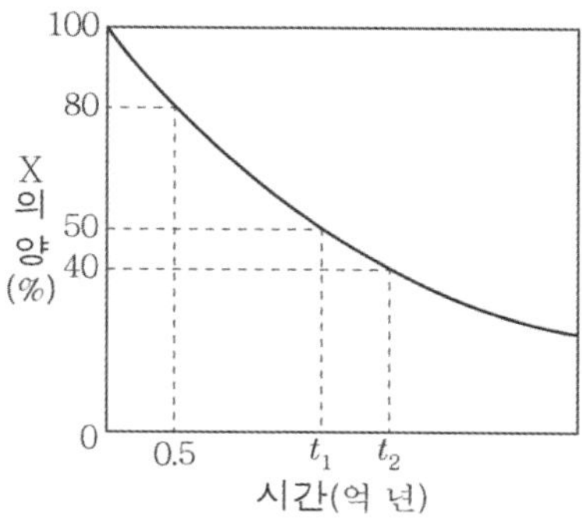

이 자료에 대한 설명으로 옳은 것만을 <보기>에서 있는 대로 고른 것은? (단, X의 양(%)은 화성암 생성 당시 X의 함량에 대한 남아 있는 함량의 비율이고, Y의 양(%)은 붕괴한 X의 양과 같다. [3점]

<보 기>

ㄱ. A가 생성된 후 $2t_1$이 지났을 때 $\frac{\text{X의 양(\%)}}{\text{Y의 양(\%)}}$은 $\frac{1}{4}$이다.

ㄴ. (t_2-t_1)은 0.5억 년이다.

ㄷ. A가 생성된 후 1억 년이 지났을 때 X의 양은 60%보다 크다.

① ㄱ ② ㄴ ③ ㄱ, ㄷ ④ ㄴ, ㄷ ⑤ ㄱ, ㄴ, ㄷ

[2024학년도 평가원 기출 문항 모음]

55 2024학년도 6월 평가원 1번

다음은 판 구조론이 정립되는 과정에서 등장한 이론에 대하여 학생 A, B, C가 나눈 대화를 나타낸 것이다. ㉠과 ㉡은 각각 대륙 이동설과 해양저 확장설 중 하나이다.

이론	내용
㉠	과거에 하나로 모여있던 초대륙 판게아가 분리되고 이동하여 현재와 같은 수륙 분포가 되었다.
㉡	해령을 축으로 해양 지각이 생성되고 양쪽으로 멀어짐에 따라 해양저가 확장된다.

제시한 내용이 옳은 학생만을 있는 대로 고른 것은?

① A ② C ③ A, B ④ B, C ⑤ A, B, C

56 2024학년도 6월 평가원 4번

다음은 쇄설성 퇴적암이 형성되는 과정의 일부를 알아보기 위한 실험이다.

〔실험 목표〕

○ 쇄설성 퇴적암이 형성되는 과정 중 (㉠)을/를 설명할 수 있다.

〔실험 과정〕

(가) 크기가 다양한 자갈, 모래, 점토를 각각 준비하여 투명한 원통에 넣는다.

(나) (가)의 원통의 퇴적물에서 입자 사이의 빈 공간(공극)의 모습을 관찰한다.

(다) 컵에 석회질 물질과 물을 부어 석회질 반죽을 만든다.

(라) ㉡석회질 반죽을 (가)의 원통에 부어 퇴적물이 쌓인 높이(h)까지 채운 후 건조시켜 굳힌다.

(마) (라)의 입자 사이의 빈 공간(공극)의 모습을 관찰한다.

〔실험 결과〕

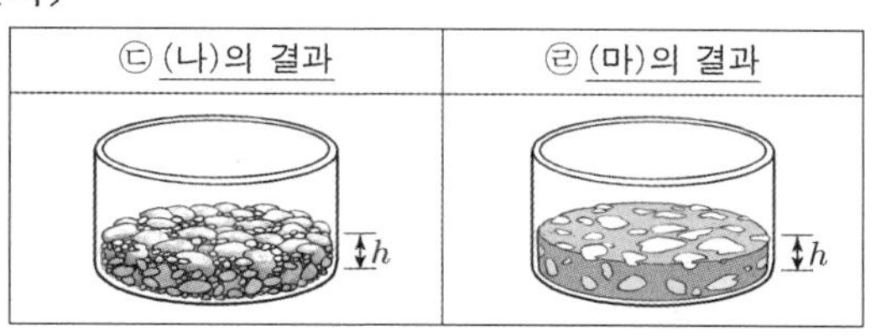

이 자료에 대한 설명으로 옳은 것만을 <보기>에서 있는 대로 고른 것은? [3점]

<보 기>

ㄱ. '교결 작용'은 ㉠에 해당한다.

ㄴ. ㉡은 퇴적물 입자들을 단단하게 결합시켜 주는 물질에 해당한다.

ㄷ. 단위 부피당 공극이 차지하는 부피는 ㉢이 ㉣보다 크다.

① ㄱ ② ㄷ ③ ㄱ, ㄴ ④ ㄴ, ㄷ ⑤ ㄱ, ㄴ, ㄷ

57 2024학년도 6월 평가원 7번

그림은 마그마가 생성되는 지역 A, B, C를 나타낸 것이다.

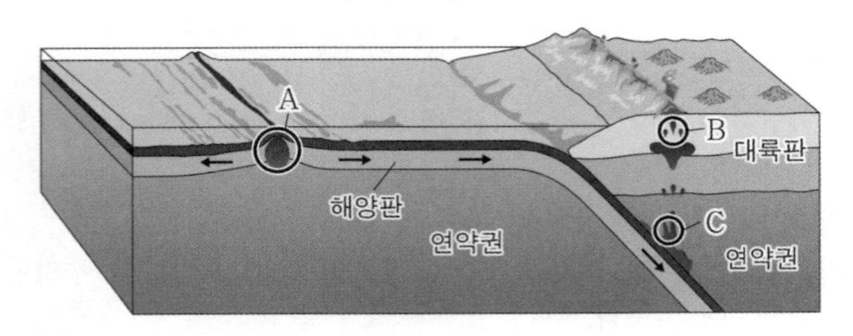

이 자료에 대한 설명으로 옳은 것만을 <보기>에서 있는 대로 고른 것은?

<보 기>

ㄱ. 생성되는 마그마의 SiO_2 함량(%)은 A가 B보다 낮다.
ㄴ. A에서 주로 생성되는 암석은 유문암이다.
ㄷ. C에서 물의 공급은 암석의 용융 온도를 감소시키는 요인에 해당한다.

① ㄱ ② ㄷ ③ ㄱ, ㄴ ④ ㄱ, ㄷ ⑤ ㄴ, ㄷ

58 2024학년도 6월 평가원 9번

그림은 플룸 구조론을 나타낸 모식도이다. A와 B는 각각 뜨거운 플룸과 차가운 플룸 중 하나이다.

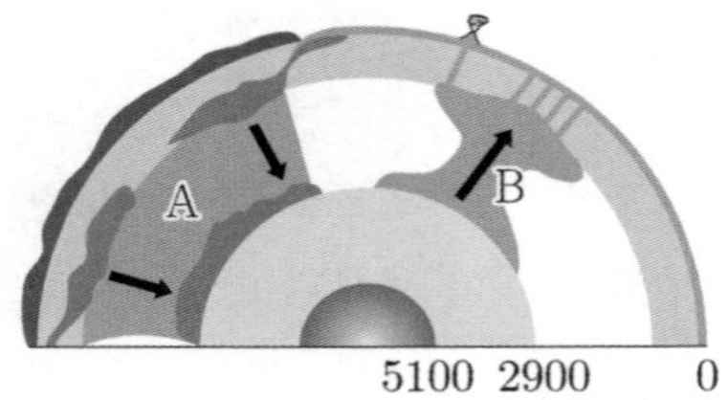

이에 대한 설명으로 옳은 것만을 <보기>에서 있는 대로 고른 것은?

<보 기>

ㄱ. A는 뜨거운 플룸이다.
ㄴ. B에 의해 여러 개의 화산이 형성될 수 있다.
ㄷ. B는 내핵과 외핵의 경계에서 생성된다.

① ㄱ ② ㄴ ③ ㄷ ④ ㄱ, ㄴ ⑤ ㄴ, ㄷ

59 2024학년도 6월 평가원 11번

그림은 어느 지역의 지질 단면을 나타낸 것이다.

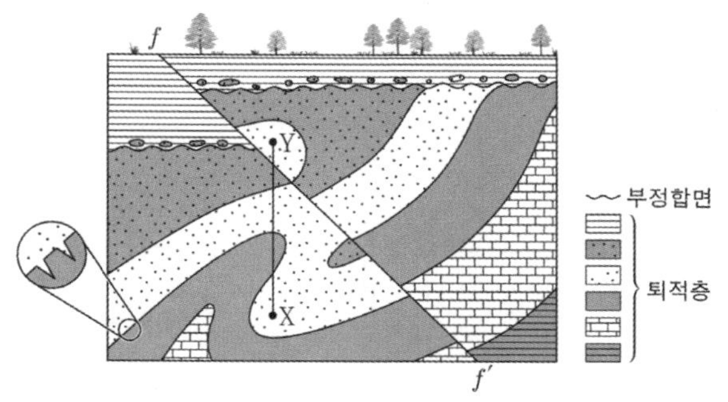

이 자료에 대한 설명으로 옳은 것만을 <보기>에서 있는 대로 고른 것은? [3점]

<보 기>

ㄱ. 단층 $f-f'$은 장력에 의해 형성되었다.
ㄴ. 습곡과 단층의 형성 시기 사이에 부정합면이 형성되었다.
ㄷ. X→Y를 따라 각 지층 경계를 통과할 때의 지층 연령의 증감은 '증가→감소→감소→증가'이다.

① ㄱ ② ㄴ ③ ㄷ ④ ㄱ, ㄴ ⑤ ㄴ, ㄷ

60 2024학년도 6월 평가원 19번

그림은 방사성 동위 원소 X의 붕괴 곡선의 일부를 나타낸 것이다. 화성암에 포함된 X의 자원소 Y는 모두 X가 붕괴하여 생성되었다.

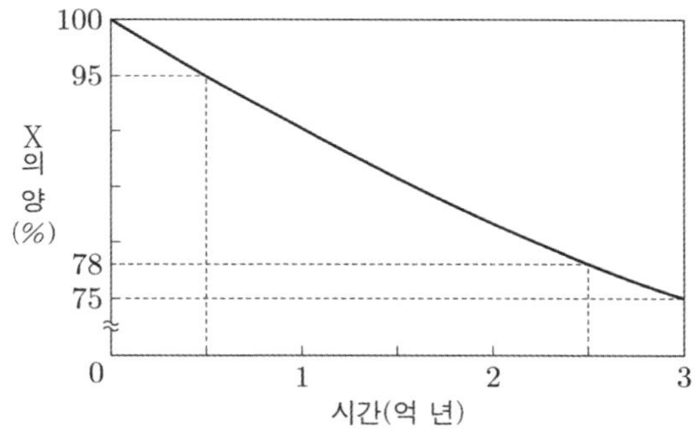

이 자료에 대한 설명으로 옳은 것만을 <보기>에서 있는 대로 고른 것은? (단, 모든 화성암에는 X가 포함되어 있으며, X의 양(%)은 화성암 생성 당시 X의 함량에 대한 남아있는 X의 함량 비율이고, Y의 양(%)은 붕괴한 X의 양과 같다.) [3점]

<보 기>

ㄱ. 현재의 X의 양이 95%인 화성암은 속씨식물이 존재하던 시기에 생성되었다.
ㄴ. X의 반감기는 6억 년보다 길다.
ㄷ. 중생대에 생성된 모든 화성암에서는 현재의 $\frac{\text{X의 양(\%)}}{\text{Y의 양(\%)}}$이 4보다 크다.

① ㄱ ② ㄷ ③ ㄱ, ㄴ ④ ㄴ, ㄷ ⑤ ㄱ, ㄴ, ㄷ

61 2024학년도 9월 평가원 1번

그림은 방사성 동위 원소를 이용하여 암석의 절대 연령을 구하는 원리에 대하여 학생 A, B, C가 나눈 대화를 나타낸 것이다.

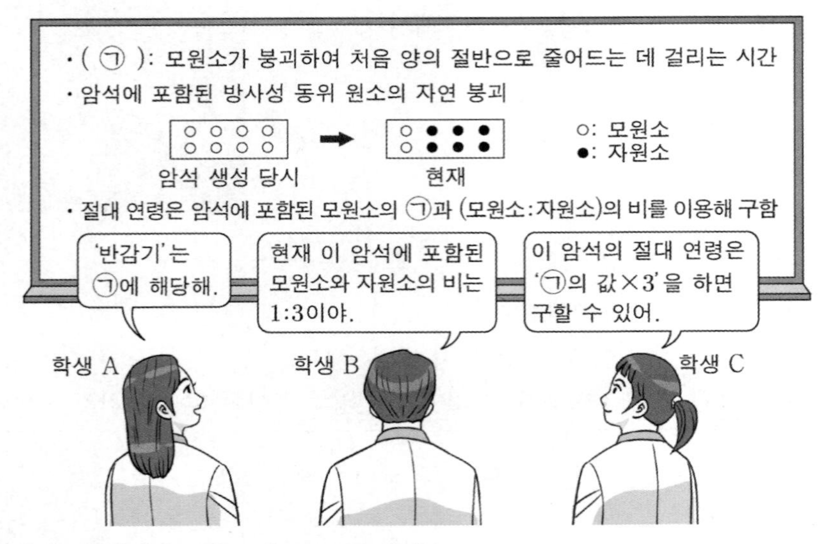

제시한 내용이 옳은 학생만을 있는 대로 고른 것은?

① A ② B ③ C ④ A, B ⑤ A, C

62 2024학년도 9월 평가원 6번

그림은 암석의 용융 곡선과 지역 ㉠, ㉡의 지하 온도 분포를 깊이에 따라 나타낸 것이다. ㉠과 ㉡은 각각 해령과 섭입대 중 하나이다.

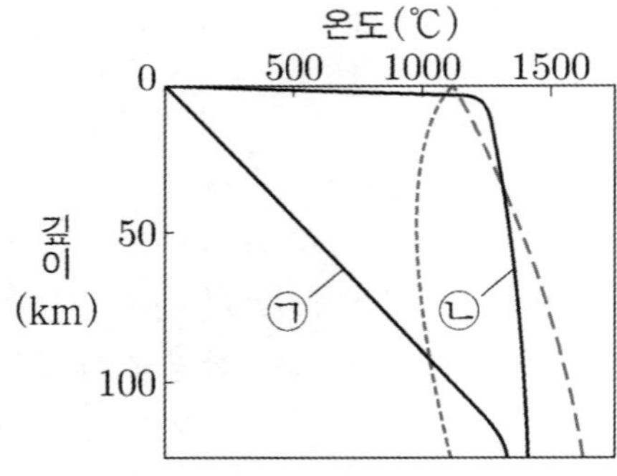

이 자료에 대한 설명으로 옳은 것만을 <보기>에서 있는 대로 고른 것은?

<보 기>

ㄱ. ㉠에서는 물이 포함된 맨틀 물질이 용융되어 마그마가 생성된다.
ㄴ. ㉡에서는 주로 유문암질 마그마가 생성된다.
ㄷ. 맨틀 물질이 용융되기 시작하는 온도는 ㉠이 ㉡보다 낮다.

① ㄱ ② ㄴ ③ ㄱ, ㄷ ④ ㄴ, ㄷ ⑤ ㄱ, ㄴ, ㄷ

63 2024학년도 9월 평가원 10번

그림은 40억 년 전부터 현재까지 지질 시대 A~E의 지속 기간을 비율로 나타낸 것이다.

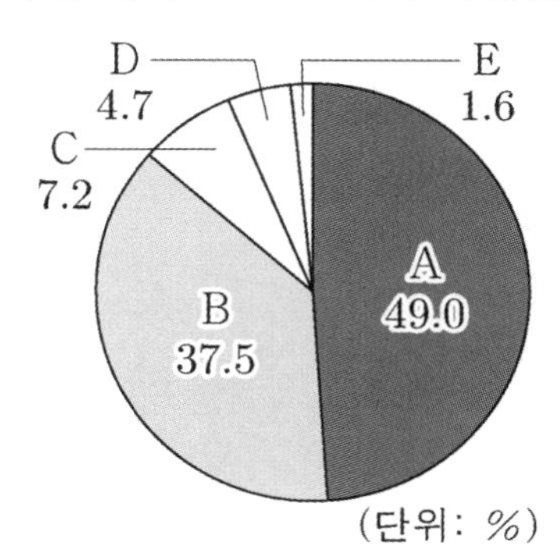

A~E에 대한 설명으로 옳은 것만을 <보기>에서 있는 대로 고른 것은? [3점]

<보 기>

ㄱ. 최초의 다세포 동물이 출현한 시기는 B이다.
ㄴ. 최초의 척추동물이 출현한 시기는 C이다.
ㄷ. 히말라야 산맥이 형성된 시기는 E이다.

① ㄱ ② ㄷ ③ ㄱ, ㄴ ④ ㄴ, ㄷ ⑤ ㄱ, ㄴ, ㄷ

64 2024학년도 9월 평가원 12번

그림은 판의 경계와 최근 발생한 화산 분포의 일부를 나타낸 것이다.

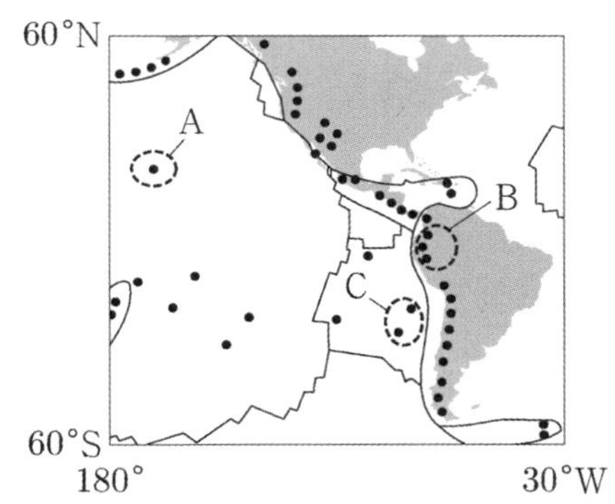

이 자료에 대한 설명으로 옳은 것만을 <보기>에서 있는 대로 고른 것은? [3점]

<보 기>

ㄱ. 지역 A의 하부에는 외핵과 맨틀의 경계부에서 상승하는 플룸이 있다.
ㄴ. 지역 B의 하부에는 맨틀 대류의 하강류가 존재한다.
ㄷ. 암석권의 평균 두께는 지역 B가 지역 C보다 두껍다.

① ㄱ ② ㄷ ③ ㄱ, ㄴ ④ ㄴ, ㄷ ⑤ ㄱ, ㄴ, ㄷ

65 2024학년도 9월 평가원 17번

그림은 어느 지역의 지질 단면을 나타낸 것이다.

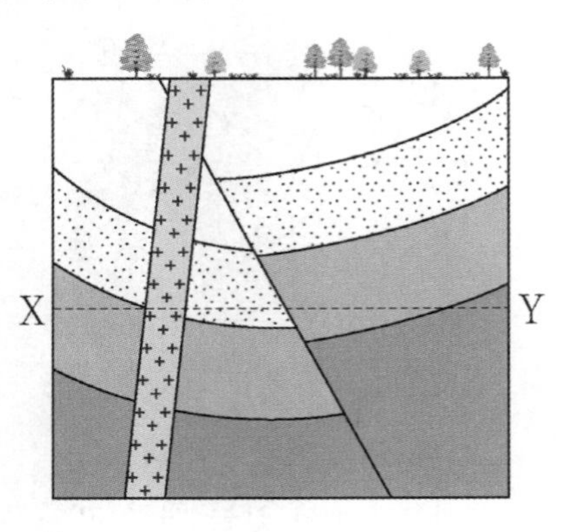

구간 X－Y에 해당하는 지층의 연령 분포로 가장 적절한 것은? [3점]

①
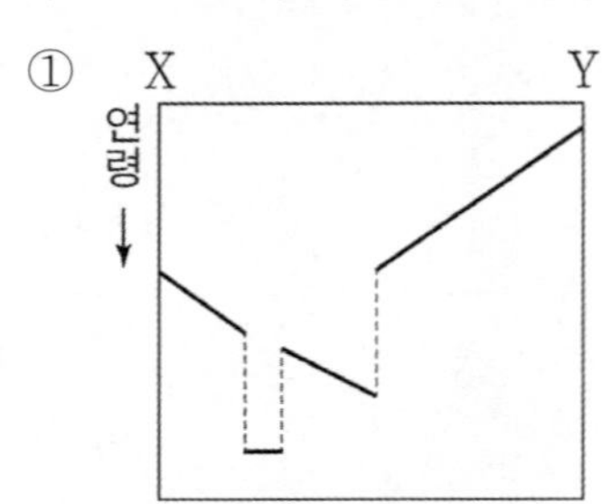

②
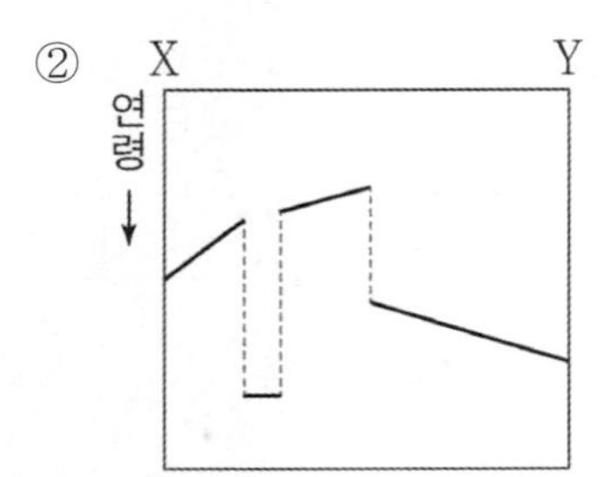

③
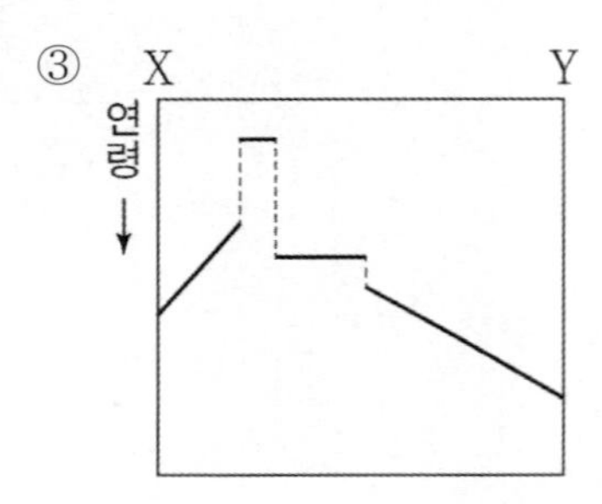

④
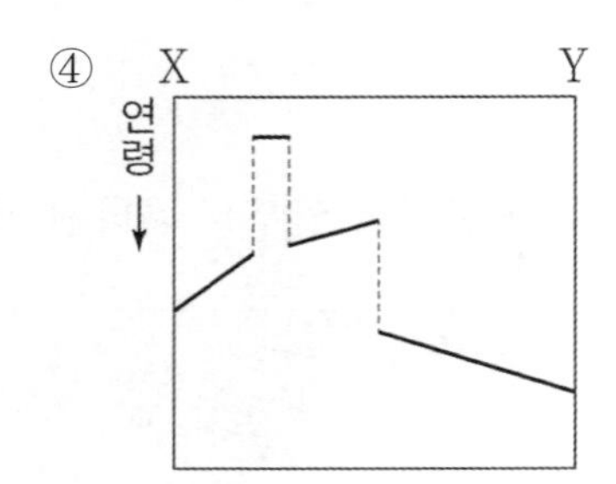

⑤
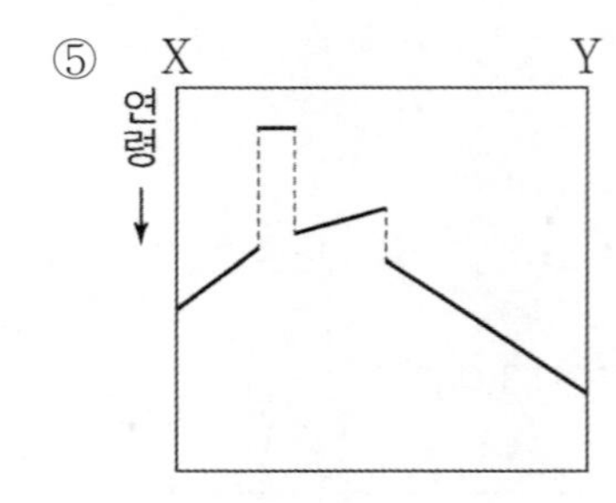

66 2024학년도 9월 평가원 20번

그림은 남반구에 위치한 열점에서 생성된 화산섬의 위치와 연령을 나타낸 것이다. 해양판 A와 B는 각각 하나의 열점이 존재하고, 열점에서 생성된 화산섬은 동일 경도상을 따라 각각 일정한 속도로 이동한다.

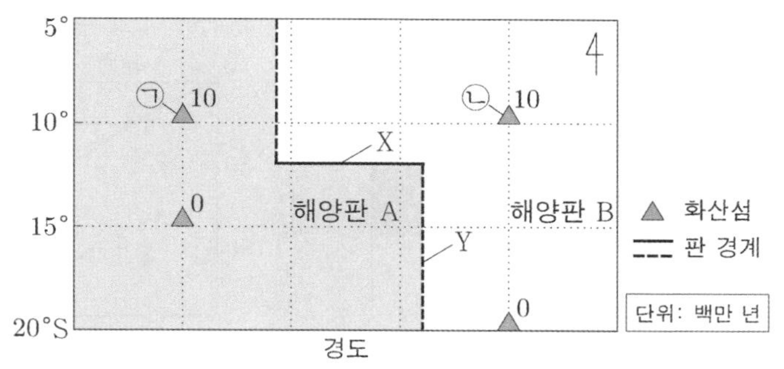

이 자료에 대한 설명으로 옳은 것만을 <보기>에서 있는 대로 고른 것은? (단, 고지자기극은 고지자기 장향으로 추정한 지리상 북극이고, 지리상 북극은 변하지 않았다.) [3점]

<보 기>

ㄱ. 판의 경계에서 화산 활동은 X가 Y보다 활발하다.
ㄴ. 고지자기 복각의 절댓값은 화산섬 ㉠과 ㉡이 같다.
ㄷ. 화산섬 ㉠에서 구한 고지자기극은 화산섬 ㉡에서 구한 고지자기극보다 저위도에 위치한다.

① ㄱ　② ㄴ　③ ㄷ　④ ㄱ, ㄴ　⑤ ㄱ, ㄷ

67 2024학년도 대학수학능력시험 2번

그림 (가), (나), (다)는 사층리, 연흔, 점이층리를 순서 없이 나타낸 것이다.

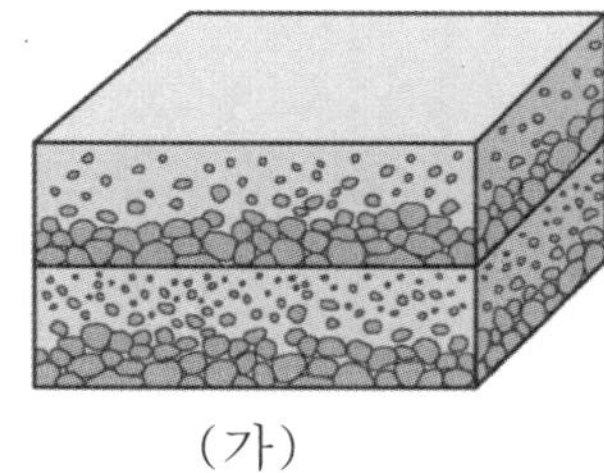
(가)

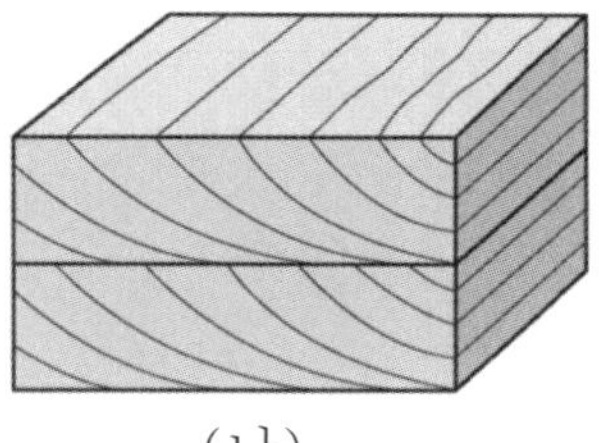
(나)

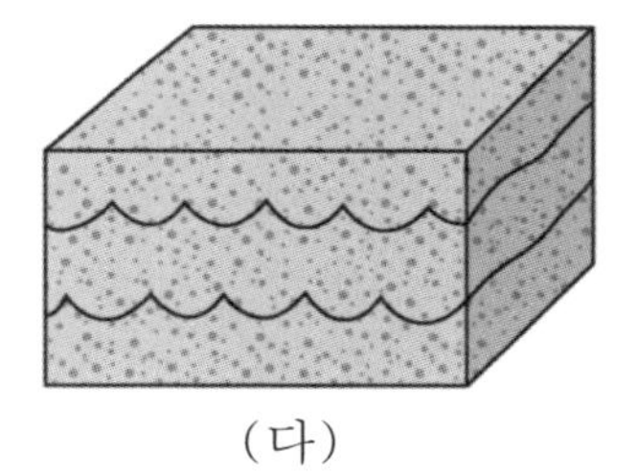
(다)

이에 대한 설명으로 옳은 것만을 <보기>에서 있는 대로 고른 것은?

<보 기>

ㄱ. (가)는 점이층리이다.
ㄴ. (나)는 지층의 역전 여부를 판단할 수 있는 퇴적 구조이다.
ㄷ. (다)는 역암층보다 사암층에서 주로 나타난다.

① ㄱ　② ㄷ　③ ㄱ, ㄴ　④ ㄴ, ㄷ　⑤ ㄱ, ㄴ, ㄷ

68 2024학년도 대학수학능력시험 5번

그림 (가)는 판 경계 주변에서 마그마가 생성되는 모습을, (나)는 깊이에 따른 지하의 온도 분포와 암석의 용융 곡선을 나타낸 것이다. ㉠과 ㉡은 안산암질 마그마와 현무암질 마그마를 순서 없이 나타낸 것이다.

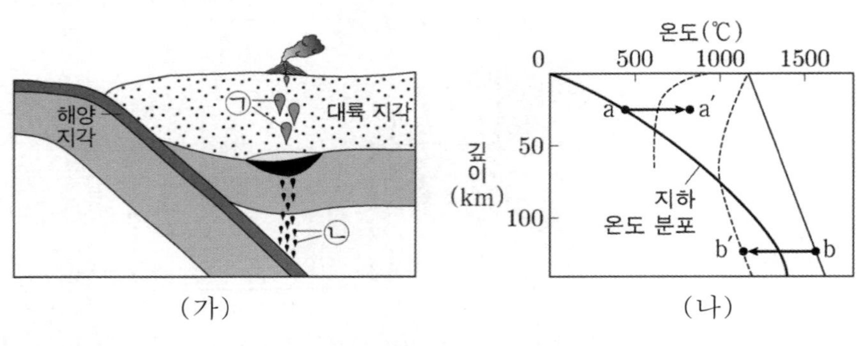

이에 대한 설명으로 옳은 것만을 <보기>에서 있는 대로 고른 것은? [3점]

<보 기>

ㄱ. ㉠이 분출하여 굳으면 섬록암이 된다.
ㄴ. ㉡은 a→a′과정에 의해 생성된다.
ㄷ. SiO_2 함량(%)은 ㉠이 ㉡보다 높다.

① ㄱ ② ㄴ ③ ㄷ ④ ㄱ, ㄴ ⑤ ㄴ, ㄷ

69 2024학년도 대학수학능력시험 7번

그림은 현생 누대 동안 해양 생물 과의 수와 대멸종 시기 A, B, C를 나타낸 것이다.

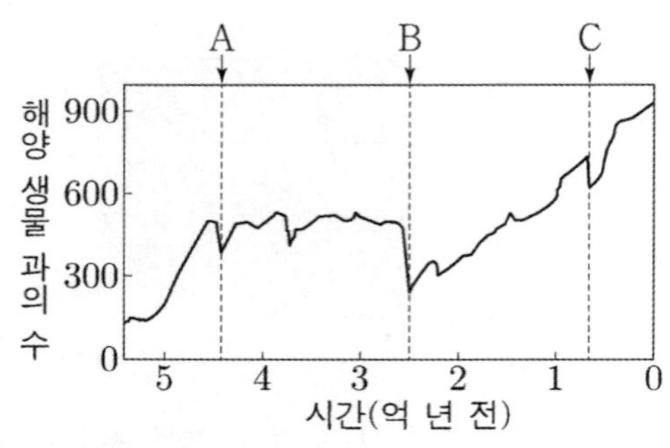

이에 대한 설명으로 옳은 것만을 <보기>에서 있는 대로 고른 것은?

<보 기>

ㄱ. 해양 생물 과의 수는 A가 B보다 많다.
ㄴ. B와 C 사이에 생성된 지층에서 양치식물 화석이 발견된다.
ㄷ. C는 쥐라기와 백악기의 지질 시대 경계이다.

① ㄱ ② ㄷ ③ ㄱ, ㄴ ④ ㄴ, ㄷ ⑤ ㄱ, ㄴ, ㄷ

70 2024학년도 대학수학능력시험 11번

그림은 어느 지역의 지질 단면을 나타낸 것이다. 현재 화성암에 포함된 방사성 원소 X의 함량은 처음 양의 $\frac{1}{32}$이고, 지층 A에서는 방추충 화석이 산출된다.

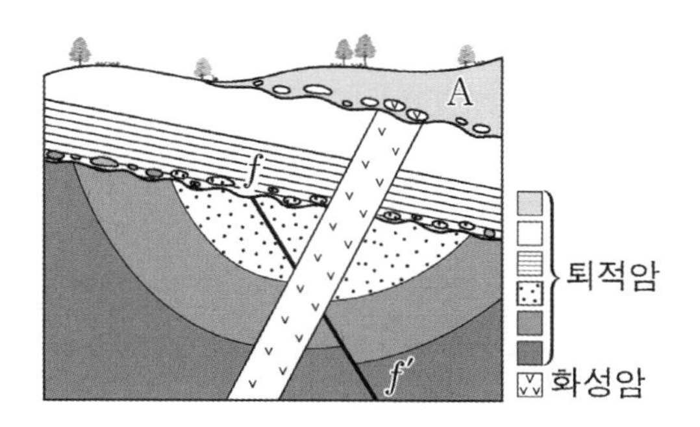

이 자료에 대한 설명으로 옳은 것만을 <보기>에서 있는 대로 고른 것은?

<보 기>

ㄱ. 경사 부정합이 나타난다.
ㄴ. 단층 $f-f'$은 화성암보다 먼저 형성되었다.
ㄷ. X의 반감기는 0.4억 년보다 짧다.

① ㄱ　② ㄷ　③ ㄱ, ㄴ　④ ㄴ, ㄷ　⑤ ㄱ, ㄴ, ㄷ

71 2024학년도 대학수학능력시험 13번

그림은 남반구 중위도에 위치한 어느 해양 지각의 연령과 고지자기 줄무늬를 나타낸 것이다. ㉠과 ㉡은 각각 정자극기와 역자극기 중 하나이다.

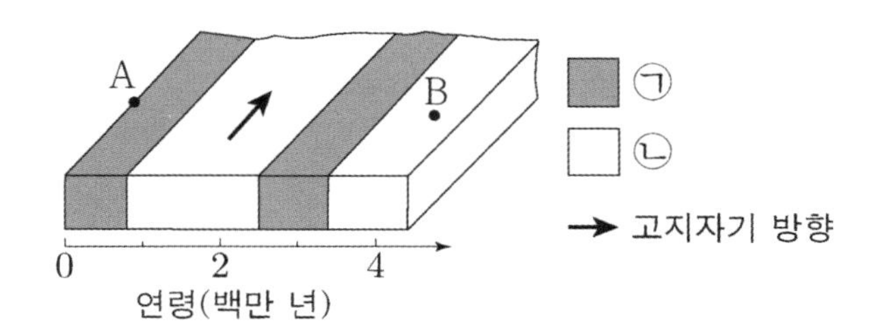

지역 A와 B에 대한 설명으로 옳은 것만을 <보기>에서 있는 대로 고른 것은? (단, 해저 퇴적물이 쌓이는 속도는 일정하다.) [3점]

<보 기>

ㄱ. 해저 퇴적물의 두께는 A가 B보다 두껍다.
ㄴ. A의 하부에는 맨틀 대류의 상승류가 존재한다.
ㄷ. B는 A의 동쪽에 위치한다.

① ㄱ　② ㄴ　③ ㄷ　④ ㄱ, ㄷ　⑤ ㄴ, ㄷ

72 2024학년도 대학수학능력시험 20번

그림은 지괴 A와 B의 현재 위치와 ㉠ 시기부터 ㉡ 시기까지 시기별 고지자기극의 위치를 나타낸 것이다. A와 B는 동일 경도를 따라 일정한 방향으로 이동하였으며, ㉠부터 현재까지의 어느 시기에 서로 한 번 분리된 후 현재의 위치에 있다.

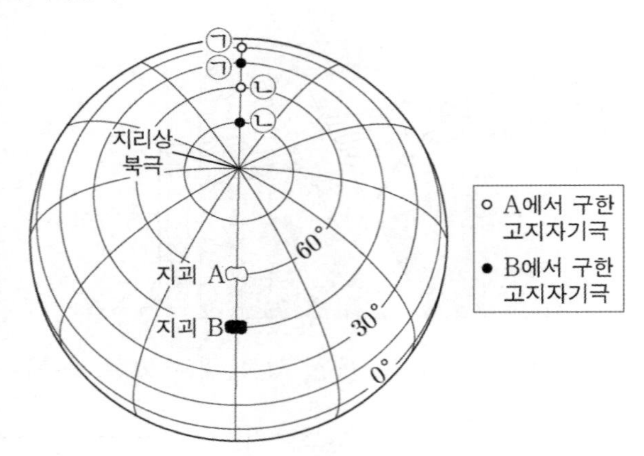

이 자료에 대한 설명으로 옳은 것만을 <보기>에서 있는 대로 고른 것은? (단, 고지자기극은 고지자기 방향으로 추정한 지리상 북극이고, 지리상 북극은 변하지 않았다.) [3점]

<보 기>

ㄱ. A에서 구한 고지자기 복각의 절댓값은 ㉠이 ㉡보다 작다.
ㄴ. A와 B는 북반구에서 분리되었다.
ㄷ. ㉡부터 현재까지의 평균 이동 속도는 A가 B보다 빠르다.

① ㄱ ② ㄷ ③ ㄱ, ㄴ ④ ㄴ, ㄷ ⑤ ㄱ, ㄴ, ㄷ

부록

교과서로 알아보는 (O,X)
개념 정리

교과서로 알아보는 (O,X) 개념 정리

1.	맨틀 대류가 일어나는 원인은 맨틀 내 방사성 동위 원소의 붕괴만 해당한다.	(O,X)

YBM p.16

2.	판과 판이 만나는 판의 경계 지역에서는 천발, 중발, 심발 지진이 모두 발생할 수 있다.	(O,X)

YBM p.31

3.	열점은 대륙판 내부에는 존재하지 않는다.	(O,X)

YBM p.32

4.	맨틀이 녹는 직접적인 원인은 방사성 동위 원소의 붕괴에 의한 열에너지이다.	(O,X)

YBM p.33

5.	반려암의 SiO_2함량은 52% 이상이고, 조립질 암석이다.	(O,X)

YBM p.35

6.	한반도에 분포하는 화강암의 대부분은 중생대에 관입한 화강암이다.	(O,X)

YBM p.36

7.	한반도에 존재하는 신생대에 형성된 현무암질 지질 환경은 섭입대에서 분출한 마그마에 의해서 생성된 것이다.	(O,X)

YBM p.37

8.	마이산의 남쪽 급경사 면에 분포하는 타포니는 풍화 작용에 의해 사암이 빠져나와 생긴 것이다.	(O,X)

YBM p.49

9.	판상 절리에서 절리가 발달할 때 기반암에서 암괴가 떨어져 나오는 현상을 박리 현상이라고 한다.	(O,X)

YBM p.53

10.	^{12}C의 방사원 동위 원소인 ^{14}C는 우주로부터 유입되는 입자가 대기 중 ^{14}N와 충돌하면서 생성된다.	(O,X)

YBM p.61

11.	증발암이 발견되는 지역은 암석 형성 당시 건조한 지역이었음을 알 수 있다.	(O,X)

YBM p.69

12.	오존층이 형성된 시기는 페름기이다.	(O,X)

YBM p.69

13.	오존층이 형성되고 나서 출현한 최초의 육상 식물은 송엽란류이다.	(O,X)

YBM p.69

14.	오존층이 형성되고 나서 출현한 최초의 육상 동물은 에우립테루스이다.	(O,X)

YBM p.69

15.	석탄기에 형성된 표준 화석인 방추충(푸줄리나)는 원생동물이다.	(O,X)

YBM p.69

1. X

맨틀 대류는 맨틀 내 방사성 동위 원소의 붕괴에 의한 열에너지와 지구 중심부에서 공급되는 열에너지로 인하여 맨틀 상부와 하부 사이에 온도 차이가 생겨 맨틀 안에서 느리게 열대류가 일어나는 현상을 말한다.

2. O

판과 판이 만나는 수렴형 경계에서는 천발 지진(0~70km), 중발 지진(70~ 300km), 심발 지진(300~700km)이 모두 발생한다. (판과 판이 만나는 판 경계 지역에서는 세 종류가 모두 발생하나, 판이 갈라지는 발산 경계나 변환 단층에서는 주로 천발 지진이 발생한다.)

3. X

열점은 킬라우에아 화산처럼 해양판의 내부에 존재하기도 하고, 옐로스톤처럼 대륙판의 내부에 존재하기도 한다.

4. X

맨틀이 녹는 직접적인 원인은 외핵에서 올라오는 열에너지에 의해 뜨거워진 하부 맨틀 물질이 상승하는 과정에서 부분 용융되기 때문이다.

5. X

반려암은 SiO_2함량은 52% 이하인 조립질 암석이다.

6. O

한반도에서 생성된 중생대 화강암의 대표적인 지형은 판상 절리가 나타나는 북한산이 있다.

7. X

우리나라에 분포하는 현무암질 지질 환경은 맨틀이 부분 용융 되어 생성된 현무암질 마그마가 분출한 것이다. (우리나라에는 수렴형 경계가 없다.)

8. X

마이산의 남쪽 급경사면에는 군데군데 움푹 파인 구멍들이 많다. 이는 풍화 작용에 의해 바위를 이루는 역암이 빠져나와 생긴 것으로, 타포니라고 한다.

9. O

판상 절리에서 절리가 발달할 때 기반암에서 암괴가 '양파껍질'처럼 떨어져 나오는 현상을 박리 현상이라고 하고, 박리 현상은 기반암에 작용하는 압력의 감소로 인해 발생한다.

10. O

우주에서 지구로 들어오는 입자를 '우주선(Cosmic Ray)'라고 하며 우주선은 거의 빛의 속도에 준하게 움직이는 고에너지 입자로 우주선이 지구의 대기 중 ^{14}N와 충돌하면서 1개의 양성자가 중성자로 변하면서 ^{14}C가 생성된다.

11. O

물의 이동이나 순환이 이루어지지 않는 호수나 지중해와 같이 갇혀 있는 형태의 바다에서 형성된다. 증발암이 발견되는 경우 암석 형성 당시 그 지역 건조한 지역이었다고 추정할 수 있다.

12. X

오존층이 형성된 시기는 실루리아기이다.

13. O 14. O

송엽란류 식물은 잎이 작은 돌기처럼 생겨서 양치식물과 외형은 유사하지 않지만, 생활 환경은 비슷하다.

에우립테루스(Eurypterus)는 멸종된 바다 전갈의 한 종으로 육지와 해양에서 모두 호흡할 수 있었다.

송엽란류 식물

에우립테루스

15. O

석탄기의 표준 화석인 방추충은 원생동물이다. (원생동물은 단세포의 단순한 구조를 가지는 동물을 뜻한다.)또한, 이 시기에 육지에는 몸체가 지금보다 훨씬 큰 잠자리와 같은 곤충류가 번성하였다.

16. 로키 산맥, 안데스 산맥은 고생대에 형성되었다. (O,X)

YBM p.70

17. 쥐라기와 백악기 초기는 전 지구적으로 온난하고 습윤한 기후였다. (O,X)

YBM p.70

18. 백악기 후기에 기후가 서늘해진 이유는 화산 활동 때문이다. (O,X)

YBM p.70

19. 남극 대륙에 빙하가 만들어진 시기는 팔레오기 말이다. (O,X)

YBM p.71

20. 북극해에 얼음이 얼기 시작한 시기는 네오기 말이다. (O,X)

YBM p.71

21. 대륙 이동설은 과거 한 덩어리였던 대륙이 분리되고 이동하여 현재와 같은 분포를 이루었다는 학설이다. (O,X)

비상 p.66

22. 맨틀 대류설은 맨틀 내 온도 차이로 맨틀에서 열대류가 발생한다는 학설이다. (O,X)

비상 p.66

23. 해저 확장설은 해령 아래 맨틀 물질이 상승하여 새로운 해양 지각을 만들어 해저가 넓어진다는 학설이다. (O,X)

비상 p.66

24. 음향 측심법은 해수면에서 발사한 초음파가 해저면에 반사하여 되돌아오기까지 걸리는 시간을 재어 수심을 측정하는 방법이다. (O,X)

비상 p.66

25. 판 구조론은 지구의 겉 부분을 덮고 있는 판들이 움직이면서 다양한 지각 변동을 일으킨다는 이론이다. (O,X)

비상 p.66

26. 과거 하나의 초대륙에서 분리된 현재 두 대륙의 해안선은 완벽하게 일치한다. (O,X)

비상 p.67

27. 실제 자북극의 위치는 지리상 북극의 위치와 일치한다. (O,X)

비상 p.74

28. 초대륙 판게아가 존재하던 시기는 중생대 말 ~ 신생대 초이다. (O,X)

비상 p.74

29. 판게아 이전에 초대륙은 존재하지 않았다. (O,X)

비상 p.74

30. 애팔래치아 산맥이 만들어진 원인은 판게아와 관련되어있다. (O,X)

비상 p.76

16. X

중생대 말기에는 여러 지역에서 조산 운동이 일어나 로키, 안데스 같은 대산맥이 만들어지기 시작하였다.

17. O

18. O

쥐라기와 백악기 초기에는 아열대성 식물들이 위도 70°의 고위도 지방까지 번성했던 것으로 보아 매우 온난하고 습윤한 기후였을 것으로 추정된다. 그러나 백악기 후기에는 서늘한 기후로 변했는데, 이는 백악기 후기에 있었던 화산 활동이 원인으로 해석된다.

19. O

20. O

팔레오기 말에는 남극 대륙에 빙하가 만들어졌고, 네오기 말에는 북극해의 얼음이 얼기 시작했다. 그 후 제4기 초기가 되면서 북반구의 약 30%나 되는 면적이 빙하로 덮일 정도로 추운 빙하 시대가 시작되었다. 이때부터 현재까지 4회의 빙기와 3회의 간빙기가 있었는데, 현재는 네 번째 빙하기 이후 시기이다.

21. O

22. O

23. O

24. O

25. O

대륙 이동설 : 과거 한 덩어리였던 대륙이 분리되고 이동하여 현재와 같은 분포를 이루었다는 학설
맨틀 대류설 : 맨틀 내 온도 차이로 맨틀에서 열 대류가 발생한다는 학설
해저 확장설 : 해령 아래 맨틀 물질이 상승하여 새로운 해양 지각을 만들어 해저가 넓어진다는 학설
음향 측심법 : 해수면에서 발사한 초음파가 해저면에 반사하여 되돌아오기까지 걸리는 시간을 재어 수심을 측정하는 방법
판 구조론 : 지구의 겉 부분을 덮고 있는 판들이 움직이면서 다양한 지각 변동을 일으킨다는 이론

26. X

대륙이 분리된 후 이동하는 과정에서 대륙의 가장자리가 오랜 시간 동안 침식, 퇴적 작용을 받았기 때문이다. 그 결과 현재 해안선은 대륙이 분리될 당시와 모양이 달라졌다. 그런데 수심 약 $200\mathrm{m}$에 있는 대륙붕과 대륙사면 경계를 기준으로 하면 거의 일치한다.

27. X

지리상 북극은 지표면과 지구의 자전축이 만나는 지점이고, 자북극은 지표면으로 지구 자기력선이 들어오는 지점이므로 실제 자북극과 지리상 북극은 일치하지 않는다.

28. X

판게아는 고생대 말부터 중생대 초 사이에 지구에 존재하였던 초대륙이다.

29. X

로디니아는 약 12억 년 전부터 약 7억5천만 년 전 사이에 지구에 존재하였던 초대륙이다.

30. O

약 4억 년 전부터 판게아가 형성될 때까지 북아메리카 대륙은 아프리카 대륙 및 유럽 대륙과 충돌하여 애팔래치아산맥을 형성하였다.

31.	접촉 변성 작용은 마그마의 관입에 의하여 일어난다.	(O,X)

천재 p.74

32.	광역 변성 작용은 조산 운동이나 대규모 지각 운동에 의하여 일어난다.	(O,X)

천재 p.74

33.	산의 비탈진 경사면을 따라 토양이나 암석이 이동하는 현상을 사태라고 한다.	(O,X)

천재 p.114

34.	변환 단층에서는 지각의 소멸이나 생성이 나타난다.	(O,X)

금성 p.16

35.	맨틀은 지구 전체 부피의 80% 이상을 차지한다.	(O,X)

금성 p.27

36.	섬들이 열을 이루어 분포하는 것을 열도라고 한다.	(O,X)

금성 p.28

37.	마그마에는 가스가 포함되어 있지 않다.	(O,X)

금성 p.30

38.	염기성암은 산성암보다 밀도가 크다.	(O,X)

금성 p.32

39.	판은 지각과 하부 맨틀을 포함한다.	(O,X)

금성 p.38

40.	육상 환경에서는 퇴적이 일어나지 않는다.	(O,X)

금성 p.46

41.	변환 단층을 주향이동 단층이라고 할 수도 있다.	(O,X)

금성 p.50

42.	스트로마톨라이트 화석은 고위도 지역에서 자주 발견된다.	(O,X)

금성 p.66

43.	고생대 초인 캄브리아기와 오르도비스기에는 해양 무척추동물이, 중기인 실루리아기와 데본기에는 어류가, 말기인 석탄기와 페름기에는 양서류가 각각 출현하여 번성하였다.	(O,X)

금성 p.66

44.	페름기 말 해양 생물의 거의 대부분과 육지 생물의 $\frac{1}{3}$정도가 한꺼번에 멸종하였다.	(O,X)

금성 p.67

45.	에디아카라 동물군은 원생 누대 말기에 발견된 최초의 다세포 동물군이다.	(O,X)

금성 p.72

31. O

기존의 암석이 마그마의 관입에 의해 마그마로부터 뜨거운 열과 여러 화학 성분의 공급을 받으면, 마그마의 접촉부를 따라 비교적 좁은 범위에서 변성 작용이 일어난다.

32. O

조산 운동과 같은 대규모 지각 운동에 의해 지하 깊은 곳으로 암석이 높은 온도와 압력을 받아 이루어지는 것으로 비교적 넓은 범위에서 일어난다,

33. O

산의 비탈진 경사면을 따라 토양이나 암석 등 지표의 고화되지 않은 물질이 중력에 의해 낮은 곳으로 이동하는 현상을 사태라고 한다.

34. X

변환 단층은 지각이 소멸되거나 생성되지 않고 수평적으로 어긋나는 곳으로, 화산 활동은 없고 단층면을 따라 지진이 발생한다.

35. O

지각 가장 아래에 있는 모호면과 지하 약 2900km 사이의 구간인 맨틀은 지구 전체 부피의 약 82% 이상을 차지한다.

36. O

섬들이 열을 이루어 분포하는 것을 열도라고 한다.

37. X

마그마는 지각이나 맨틀의 암석이 녹은 물질과 가스가 혼합되어 있는 용융체를 말한다. 마그마에 포함되어 있던 가스가 빠져나가면서 지표로 분출한 것을 용암이라고 한다.

38. O

염기성암은 Ca, Fe, Mg이 상대적으로 많고, 밀도가 $3.2g/cm^3$정도이고 산성암은 Na, K, Si가 상대적으로 많다. 밀도는 $2.7g/cm^3$정도이다.

39. X

판은 지각과 상부 맨틀의 일부를 포함하는 두께 약 100km 정도인 암석권의 조각

40. X

육상 환경에서는 주로 침식이 일어나지 않지만, 일부 지대가 낮은 곳에서 퇴적이 일어난다. 선상지, 강바닥, 호수, 사막, 빙하 등이 있다.

41. O

주향 이동 단층은 양쪽 지괴가 단층면의 주향 방향과 평행하게 수평으로 이동하여 발생하는 단층이다.

42. X

스트로마톨라이트는 남세균이 만든 층상의 구조를 이룬 석회질 암석이다.
(따뜻하고 수심이 낮아 햇빛이 잘 드는 적도 주변의 바다에서 잘 만들어진다.)

43. O

고생대 초인 캄브리아기와 오르도비스기에는 해양 무척추동물이, 중기인 실루리아기와 데본기에는 어류가, 말기인 석탄기와 페름기에는 양서류가 각각 출현하여 번성하였다.

44. O

페름기 말 해양 생물의 거의 대부분과 육지 생물의 $\frac{1}{3}$정도가 한꺼번에 멸종하였다.

45. O

에디아카라 동물군은 원생 누대 말기에 발견된 최초의 다세포 동물군이다.

46. 판게아는 판탈라사라는 해양에 둘러싸여 있었다. (O,X)

비상 p.76

47. 연약권은 유동성을 띠지 않는다. (O,X)

비상 p.81

48. 뜨거운 플룸은 외핵과 내핵의 경계면에서 생성된다. (O,X)

비상 p.81

49. 열점은 지각 밑에 위치한다. (O,X)

비상 p.81

50. 판은 맨틀의 대류에 의해서만 이동한다. (O,X)

비상 p.82

51. 발산형 경계를 제외한 다른 판의 경계에서는 모두 판과 판 사이에 저항력이 작용한다. (O,X)

비상 p.82

52. 해양 지각의 이동 속력은 대륙 지각의 이동 속력보다 빠르다. (O,X)

비상 p.83

53. 현무암의 녹는점은 화강암의 녹는점보다 높다. (O,X)

비상 p.86

54. 암석의 SiO_2함량(%)이 높을수록 암석의 녹는점은 높다. (O,X)

비상 p.86

55. 마그마가 빠르게 식어서 만들어진 암석인 화산암은 암석 구성 입자의 크기가 작다. (O,X)

비상 p.86

56. 마그마가 느리게 식어서 만들어진 암석인 심성암은 암석 구성 입자의 크기가 크다. (O,X)

비상 p.86

57. 베니오프대에서는 마찰열에 의해 해양 지각이 녹아서 마그마가 만들어진다. (O,X)

비상 p.87

58. 고철질 암석의 색깔은 밝은색이다. (O,X)

비상 p.88

59. 속성 작용은 퇴적물이 쌓인 후 침전 물질이 침투하는 과정을 의미한다. (O,X)

비상 p.100

60. 사층리를 통해서 퇴적물의 퇴적 방향과 지층의 역전 여부를 파악할 수 있다. (O,X)

비상 p.100

46. O

약 2억4천만 년 전에는 초대륙인 판게아가 거의 합쳐졌고, 판게아는 태평양의 조상 격인 '판탈라사'라는 거대한 해양에 둘러싸여 있었다. 북반구 대륙인 로라시아와 남반구 대륙인 곤드나와 사이에는 테티스해가 있었다.

47, X

연약권은 암석권 바로 아래에 있으며, 맨틀의 부분 용융으로 유동성이 있는 부분이다.

48. X

플룸은 외핵과 맨틀의 경계부에서 형성되며, 폭이 100km 미만인 가늘고 긴 원기둥 형태로 지표까지 빠르게 상승하는 뜨거운 물질을 말한다.

49. X

열점은 뜨거운 플룸이 상승하여 지각을 뚫고 분출하는 곳이므로 지각 위에 위치한다.

50. X

판은 해령에서 밀어내는 힘과 해구에서 잡아당기는 힘으로 이동한다.

51. O

변환 단층대의 저항력 : 판의 이동으로 형성되는 변환 단층대에서 발생하는 마찰력 또는 저항력을 뜻한다.
섭입하는 판의 저항력 : 맨틀 내로 섭입하는 판에 대해 반대 방향으로 작용하는 마찰력 또는 자항력을 뜻한다.
충돌 저항력 : 섭입형 경계에서 해양판과 대륙판이 충돌하여 형성되는 반발력인 저항력에 해당된다.

52. O

일반적으로 태평양판이나 나스카판처럼 해양 지각으로만 이루어진 판은 이동 속도가 빠르다. 반면, 아프리카판이나 북아메리카판 또는 유라시아판처럼 두꺼운 대륙 지각으로 이루어진 판은 이동 속도가 매우 느리다.

53. O　　54. X

현무암질 암석은 고철 물질의 함량(%)이 높으므로 현무암의 녹는점이 화강암의 녹는점보다 높다. 암석의 SiO_2함량(%)이 낮을수록 암석에 고철 물질의 함량이 증가하므로 SiO_2함량(%)이 낮을수록 암석의 녹는점은 높다.

55, O　　56. O

화산암은 세립질 암석이고, 심성암은 조립질 암석이다.

57. X

베니오프대에서 만들어지는 마그마는 해양 지각이 섭입하여 온도와 압력이 높은 지하 깊은 곳에 도달하면서 함수광물에서 물이 방출하여 암석의 용융 온도는 낮춰서 만들어진다.

58. X

고철질 암석(현무암질) 암석은 유색광물의 함량(%)이 높으므로 어두운색을 띤다.

59. X

속성 작용은 퇴적물이 쌓인 후 다져지고 굳어져 퇴적암이 만들어지기까지의 모든 과정을 말한다.

60. O

사층리는 한 지층 내에 얇은 층리들이 평평하게 쌓이지 않고 수평면에 경사지게 쌓인 퇴적 구조로 지층의 퇴적 방향과 역전 여부를 판단할 수 있다.

61. 지각은 대부분 퇴적암으로 구성되어 있다. (O,X)

비상 p.101

62. 교결 작용은 화학적 변화이다. (O,X)

비상 p.101

63. 퇴적암인 이암과 셰일은 층리가 발달한다. (O,X)

비상 p.102

64. 퇴적암에서 엽리를 관측할 수 있다. (O,X)

비상 p.104

65. 타포니는 밤낮의 기온 차이로 인해 만들어지는 지질 환경이다. (O,X)

비상 p.106

66. 발산형 경계에서는 인장력이 작용한다. (O,X)

비상 p.111

67. 수렴형 경계에서는 압축력이 작용한다. (O,X)

비상 p.111

68. 절리에서는 암석의 틈이나 균열을 따라 양쪽 암석의 상대적인 이동이 존재한다. (O,X)

비상 p.112

69. 부정합면 위에 존재하는 기적 역암은 대부분 입자의 크기가 작은 모래나 점토로 만들어진다. (O,X)

비상 p.113

70. 지층이 중단없이 쌓인 두 지층을 부정합 관계라고 한다. (O,X)

비상 p.114

71. 난정합은 퇴적암 위에서 자주 관측된다. (O,X)

비상 p.114

72. 퇴적물이 쌓일 때는 일반적으로 기반암 위에 수평하게 쌓이게 된다. (O,X)

비상 p.116

73. 지각의 변동, 변형, 역전이 없다면 밑에 존재하는 지층은 위에 존재하는 지층보다 먼저 만들어진 지층이다. (O,X)

비상 p.116

74. 관입한 암석은 관입 당한 암석보다 나중에 만들어진 지층이다. (O,X)

비상 p.116

75. 매머드 화석이 발견되는 지층 위에 암모나이트 화석이 발견되는 지층이 존재하면 해당 지층은 역전이 있었다고 추정할 수 있다. (O,X)

비상 p.116

61. X

지각의 대부분은 화성암 또는 화성 기원의 변성암(95%)으로 구성되어 있으며, 퇴적암(5%)은 지표 부근에 얇게 분포한다.

62. O

교결 작용은 지하수에 용해된 이온 물질로부터 결정화된 새로운 광물들이 공극 내에 침전되어 입자들을 결합시키는 것이므로, 교결 작용은 화학적 변화라고 할 수 있다.

63. X

셰일과 이암을 구성하는 입자의 크기는 같은 범위이다. 하지만 셰일은 층리가 발달되어 있고 쪼개짐이 나타나지만, 이암은 층리가 발달되어 있지 않은 덩어리 상태로 쪼개짐이 없다.

64. X

엽리는 변성암에서 나타나는 구조이므로 퇴적암에서는 엽리를 관측할 수 없다.

65. O

타포니는 밤낮의 큰 온도 차이로 인한 물의 동결 작용으로 역암을 이루던 자갈들이 빠져나와 형성된 것이다.

66. O

암석층을 양쪽에서 잡아당기는 힘으로, 발산형 경계에서 주로 작용한다.

67. O

암석층을 양쪽에서 미는 힘으로, 수렴형 경계에서 주로 작용한다.

68. X

단층과 절리 모두 갈라진 틈이나 균열이 있다. 하지만 단층과 달리 절리의 경우 암석에 생긴 틈이나 균열을 따라 양쪽 암석의 상대적인 이동이 없다.

69. X 70. X

지층이 중단된 적 없이 연속적으로 쌓였을 때 인접한 상하 두 지층의 관계를 정합이라고 한다. 어떤 지역에서는 지질 시대의 특정 시대를 대표하는 정합층들을 볼 수 있지만, 지구 전체 역사를 온전히 보여주는 정합층은 지구상에 단 한 곳도 없다. 또한, 기저역암도 '역암'이므로 자갈로 만들어진다.

71. X

부정합이 만들어지기 위해서는 융기와 침강이 반복되어야 하지만, 난정합의 경우 부정합면 아래에 심성암이나 변성암의 위치하고 있어 퇴적층만으로 이루어진 지역에 비해 조륙 운동이 자주 발생하지 않는다. 또한, 난정합이 발달하기 위해서는 퇴적층이 쌓이기 전에 지표에 노출된 심성암이나 변성암이 풍화 • 침식 작용을 받아야 한다.

72. O

퇴적물이 쌓일 때 일반적으로 수평으로 쌓인다는 법칙을 '수평 퇴적의 법칙'이라고 한다.

73. O

지각 변동으로 지층이 변형되거나 역전되지 않는 한 아래에 놓은 지층이 위에 놓인 지층보다 먼저 퇴적되었다는 법칙을 '지층 누중의 법칙'이라고 한다.

74. O

관입한 암석은 관입 당한 암석보다 나중에 생성되었다는 법칙을 '관입의 법칙'이라고 한다.

75. O

오래된 지층에서 새로운 지층으로 갈수록 더 진화된 화석이 발견된다는 법칙을 '동물군 천이의 법칙'이라고 한다.

76. 현재 지각에서 발생하는 지질학적 사건들은 과거에도 동일하게 나타났을 것이다. (O,X)

비상 p.117

77. 암석이 잘려있는 지질학적 특징을 가지고 지층의 선후 관계를 판단할 수 있다. (O,X)

비상 p.118

78. 건층으로 응회암, 석탄, 석회암층이 주로 사용되는 이유는 비교적 짧은 시간 동안 넓은 지역에 분포하여 생성되었다는 특징 때문이다. (O,X)

비상 p.119

79. 모원소의 비율이 100%에서 50%로 변하는 시간을 반감기라고 한다. (O,X)

비상 p.122

80. 모든 모원소는 붕괴되자마자 바로 자원소로 변한다. (O,X)

비상 p.124

81. 현생 누대는 약 5.4억 년 전부터 현재까지이다. (O,X)

비상 p.128

82. 지층의 생성 시기를 확인하고 지질 시대를 구분하는데 사용되는 화석을 표준 화석이라고 한다. (O,X)

비상 p.128

83. 방추충은 고생대 초기 차갑고 깊은 바다에서 번성하였다. (O,X)

비상 p.128

84. 시조새는 파충류가 조류로 진화하는 중간 단계이다. (O,X)

비상 p.128

85. 화폐석은 신생대 육성층에서 번성했다. (O,X)

비상 p.128

86. 지구의 기온이 높으면 해양에서 증발하는 ^{18}O의 양은 증가한다. (O,X)

비상 p.132

87. 방추충과 화폐석은 유공충이다. (O,X)

비상 p.129

88. 유공충은 기후 변화를 파악하는 데 유용하다. (O,X)

비상 p.132

89. 곤드와나 초대륙이 존재하던 시기에 남반구의 기후는 온난했다. (O,X)

비상 p.137

90. 선캄브리아 시대는 지질 시대의 약 88.2%를 차지한다. (O,X)

비상 p.136

76. O

동일 과정의 원리는 현재 지각에서 발생하는 지질학적 사건들이 과거에도 동일하게 일어났다고 가정하는 원리이다.

77. O

절단 관계의 법칙은 암석들을 자르고 지나간 지질학적 특징은 잘린 암석이나 지층보다 나중에 발생하였다는 법칙이다. 절단 관계의 법칙으로 암석이나 지질 구조의 선후 관계를 결정할 수 있다. 절단 관계는 관입에 의한 절단, 부정합에 의한 절단, 단층에 의한 절단 등이 있다.

78. O

열쇠층(건층)은 암상에 의한 대비를 할 때에는 응회암층. 석탄층, 석회암층과 같이 비교적 짧은 시간에 퇴적되었으면서도 넓은 지역에 분포하며 뚜렷한 특징을 지니고 있는 지층을 기준으로 이용한다.

79. O

반감기는 방사성 동위 원소가 붕괴하여 처음 양의 절반으로 줄어드는 데 걸리는 시간이다.

80. X

모원소가 붕괴되어 바로 자원소로 변하는 것은 아니다. 예를 들어, 방사성 동위 원소인 우라늄 238의 경우 최종적으로 안정한 자원소인 납 206에 도달하기까지 여러 종류의 서로 다른 동위 원소들이 산출된다.

81. O

현생 누대는 화석이 많이 산출되어 많은 생물이 생존하였음을 알 수 있는 시대로 현생 누대에는 고생대, 중생대, 신생대가 포함된다.

82. O

표준 화석은 지층의 생성 시기를 확인하고 지질 시대를 구분하는 데 기준이 되는 화석이다.

83. X

방추충은 고생대 후기의 따뜻하고 얕은 바다에서 크게 번성하였던 유공충이다.

84. O

시조새는 중생대 중기 파충류에서 조류로 진화하는 중간 단계에 해당한다고 추정되는 동물이다.

85. X

화폐석은 신생대 바다에서 번성하였으며 껍데기의 외형이 동전처럼 생긴 유공충이다.

86. O

기온이 높아지면 많은 양의 ^{18}O가 해양에서 증발하고, 기온이 낮아지면 증발하는 ^{18}O의 양이 줄어든다. 따라서 ^{18}O는 따뜻한 시기의 강수에 풍부하고, 차가운 시기의 강수에는 적다. 이런 원리를 이용하면 빙하나 눈으로 이루어진 층들을 통해 과거 기온 변화에 대한 기록을 얻을 수 있다.

87. O

석회질이나 규산질로 이루어진 껍질이 있고 껍질 표면에 작은 구멍이 많이 나 있는 단세포 원생동물이다. 대부분 바다에서 살며, 대양의 바닥을 기어 다니는 저서 유공충류와 플랑크톤 생활을 하는 부유성 유공충류가 있다. 육안으로 관찰 가능한 대형 유공충으로는 고생대 석탄기와 페름기의 방추충과 신생대 팔레오기와 네오기의 화폐석이 대표적이다.

88. O

유공충은 단세포 생물이지만, 세포 주위에 자신의 몸집보다 몇십 배 큰 석회질이나 규산질 껍질을 가지고 있다. 유공충은 작은 온도 변화에도 매우 민감하므로 유공충 화석은 기후 변화의 유용한 지시자이다.

89. X

남극 부근에 위치해 있던 곤드와나 대륙의 지층에서 빙성층과 빙하의 흔적 등이 대규모로 발견된다, 이에 남극 대륙을 중심으로 한랭한 기후대가 광범위하게 형성되어 있었음을 추정할 수 있다.

90. O

선캄브리아 시대는 지질 시대의 약 88.2%를 차지한다.

91. 캄브리아기 폭발은 전 세계의 육지에서 생물 종이 급격히 증가한 사건을 말한다. (O,X)

비상 p.137

92. 고생대는 지질 시대의 약 6.3%를 차지한다. (O,X)

비상 p.137

93. 중생대는 지질 시대의 약 4.1%를 차지한다. (O,X)

비상 p.138

94. 신생대는 지질 시대의 약 1.4%를 차지한다. (O,X)

비상 p.139

95. 동물계 생물의 진화 순서는 어류→양서류→파충류→포유류이다. (O,X)

비상 p.139

96. 식물계 생물의 번성 순서는 양치식물→겉씨식물→속씨식물이다. (O,X)

비상 p.139

97. 화석이 발견되는 지역은 대부분 변성암이 분포하는 지역이다. (O,X)

교학사 p.56

98. 화강암은 주로 사장석, 정장석, 석영, 운모 등으로 구성된다. (O,X)

교학사 p.189

99. 현무암은 주로 감람석, 휘석, 사장석 등으로 구성된다. (O,X)

교학사 p.189

100. 해저 지형의 높낮이와 해수면의 높이는 연관 관계가 없다. (O,X)

미래엔 p.16

101. 지구 자기력선의 방향과 수평면이 이루는 각도를 복각이라 한다. (O,X)

미래엔 p.22

102. 차가운 플룸은 내핵과 외핵의 경계면까지 침강한다. (O,X)

미래엔 p.29

103. 안데스 산맥을 구성하는 암석은 대부분 현무암질 암석이다. (O,X)

미래엔 p.33

104. 남극은 자기장이 가장 강한 지역이고, 운석이 가장 많이 발견되는 장소 중 하나이다. (O,X)

미래엔 p.36

105. 히말라야산맥에는 소금이 쌓여 만들어진 암염 퇴적층이 존재한다. (O,X)

미래엔 p.41

91. X

캄브리아기 폭발은 전 세계의 바다에서 생물 종이 급격하게 증가한 사건을 말한다.

92. O

고생대는 지질 시대의 약 6.3%를 차지한다.

93. O

중생대는 지질 시대의 약 4.1%를 차지한다.

94. O

신생대는 지질 시대의 약 1.4%를 차지한다.

95. O

동물계 : 어류→양서류→파충류→포유류

96. O

식물계 : 양치식물→겉씨식물→속씨식물

97. X

화석으로 보존되기 위해서는 생물이 죽은 후 미생물에 의해 분해되거나 물리적으로 파괴되기 전에 퇴적물에 빨리 묻혀야 한다. 또한 뼈나 이빨, 껍데기 같은 단단한 부분이 있어야 한다. 변성암은 마그마의 뜨거운 열에 의한 변성 작용이 일어나므로 화석 발견이 불가능하다.

98. O

화강암은 주로 사장석, 정장석, 석영, 운모 등으로 구성된다.

99. O

현무암은 주로 감람석, 휘석, 사장석 등으로 구성된다.

100. X

해저 지형의 높낮이에 따라 해수면의 높이도 미세하게 차이가 난다. 이러한 해수면의 높이 차이와 중력 분포 자료를 이용하여 인공위성으로 빠르게 해저 지형을 파악할 수 있다.

101. O

자기장을 나타내는 선을 자기력선이라 하고, 지구 자기력선의 방향과 수평면이 이루는 각도를 복각이라 한다.

102. X

차가운 플룸은 수렴형 경계에서 섭입된 판의 물질이 상부 맨틀과 하부 맨틀의 경계 부근에 쌓여 있다가 가라앉아 생성되는 것으로 알려져 있다. 차가운 플룸이 맨틀과 외핵의 경계에 도달하면 그 영향으로 일부 맨틀 물질이 상승하여 뜨거운 플룸이 된다. 이때 플룸 상승류가 지표면과 만나는 지점 아래 마그마가 생성되는 곳을 열점이라고 한다.

103. X

안산암선은 태평양 주변을 따라 안산암이 분포하는 한계선으로, 판의 수렴형 경계와 대체로 일치한다. 이 경계선 주변에 있는 호상열도와 습곡 산맥에서는 안삼암질 마그마가 분출된다. 따라서 안데스 산맥을 구성하는 암석은 대부분 안산암이다.

104. O

남극은 자기장이 가장 강한 지역이고, 운석이 가장 많이 발견되는 장소 중 하나이다.

105. O

히말라야산맥에는 소금이 쌓여 만들어진 암염 퇴적층이 존재한다.